21世纪高等学校系列教材 计算机应用

SQL Server
数据库 微课视频版

贾祥素 ◎ 主编

王雪敏 金波 ◎ 副主编

清华大学出版社
北京

内 容 简 介

本书以 SQL Server 为平台，采用案例化的组织方式，循序渐进地介绍 SQL Server 数据库应用与开发的知识。本书共 12 章，内容包括数据库基础、SQL Server 概述、数据库的创建与管理、数据表的创建与管理、数据管理、数据查询基础、T-SQL 语句、数据查询进阶、索引和视图、事务和存储过程、触发器和游标、项目实训。附录提供了习题答案和常见问题解疑。

本书适合作为高等院校计算机及相关专业数据库课程的教材，也可供数据库开发人员自学使用。

图书在版编目（CIP）数据

SQL Server 数据库：微课视频版/贾祥素主编.—北京：清华大学出版社，2022.1(2022.8重印)
21 世纪高等学校系列教材·计算机应用
ISBN 978-7-302-59451-2

Ⅰ．①S… Ⅱ．①贾… Ⅲ．①关系数据库系统—高等学校—教材 Ⅳ．①TP311.132.3

中国版本图书馆 CIP 数据核字(2021)第 219022 号

责任编辑：刘向威 常晓敏
封面设计：傅瑞学
责任校对：郝美丽
责任印制：朱雨萌

出版发行：清华大学出版社
  网 址：http://www.tup.com.cn，http://www.wqbook.com
  地 址：北京清华大学学研大厦 A 座 邮 编：100084
  社 总 机：010-83470000 邮 购：010-62786544
  投稿与读者服务：010-62776969，c-service@tup.tsinghua.edu.cn
  质量反馈：010-62772015，zhiliang@tup.tsinghua.edu.cn
  课件下载：http://www.tup.com.cn，010-83470236
印 装 者：三河市君旺印务有限公司
经 销：全国新华书店
开 本：185mm×260mm 印 张：20.25 字 数：495 千字
版 次：2022 年 3 月第 1 版 印 次：2022 年 8 月第 2 次印刷
印 数：1201～3200
定 价：59.00 元

产品编号：091362-01

前　言

数据库技术是信息系统的核心技术,它研究如何组织和存储数据,如何高效地获取和处理数据。SQL Server 数据库是计算机专业的主干课程,通过本课程的学习,学生应该掌握当前主流数据库管理的基本知识与应用技能,为后续课程的学习及顺利走向工作岗位打下坚实的基础。

SQL Server 数据库属于应用技术类课程,应该注重实践教学。本书的实践教学内容设计以能力培养为核心目标,将理论与实践课程融为一体,以上机实验、项目实训为主线。围绕课堂教学、上机实验、课后习题、项目实训展开课程的设计和内容的组织,并且每条主线都有相应的贯穿案例,使学生系统地学习,而不是零散地接受知识。

本书以 SQL Server 为平台,讲解数据库的相关知识。涉及的知识点有数据库基础、SQL Server 概述、数据库的创建与管理、数据表的创建与管理、数据管理、数据查询基础、T-SQL 语句、数据查询进阶、索引和视图、事务和存储过程、触发器和游标。本书按照循序渐进的原则,理论联系实际,注重项目实践,细致地讲解了涉及 SQL Server 数据库应用与开发的重要知识。

本书特色如下。

(1) 案例贯穿:以"学生成绩管理系统"为课堂教学案例,以"员工工资管理系统"为上机教学案例,以"图书出版管理系统"为课后习题案例,以"进销存管理系统、汽车租赁系统"为项目实训案例。

(2) 图文并茂:本书配备大量的操作步骤截图,可读性强,能激发学生学习的兴趣,适合学生自学。

(3) 实践教学:每章配有上机实验,且配备大量课后习题,方便教与学。

(4) 任务驱动:为了完成课程案例,本书设计了很多任务,通过任务驱动的方法让学生亲历真实任务的解决过程,在解决实际技术问题的过程中掌握相应的知识点,做到"做中学"。

(5) 案例贴近生活:在案例的选取上尽量贴近学生生活,让学生产生亲切感。

(6) 完整的课程资源:基于本书的课程"SQL Server 数据库"是浙江省精品课程及宁波市数字图书馆慕课获奖课程,配备教学课件、操作视频、课程理论及上机源代码、丰富的课后习题及习题答案等课程教学资源。所有资源可以在浙江省高等学校在线开放课程共享平台和宁波市高校慕课联盟平台学习。

本书主编为贾祥素,副主编为王雪敏、金波,编者均为浙江纺织服装职业技术学院教师。全书由贾祥素策划和统稿。

由于时间仓促和编者水平有限,书中的错误和不妥之处在所难免,敬请读者批评指正。

编　者

2021 年 10 月

目 录

第1章

数据库基础

本章要点：
(1) 数据库的发展
(2) 数据库基本概念
(3) 数据模型
(4) 常用数据库简介
(5) 数据库的设计

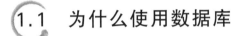

1.1 为什么使用数据库

社会信息化水平越来越高，随之也产生了大量的数据，当前数据管理不再是简单的存储，而是要求实现对数据进行有效存储、高效访问、方便共享和安全控制。数据库技术解决了计算机信息处理过程中大量数据有效组织和存储的问题，从而在数据库系统中减少数据存储冗余、实现数据高效检索和共享、保障数据安全。数据库有非常方便快捷的管理工具和人性化的查询。因此，为了更加精确、快速、方便、人性化地管理数据就需要使用数据库。

1.2 数据库的发展

数据管理技术的发展大致经历了 3 个阶段：人工管理阶段、文件管理阶段和数据库系统阶段。

1. 人工管理阶段

20 世纪 50 年代以前，计算机主要用于数值计算，当时没有直接存取设备，也没有操作系统及管理数据的软件；另外，当时的数据量也很小，所以数据由用户直接管理。在人工管理阶段，无法实现数据的保存和共享。

2. 文件管理阶段

20 世纪 50 年代后期到 20 世纪 60 年代中期，出现了磁鼓、磁盘等数据存储设备，数据以文件的形式存放，系统可以按照文件的名称对其进行访问，也可以对文件进行修改、插入和删除。但是，文件从整体上来看是无结构的，因此数据共享性差，而且数据冗余大，管理和维护的代价也很大。

3. 数据库系统阶段

20 世纪 60 年代后期,随着数据量的急速增长,对数据访问速度及数据共享提出了新的要求,文件系统不能满足,于是出现了数据库系统。该系统具有整体的结构性,共享性高,冗余度小,满足了多用户、多应用共享数据的需求。

1.3　数据库基本概念

1.3.1　数据

数据(Data)是载荷或记录的信息按一定规则排列组合的物理符号。

在计算机系统中,各种字母、数字符号的组合、语音、图形、图像等统称为数据。

在计算机科学中,数据是指所有能输入计算机并被计算机程序处理的符号的介质总称,是用于输入电子计算机进行处理,具有一定意义的数字、字母、符号和模拟量等的通称。数据是数据库中存储与管理的基本对象。

1.3.2　数据库

数据库(DataBase,DB)指的是以一定方式存储在一起、能为多个用户共享、具有尽可能小的冗余度、与应用程序彼此独立的数据集合。

数据库中的数据是从全局观点出发建立的,按照一定的数据模型进行组织、描述和存储。按数据管理类型来分,数据库主要分为层次数据库、网状数据库和关系数据库。目前,应用最多的是关系数据库。

1.3.3　数据库管理系统

数据库管理系统(DataBase Management System,DBMS)是一种操纵和管理数据库的软件。它对数据库进行统一管理和控制,以保证数据库的安全性和完整性。用户通过 DBMS 访问数据库中的数据,数据库管理员也通过 DBMS 进行数据库的维护工作。它可以使多个应用程序和用户用不同的方法在同时刻或不同时刻建立、修改和查询数据库。DBMS 是整个数据库系统的核心,对数据库中的各种数据进行统一管理、控制和共享。

1.3.4　数据库系统

数据库系统(DataBase System,DBS)是由数据库及其管理软件组成的系统。DBS 一般由数据库、数据库管理系统(DBMS)、应用程序、管理员和用户构成。其中,DBMS 是数据库系统的基础和核心。

大型数据库系统有 SQL Server、Oracle、DB2、Sybase 等,中小型数据库系统有 FoxPro、Access 等。

1.4 数据模型

数据模型(Data Model)是数据特征的抽象,用于描述一组数据的概念和定义。数据模型是数据库中数据的存储方式,是数据库系统的基础。

数据模型可分为三类:层次模型、网状模型和关系模型。其中,层次模型以"树结构"表示数据之间的联系;网状模型以"图结构"表示数据之间的联系;关系模型以"二维表"(或者称为关系)表示数据之间的联系。

1. 层次模型

层次模型是数据库系统最早使用的一种模型,它的数据结构是一棵"有向树"。根节点在最上端,层次最高,子节点在下,逐层排列。

层次模型的优点是存取方便且速度快;结构清晰,易于理解;数据修改和数据库扩展容易实现。层次模型的缺点是结构呆板,缺乏灵活性;数据冗余大。

2. 网状模型

网状模型以网状结构表示实体与实体之间的联系。网中的每个节点代表一个记录类型,联系用链接指针来实现。网状模型是层次模型的扩展,可以表示多个从属关系的联系,也可以表示数据间的交叉关系,即数据间的横向关系和纵向关系。

网状模型的优点是能够方便地表示数据间的复杂关系;数据冗余小。网状模型的缺点是结构复杂,用户查询和定位比较困难;需要存储数据间联系的指针,使得数据量增大;数据的修改不方便。

3. 关系模型

关系模型是目前最流行的数据库模型。关系模型以二维表结构来表示实体与实体之间的联系,操作的对象和结果都是二维表。该模型不分层也没有指针,是建立空间数据和属性数据之间关系的一种非常有效的数据组织方法。

关系模型的优点是结构灵活;能搜索、组合和比较不同类型的数据;数据增、删方便;数据独立性和安全保密性高。关系模型的缺点是数据库大时,查找满足特定关系的数据费时;无法满足空间关系。

关系模型的基本术语如下。

(1) 关系:一个关系对应一个二维表,二维表名就是关系名。

(2) 记录(元组):二维表中的一行就是一个记录。

(3) 属性(字段):二维表中的列。

(4) 值域:列的值称为属性值,属性值的取值范围称为值域。

1.5 常用数据库简介

目前,比较流行的数据库管理系统产品有 SQL Server、Oracle、DB2 以及 Access。

1. SQL Server

SQL Server 是微软公司开发的大型关系数据库系统。SQL Server 最早出现在 1988 年,当时只能在 OS/2 操作系统上运行。2000 年 12 月,微软发布了 SQL Server 2000,该软件可以运行于 Windows NT/2000/XP 等多种操作系统之上,是支持客户机/服务器结构的数据库管理系统,它可以帮助各种规模的企业管理数据。

SQL Server 的功能比较全面,效率高,可以作为大中型企业或单位的数据库平台。SQL Server 在可伸缩性与可靠性方面做了很多工作,近年来在许多企业的高端服务器上得到了广泛应用。同时,该产品继承了微软产品界面友好、易学易用的特点,与其他大型数据库产品相比,在操作性和交互性方面独树一帜。SQL Server 可以与 Windows 操作系统紧密集成,这种安排使 SQL Server 能充分利用操作系统提供的特性,不论是应用程序开发速度还是系统事务处理运行速度,都能得到较大的提升。另外,SQL Server 可以借助浏览器实现数据库查询功能,并支持内容丰富的可扩展标记语言(Extensible Markup Language,XML),提供了全面支持 Web 功能的数据库解决方案。对于在 Windows 平台上开发的各种企业级信息管理系统来说,不论是 C/S(客户机/服务器)架构还是 B/S(浏览器/服务器)架构,SQL Server 都是一个很好的选择。

2. Oracle

Oracle 是 1983 年推出的世界上第一个开放式商品化关系数据库管理系统。Oracle 数据库被认为是业界目前比较成功的关系数据库管理系统。它采用标准的 SQL 结构化查询语言,支持多种数据类型,提供面向对象存储的数据支持,被认为是运行稳定、功能齐全、性能超群的贵族产品。这一方面反映了它在技术方面的领先,另一方面也反映了它在价格定位上更着重于大型的企业数据库领域。对于数据量大、事务处理繁忙、安全性要求高的企业,Oracle 无疑是比较理想的选择(当然用户必须在费用方面做出充足的考虑,因为 Oracle 数据库在同类产品中是比较贵的)。随着 Internet 的普及,带动了网络经济的发展,Oracle 适时地将自己的产品紧密地和网络计算结合起来,成为在 Internet 应用领域数据库厂商的佼佼者。

Oracle 数据库可以运行在 UNIX、Windows 等主流操作系统平台,完全支持所有的工业标准,并获得最高级别的 ISO 标准安全性认证。Oracle 采用完全开放策略,可以使客户选择最适合的解决方案,同时对开发商提供全力支持。

3. DB2

DB2 是 IBM 公司的产品,是一个多媒体、Web 关系数据库管理系统,其功能足以满足大中公司的需要,并可灵活地服务于中小型电子商务解决方案。DB2 系统在企业级的应用中十分广泛。

1968 年,IBM 公司推出的 IMS(Information Management System)是层次数据库系统的典型代表,是第一个大型的商用数据库管理系统。1970 年,IBM 公司的研究员首次提出了数据库系统的关系模型,开创了数据库关系方法和关系数据理论的研究,为数据库技术奠定了基础。20世纪80年代初期,DB2的重点放在大型主机平台上;到20世纪90年代初,DB2发展到中型机、小型机以及微机平台。2001年,IBM公司兼并了世界排名第四的著名数据库公司Informix,并将其所拥有的先进特性融入DB2当中,使DB2系统的性能和功能有了进一步提高。

DB2数据库系统采用多进程多线索体系结构,可以运行于多种操作系统之上,并分别根据相应平台环境做了调整和优化,以便能够达到较好的性能。DB2目前支持从PC到UNIX,从中小型机到大型机,从IBM到非IBM的各种操作平台,可以在主机上以主/从方式独立运行,也可以在客户机/服务器环境中运行。

4. Access

Access是微软Office中的一个重要成员,是在Windows操作系统下工作的关系数据库管理系统。它采用了Windows程序设计理念,以Windows特有的技术设计查询、用户界面、报表等数据对象,内嵌了VBA(Visual Basic Application)程序设计语言,具有集成的开发环境。Access提供图形化的查询工具和屏幕、报表生成器,用户建立复杂的报表、界面无须编程和了解SQL,它会自动生成SQL代码。

Access被集成到Office中,具有Office系列软件的一般特点,如菜单、工具栏等。与其他数据库管理系统软件相比,更加简单易学。一个普通的计算机用户,没有程序语言基础,仍然可以快速掌握和使用它。更重要的一点是,Access的功能比较强大,足以应付一般的数据管理及处理需要,适用于中小型企业数据管理的需求。当然,在数据定义、数据安全可靠、数据有效控制等方面,它比前面几种数据库产品要逊色不少。

1.6 数据库的设计

1.6.1 数据库设计步骤

(1) 需求分析:了解用户的数据需求、处理需求、安全性及完整性要求。
(2) 概念设计:通过数据抽象,设计系统概念模型,一般为E-R模型。
(3) 逻辑设计:设计系统的模式和外模式,对于关系模型主要是基本表和视图。
(4) 物理设计:设计数据的存储结构和存取方法,如索引的设计。
(5) 验证设计(系统实施):组织数据入库、编制应用程序、试运行。
(6) 运行与维护:系统投入运行,长期维护工作。

1.6.2 数据库完整性

数据库中的数据从外界输入,而在输入数据的过程中难免会出现一些错误信息。例如,在输入学生成绩时,一般成绩是0~100分,如果出现小于0或者大于100的情况,就不符合要求。如何解决这些问题呢,这就要用到数据库完整性。

数据库完整性是指数据库中数据的正确性和相容性。数据库完整性由各种各样的完整性约束来保证。SQL Server 提供了四类完整性约束：实体完整性、域完整性、参照完整性和用户自定义完整性。

1. 实体完整性

实体完整性要求表中的每行数据都反映不同的实体，不能存在相同的数据行。可以通过主键约束、标识列属性、唯一约束或索引来实现实体完整性。

2. 域完整性

域完整性是指给定列的输入有效性。通过限制数据类型、非空约束、默认值、检查约束、输入格式、外键约束等多种方法，可以实现域完整性。

3. 参照完整性

参照完整性又称为引用完整性，主要通过主键和外键之间的引用关系来实现。例如，学生成绩表中含有与学生基本信息表的主键(学号)相对应的列，则称这个学号是成绩表的外键。参照完整性可以保证成绩表中学号取值范围只能在学生表中学号的取值范围中。

4. 用户自定义完整性

用户自定义完整性用来定义特定的规则，它反映某一具体应用涉及的数据必须满足的语义要求。例如，在向银行用户信息表中插入一条记录时，要求通过身份证编号检查在另一个数据库中存在该用户，并且该用户没有不良信用记录，如果不满足要求，则不允许插入记录。可以使用数据库的规则、存储过程或者触发器对象来进行约束。

1.6.3 实体关系模型

实体关系(Entity-Relationship，E-R)模型的目标是捕获现实世界的数据需求，并以简单、易理解的方式表现出来。E-R 模型可用于项目组内部交流或用于与用户讨论系统数据需求。

基本的 E-R 模型包含三类元素：实体、属性、关系。

实体(Entities)：实体指具有区分其他事物特征或属性并与其他实体有联系的对象，常用于表示一个人、地方、某样事物或某个事件。例如，学生管理系统中的学生就是一个实体。实体用长方形框表示，实体的名称标识在框内，一般为名词。

属性(Attributes)：属性为实体提供详细的描述信息，可以理解为实体的特征。一个特定实体的某个属性被称为属性值。属性一般用椭圆表示，一般为名词。

关系(Relationships)：关系表示两个或多个实体之间的联系。关系依赖于实体，用来表示实体之间一对一、一对多、多对多的对应。关系用菱形表示，名称一般为动词。

1.6.4 数据库设计案例分析

案例：学生成绩管理系统。

本节只介绍数据库设计的前 3 个阶段：需求分析、概念设计和逻辑设计。

1. 需求分析

1）学生成绩管理系统的主要功能

（1）学生信息的管理。

（2）教师信息的管理。

（3）学生成绩的管理。

（4）课程信息的管理。

（5）班级信息的管理。

（6）部门信息的管理。

2）学生成绩管理系统的 6 个实体

（1）学生（Student）。

（2）教师（Teacher）。

（3）学生成绩（Score）。

（4）课程信息（Course）。

（5）班级信息（Class）。

（6）部门信息（Department）。

3）每个实体对应的属性

（1）学生表的属性：学号、姓名、性别、籍贯、电子邮箱、手机号码、班级编号。

（2）教师表的属性：教师编号、教师姓名、所属部门编号。

（3）成绩表的属性：成绩编号、学号、课程编号、平时成绩、期末成绩、总评成绩。

（4）课程表的属性：课程编号、课程名称、学分、任课教师编号。

（5）班级表的属性：班级编号、班级名称、所属专业。

（6）部门表的属性：部门编号、部门名称。

2. 绘制 E-R 图

学生成绩管理系统的 E-R 图如图 1-1 所示。

3. 将 E-R 图转化为表

概要设计阶段绘制了 E-R 图，在后续的详细设计阶段，需要把 E-R 图转化为多张表，并标识各表的主外键。实现步骤如下。

【步骤 1】 将各实体转化为对应的表，将各属性转化为表中的列。

【步骤 2】 标识每个表的主外键，为了数据编码的兼容性，列名一般使用英文。

【步骤 3】 标识表之间的映射关系。例如，教师表中教师所属部门编号取自部门表中的部门编号，它们之间可以建立主外键关系。

将学生成绩管理系统的 E-R 图转化为表格，如图 1-2 所示。

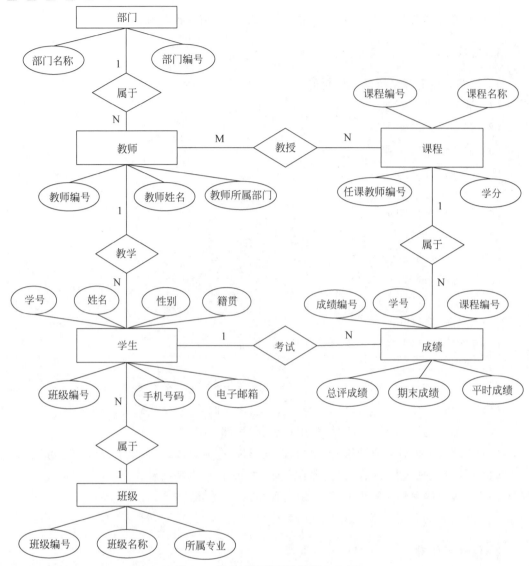

图 1-1　学生成绩管理系统的 E-R 图

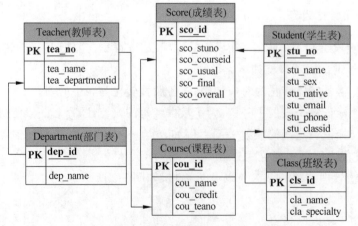

图 1-2　学生成绩管理系统的 E-R 图转化为表格

1.7 本章总结

1. 数据管理技术的发展大致经历了 3 个阶段：人工管理阶段、文件管理阶段和数据库系统阶段。

2. 数据模型可分为三类：层次模型、网状模型和关系模型。其中，层次模型以"树结构"表示数据之间的联系；网状模型以"图结构"表示数据之间的联系；关系模型以"二维表"(或者称为关系)表示数据之间的联系。

3. 目前比较流行的数据库管理系统产品有 SQL Server、Oracle、DB2 以及 Access。

4. 数据库设计步骤：需求分析、概念设计、逻辑设计、物理设计、验证设计、运行与维护。

5. SQL Server 提供了四类完整性约束：实体完整性、域完整性、参照完整性和用户自定义完整性。

6. E-R(Entity-Relationship)模型的目标是捕获现实世界的数据需求，并以简单、易理解的方式表现出来。基本的 E-R 模型包含三类元素：实体、属性、关系。

习题 1

简答题

1. 数据管理技术的发展经历了哪几个阶段？
2. 什么是数据模型？数据模型可以分为哪几类？
3. 列举常用的数据库产品。
4. 数据库完整性约束分为哪几类？
5. 什么是 E-R 模型？

上机 1

本次上机任务：
(1)员工工资管理系统需求分析。
(2)绘制员工工资管理系统的 E-R 图。
(3)将 E-R 图转化为表。

提示：可以设计 3 个实体，分别是员工信息、部门和工资信息。

任务 1：员工工资管理系统需求分析。

要求：分析该系统有哪些需求，确定实体和属性。

实现步骤：
(1)分析系统主要功能。
(2)确定实体。

（3）确定每个实体的相关属性。

任务 2：绘制员工工资管理系统的 E-R 图。

要求：根据需求分析绘制 E-R 图，图的绘制要规范。

任务 3：将 E-R 图转化为表。

要求：根据 E-R 图，转化为表，显示每个表的列名、主键及各表之间的主外键关系。

第2章

SQL Server概述

本章要点：

（1）SQL Server 简介

（2）SQL Server 的安装

（3）SQL Server 服务的开启与停止

（4）登录账户的创建与管理

2.1 SQL Server

2.1.1 SQL 简介

SQL(Structured Query Language)指的是结构化查询语言。SQL 的主要功能就是同各种数据库建立联系，进行沟通。按照 ANSI(American National Standards Institute，美国国家标准局)的规定，SQL 被作为关系数据库管理系统的标准语言。

SQL 是 1974 年由 Boyce 和 Chamberlin 提出的，首先在 IBM 公司的关系数据库系统 System R 上实现；1986 年 10 月，美国国家标准局（ANSI）的数据库委员会批准了 SQL 作为关系数据库语言的美国标准，1987 年 ISO 也通过了这一标准。

SQL 可以用来执行各种各样的操作，可以对数据库中的数据进行增、删、改、查。目前，绝大多数流行的关系数据库管理系统（如 Microsoft SQL Server、Oracle、Access 等）都采用了 SQL 语言标准。虽然很多数据库都对 SQL 语句进行了再开发和扩展，但是一些标准的 SQL 命令（如 Insert、Delete、Update、Select、Create、Drop 等）仍然可以被用来完成几乎所有的数据库操作。

2.1.2 SQL Server 简介

SQL Server 是由微软公司开发和推广的关系数据库管理系统，它最初由 Microsoft、Sybase 和 Ashton-Tate 三家公司共同开发，并于 1988 年推出了第一个 OS/2 版本。Microsoft SQL Server 近年来不断更新版本。1996 年，微软公司推出了 SQL Server 6.5 版本；1998 年，推出 SQL Server 7.0 版本；2000 年，推出 SQL Server 2000；2005 年，推出 SQL Server 2005；2008 年，推出 SQL Server 2008；2012 年 3 月，推出 SQL Server 2012；2014 年 4 月，推出 SQL Server 2014；2016 年 6 月，推出 SQL Server 2016；2017 年，微软公司同时向 Windows、Linux、Mac OS 以及 Docker 容器推出 SQL Server 2017 RC1 的公共访

问,为 SQL Server 2017 推出了 7 个社区预览版,引入了图数据处理支持,适应性查询和面向高级分析的 Python 集成等功能更新;2019 年,推出 SQL Server 2019。

2.2　SQL Server 的安装

这里介绍两个经典版本的 SQL Server 安装,一个是 Microsoft SQL Server 2012 Enterprise Evaluation,另一个是 SQL Server 2019 Developer。

2.2.1　SQL Server 2012 的安装

安装 SQL Server 2012 之前需要检查安装环境是否满足需求。不同版本的 SQL Server 2012 对系统的要求略有差别,本书介绍 SQL Server 2012 企业版的安装环境。

硬件环境:SQL Server 2012 支持 32 位操作系统,至少 1GHz 或同等性能的兼容处理器,建议使用 2GHz 及以上处理器的计算机;支持 64 位操作系统,1.4GHz 或速度更快的处理器;最低支持 1GB,建议使用 2GB 或更大的 RAM,至少 2.2GB 可用硬盘空间。

软件环境:Windows 7、Windows Server 2008 Service Pack 2、Windows Server 2008 R2、Windows Vista Service Pack 2。

笔者安装版本:Microsoft SQL Server 2012 Enterprise Evaluation,操作系统为 Windows 7。具体安装步骤如下。

【步骤 1】　将 SQL Server 安装盘放入光驱,双击安装文件夹中的安装文件 setup.exe,进入 SQL Server 2012 的安装中心界面,如图 2-1 所示。

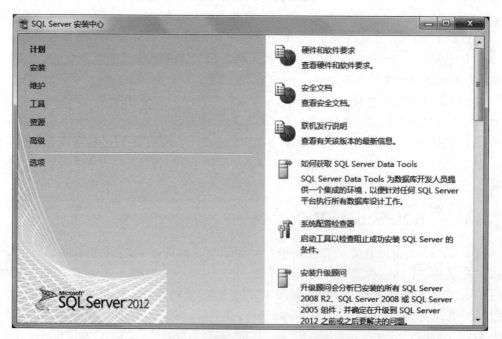

图 2-1　SQL Server 安装中心界面

【**步骤 2**】　单击图 2-1 左侧【安装】选项，如图 2-2 所示。

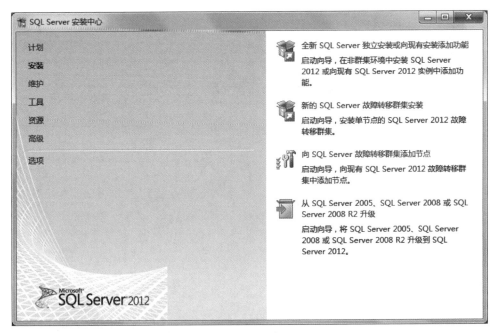

图 2-2　SQL Server 安装中心——安装界面

【**步骤 3**】　选择图 2-2 右侧的【全新 SQL Server 独立安装或向现有安装添加功能】，安装程序将对系统进行常规检测，如图 2-3 所示。

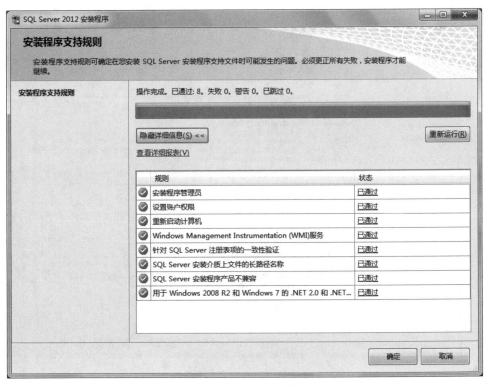

图 2-3　【安装程序支持规则】检测窗口

【**步骤4**】　单击【确定】按钮,打开【产品密钥】窗口,如图2-4所示。

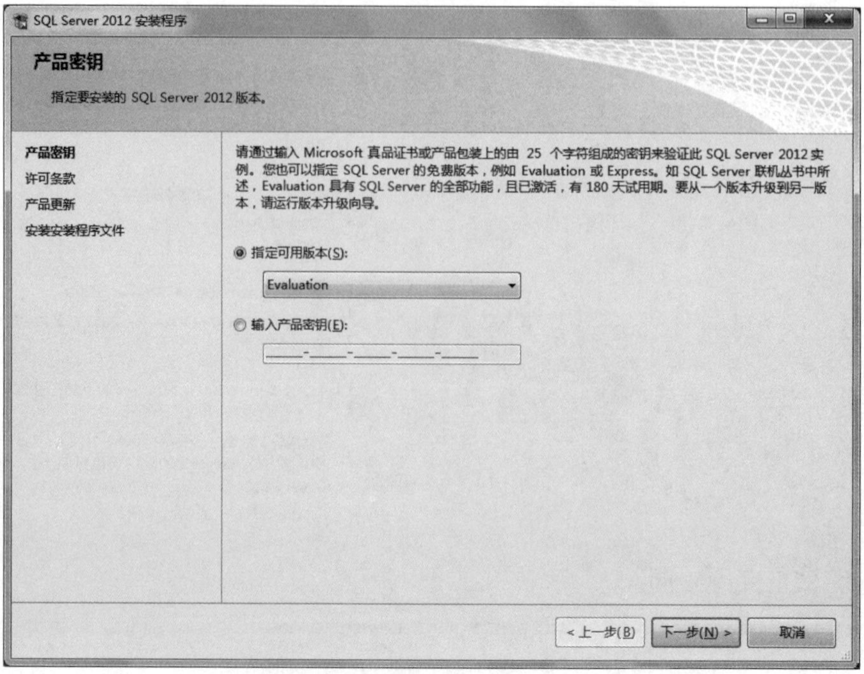

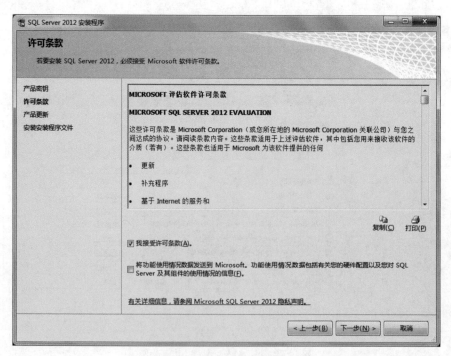

图2-4　【产品密钥】窗口

【**步骤5**】　按照默认值(指定可用版本为Evaluation),单击【下一步】按钮,打开【许可条款】窗口,如图2-5所示。

图2-5　【许可条款】窗口

【**步骤6**】　选中【我接受许可条款】复选框,单击【下一步】按钮,打开【产品更新】窗口,由于未连接网络,因此会出现错误提示,对安装无影响,如图 2-6 所示。

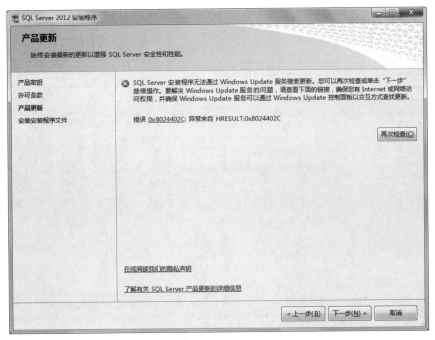

图 2-6　【产品更新】窗口

【**步骤7**】　单击【下一步】按钮,打开【安装程序支持规则】窗口,将进行第二次支持规则的检测,如图 2-7 所示。

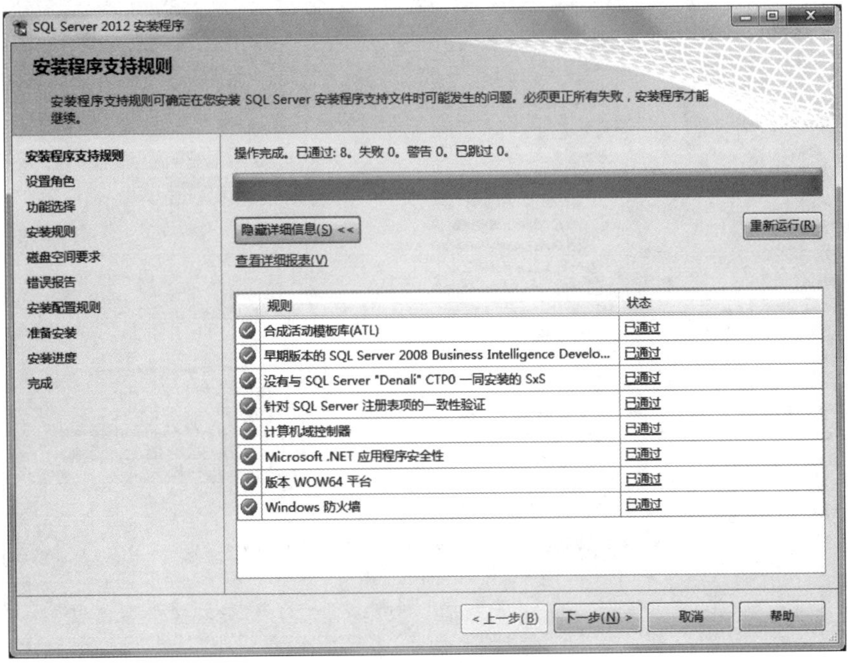

图 2-7　第二次支持规则的检测

【步骤8】 单击【下一步】按钮,打开【设置角色】窗口,如图 2-8 所示。

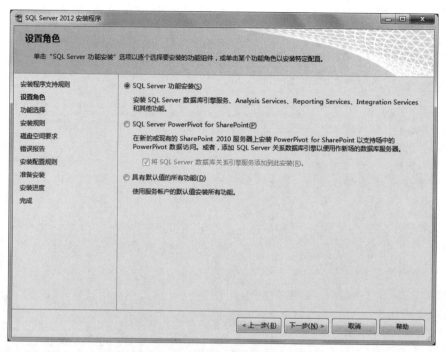

图 2-8 【设置角色】窗口

【步骤9】 选中【SQL Server 功能安装】单选按钮,单击【下一步】按钮,打开【功能选择】窗口,单击【全选】按钮,如图 2-9 所示。

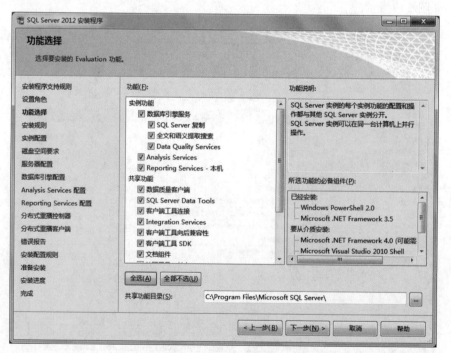

图 2-9 【功能选择】窗口

【**步骤10**】 单击【下一步】按钮,系统自动检查安装规则信息,如图 2-10 所示。

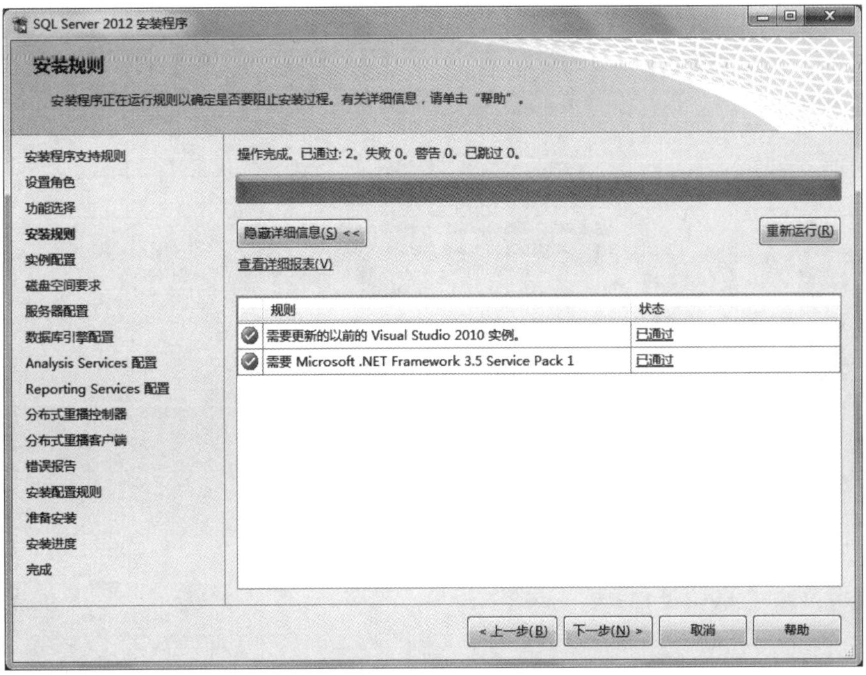

图 2-10 【安装规则】窗口

【**步骤11**】 单击【下一步】按钮,打开【实例配置】窗口,如图 2-11 所示。

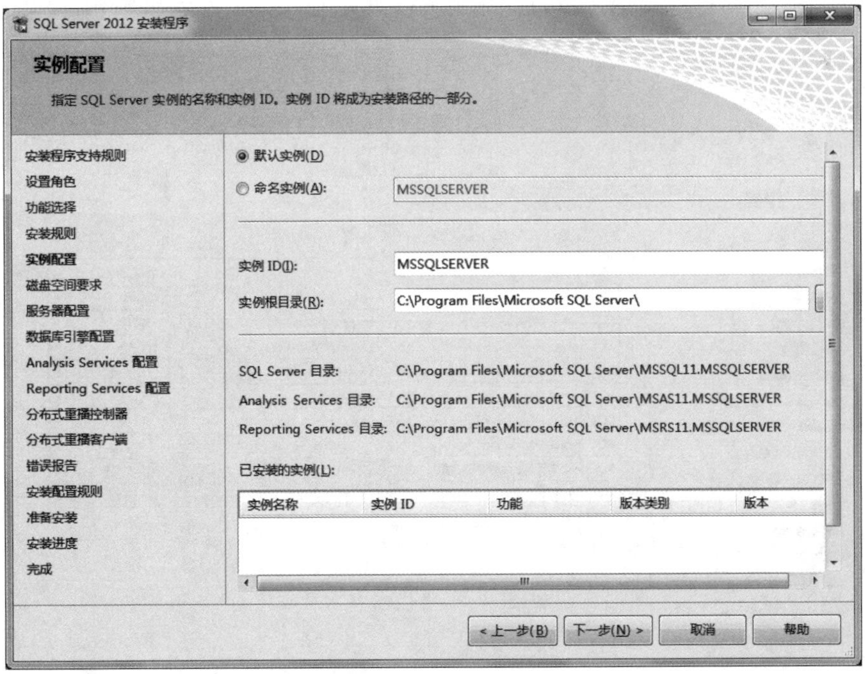

图 2-11 【实例配置】窗口

【**步骤 12**】　选中【默认实例】单选按钮,单击【下一步】按钮,打开【磁盘空间要求】窗口,如图 2-12 所示。

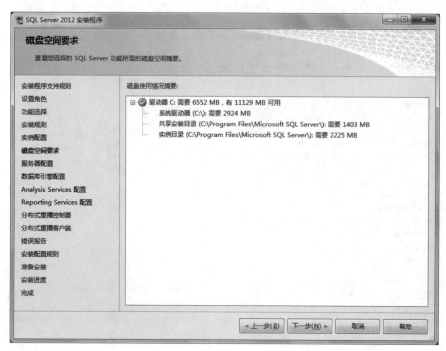

图 2-12　【磁盘空间要求】窗口

【**步骤 13**】　单击【下一步】按钮,打开【服务器配置】窗口,如图 2-13 所示。

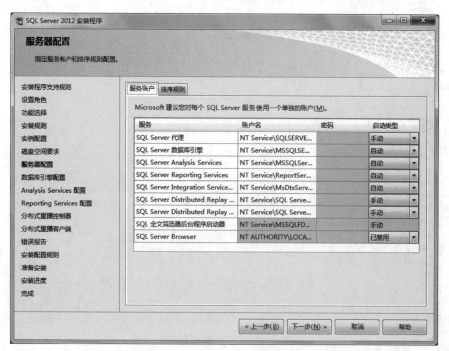

图 2-13　【服务器配置】窗口

【步骤 14】　按照默认选项，单击【下一步】按钮，打开【数据库引擎配置】窗口。选中【Windows 身份验证模式】单选按钮，单击【添加当前用户】按钮，将当前用户添加为 SQL Server 管理员，如图 2-14 所示。

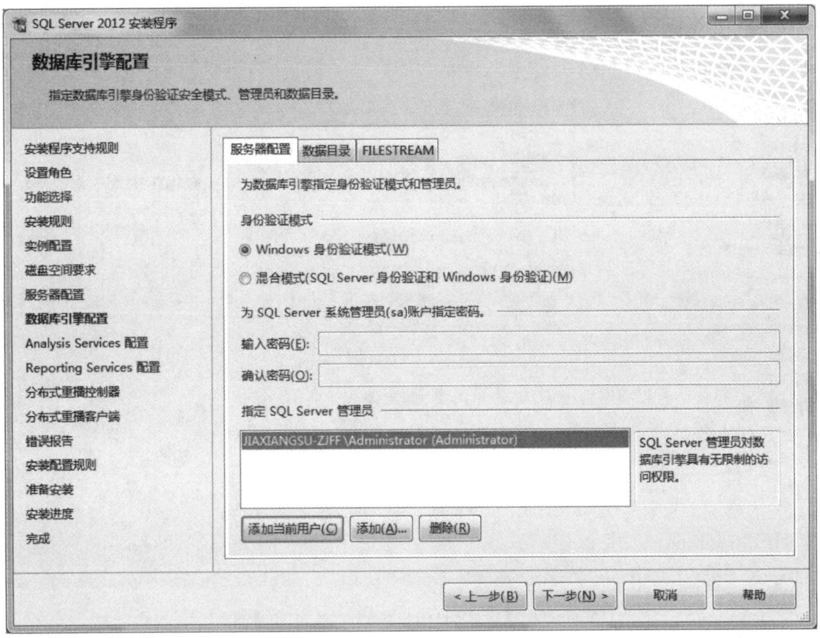

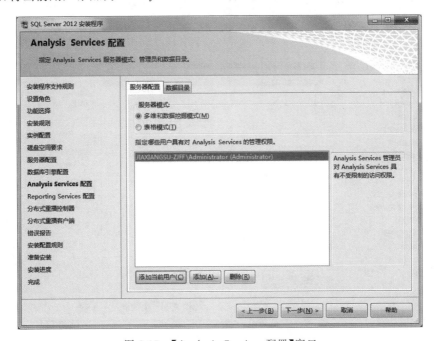

图 2-14　【数据库引擎配置】窗口

【步骤 15】　单击【下一步】按钮，打开【Analysis Services 配置】窗口。单击【添加当前用户】按钮，将当前用户添加为 Analysis Services 管理员，如图 2-15 所示。

图 2-15　【Analysis Services 配置】窗口

【步骤16】 单击【下一步】按钮,打开【Reporting Services 配置】窗口,如图 2-16 所示。

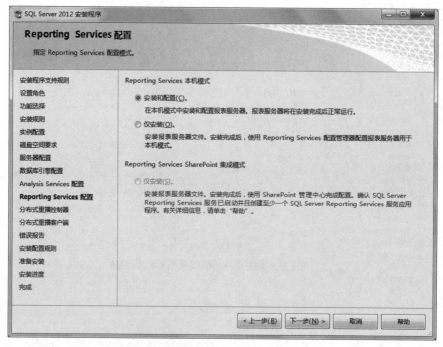

图 2-16 　【Reporting Services 配置】窗口

【步骤17】 选中【安装和配置】单选按钮,单击【下一步】按钮,打开【分布式重播控制器】窗口,然后单击【添加当前用户】按钮,如图 2-17 所示。

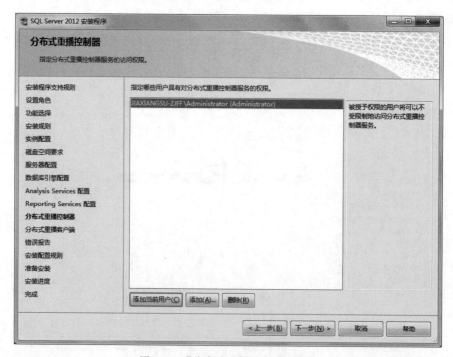

图 2-17 　【分布式重播控制器】窗口

【步骤 18】　单击【下一步】按钮,打开【分布式重播客户端】窗口,输入控制器名称为 zjff,如图 2-18 所示。

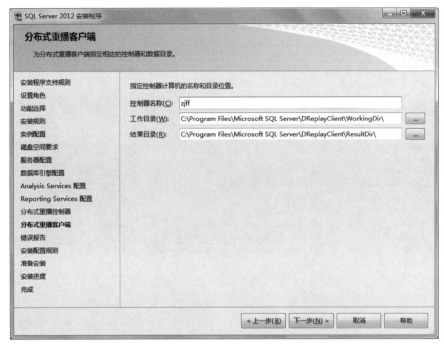

图 2-18　【分布式重播客户端】窗口

【步骤 19】　单击【下一步】按钮,打开【错误报告】窗口,如图 2-19 所示。

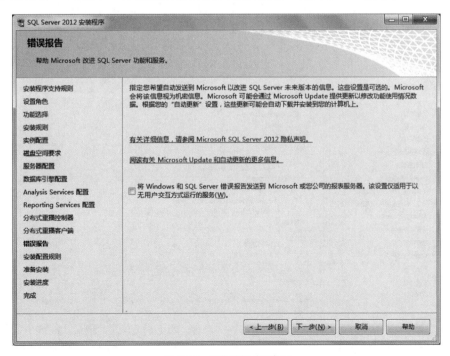

图 2-19　【错误报告】窗口

【步骤 20】　单击【下一步】按钮,打开【安装配置规则】窗口,安装程序再次对系统进行检测,如图 2-20 所示。

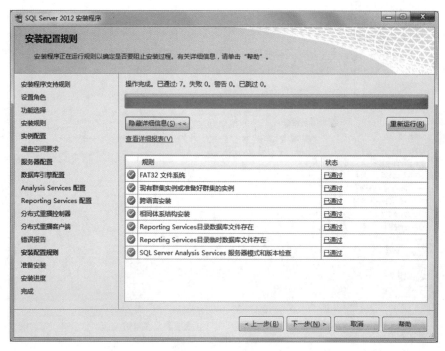

图 2-20　【安装配置规则】窗口

【步骤 21】　单击【下一步】按钮,打开【准备安装】窗口,如图 2-21 所示。

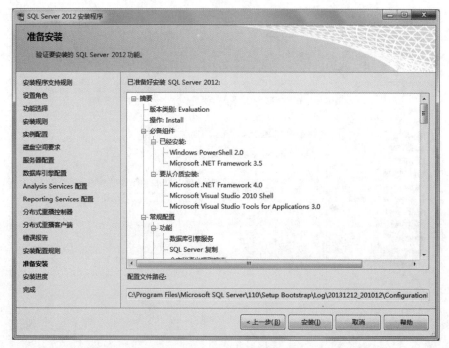

图 2-21　【准备安装】窗口

【**步骤 22**】 单击【安装】按钮开始进行 SQL Server 2012 的安装，如图 2-22 所示。

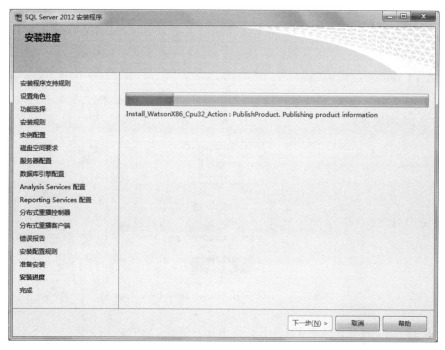

图 2-22 【安装进度】窗口

【**步骤 23**】 成功安装后，单击【关闭】按钮完成 SQL Server 2012 的安装，如图 2-23 所示。

图 2-23 【完成】窗口

2.2.2 SQL Server 2019 的下载与安装

SQL Server 2019 Developer 是一个全功能免费版本,许可在非生产环境下用作开发和测试数据库。

【步骤 1】 下载 SQL Server 2019 Developer。

在浏览器中输入 https://www.microsoft.com/zh-cn/sql-server/sql-server-downloads,打开如图 2-24 所示界面。

图 2-24 下载 SQL Server 2019 Developer

【步骤 2】 单击【立即下载】即可下载到本地计算机,如图 2-25 所示。

| SQL2019-SSEI-Dev.exe | 2021/2/2 16:52 | 应用程序 | 5,808 KB |

图 2-25 下载后的 SQL2019-SSEI-Dev.exe 文件

【步骤 3】 双击 SQL2019-SSEI-Dev.exe,打开【选择安装类型】界面,如图 2-26 所示。

图 2-26 【选择安装类型】界面

【步骤4】 选择【基本（B）】，打开【Microsoft SQL Server 许可条款】界面，如图 2-27 所示。

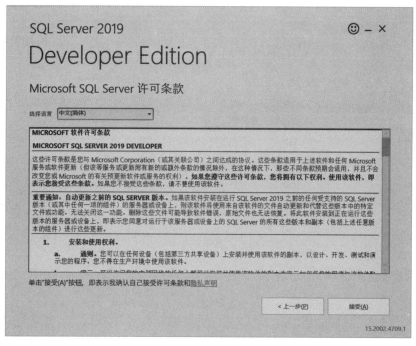

图 2-27 【Microsoft SQL Server 许可条款】界面

【步骤5】 选择语言为【中文（简体）】，然后单击【接受】按钮，打开【指定 SQL Server 安装位置】界面，如图 2-28 所示。

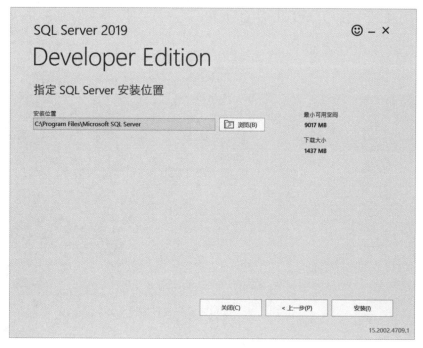

图 2-28 【指定 SQL Server 安装位置】界面

【步骤6】 单击【安装】按钮,即开始下载安装程序包,如图2-29所示。成功完成安装的界面如图2-30所示。

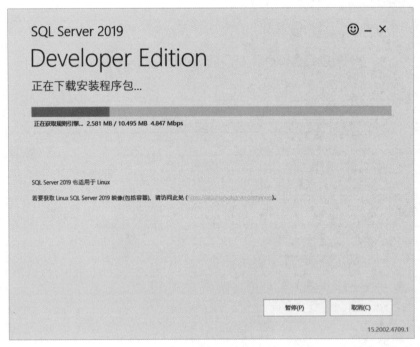

图 2-29 下载安装程序包界面

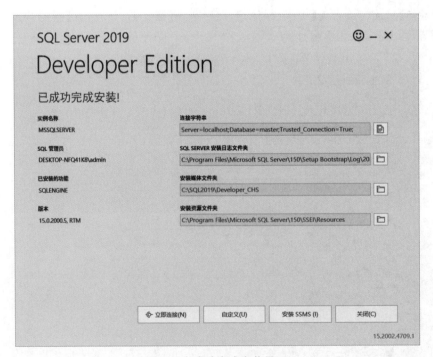

图 2-30 成功完成安装界面

【步骤 7】 单击【安装 SSMS】按钮,浏览器打开下载 SSMS 的界面,如图 2-31 所示。

图 2-31 SSMS 下载页面

【步骤 8】 单击【下载 SQL Server Management Studio（SSMS）】按钮,下载完成后,如图 2-32 所示。

| SSMS-Setup-CHS.exe | 2021/2/2 20:05 | 应用程序 | 672,475 KB |

图 2-32 下载的 SSMS-Setup-CHS.exe 文件

【步骤 9】 双击运行下载文件 SSMS-Setup-CHS.exe,如图 2-33 所示。

图 2-33 SSMS 安装开始界面

【步骤 10】 根据自己的需求更改安装路径,单击【安装】按钮即可,如图 2-34 所示。

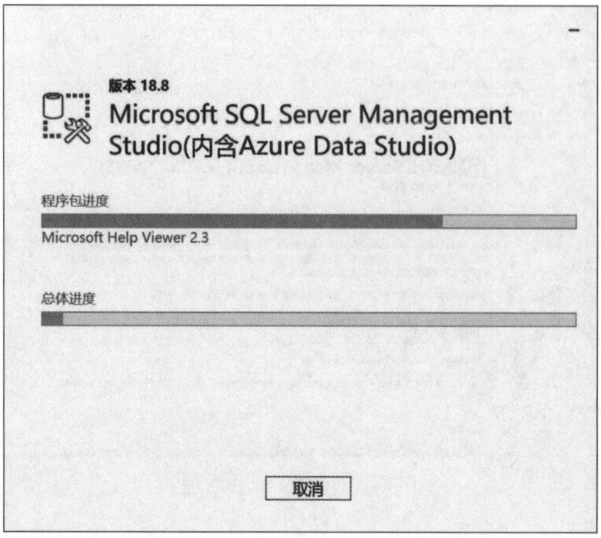

图 2-34 SSMS 安装界面

【步骤 11】 SSMS 安装完成界面如图 2-35 所示。

图 2-35 SSMS 安装完成界面

【步骤 12】 单击【关闭】按钮,关闭 Developer Edition,安装完成,如图 2-36 所示。

2.2.3 启动 SSMS

SSMS(SQL Server Management Studio)是 SQL Server 提供的集成化开发环境。

安装好 SQL Server 后,便可以打开 SSMS,具体步骤如下。

【步骤 1】 单击【开始】按钮,在弹出的菜单中依次选择【所有程序】→Microsoft SQL

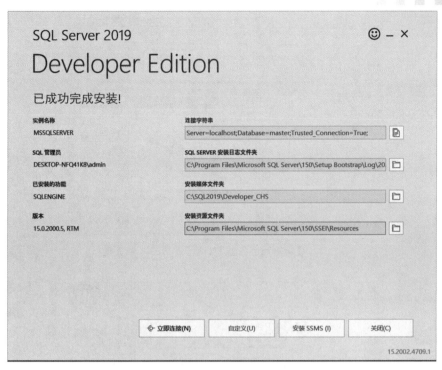

图 2-36　成功安装 SQL Server 2019 Developer

Server→SQL Server Management Studio,打开 SQL Server 的【连接到服务器】对话框,如图 2-37 所示。

图 2-37　【连接到服务器】对话框

（1）服务器类型：服务器类型下拉列表框中提供了数据库引擎、Analysis Services、Reporting Services 和 Integration Services 选项。默认选择【数据库引擎】,如图 2-38 所示。

（2）服务器名称：服务器名称下拉列表框中显示了本地主机和<浏览更多…>选项,如图 2-39 所示。其中,JIAXIANGSU-ZJFF 即是笔者本地主机,也可以选择<浏览更多…>,打开查找服务器界面,可以选择本地服务器或者网络服务器,如图 2-40 所示。

图 2-38 【连接到服务器】对话框——服务器类型

图 2-39 【连接到服务器】对话框——服务器名称

图 2-40 【连接到服务器】对话框——查找服务器

（3）身份验证：身份验证下拉列表中有两种身份验证方式，分别是 Windows 身份验证和 SQL Server 身份验证，如图 2-41 所示。其中，SQL Server 身份验证需要输入用户名和密码。此处选择默认的 Windows 身份验证。

图 2-41　【连接到服务器】对话框——身份验证

【步骤 2】　单击【连接】按钮，进入 SSMS 的主界面，如图 2-42 所示。

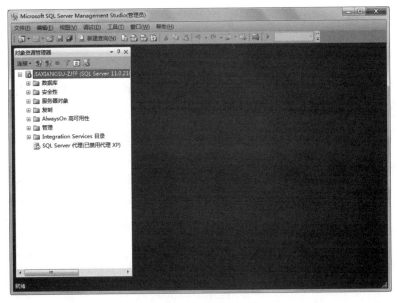

图 2-42　SSMS 主界面

2.2.4　SQL Server 服务的开启与停止

只有开启了 SQL Server 相应服务，才能正常打开 SSMS 主界面。此处介绍 SQL Server 服务开启与停止的两种方法。

1. 利用 Sql Server Configuration Manager

依次选择【开始】→【所有程序】→Microsoft SQL Server→【配置工具】→【SQL Server 配置管

理器】,打开 Sql Server Configuration Manager 窗口,右击 SQL Server(MSSQLSERVER)可以对该服务进行启动、停止、暂停以及重新启动,如图 2-43 所示。

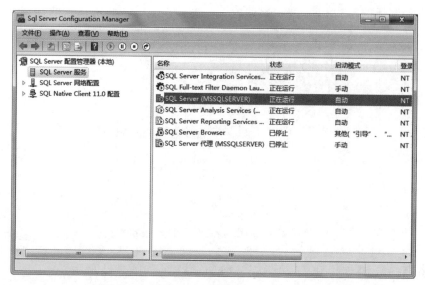

图 2-43　Sql Server Configuration Manager 窗口

2. 利用系统服务

依次打开【控制面板】→【系统和安全】→【管理工具】→【服务】,右击 SQL Server (MSSQLSERVER)可以对该服务进行启动、停止、暂停以及重新启动,如图 2-44 所示。

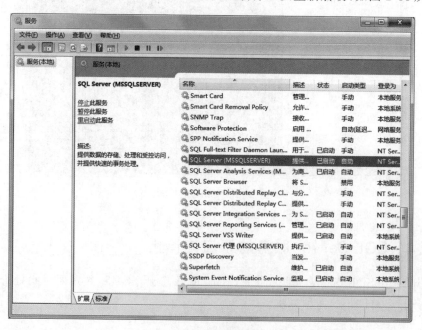

图 2-44　【服务】窗口

2.3 登录账户的创建与管理

启动 SSMS 时，有两种身份验证方式，分别是 Windows 身份验证和 SQL Server 身份验证。其中，SQL Server 身份验证需要输入用户名和密码。安装时选择的是默认的 Windows 身份验证。

SQL Server 安装好后，有一个超级管理员 sa（Super Administrator）。以【Windows 身份验证】的方式登录 SSMS，然后选择【对象资源管理器】的【安全性】节点，展开【登录名】即可看到 sa 登录名，如图 2-45 所示。

使用 SQL Server 时，通常需要以某个用户登录 SQL Server，特别是多用户共用 SQL Server 服务时需要对用户进行管理。

在 SQL Server 数据库中可以建立独立的用户，用户在 SQL Server 中叫作登录名。可以登录 SSMS，建立用户，然后使用特定的用户管理数据库和数据库对象。

图 2-45 查看 sa 登录名

2.3.1 创建登录名

任务：创建登录名 jxs。

【步骤1】 以【Windows 身份验证】方式登录 SSMS，然后选择【对象资源管理器】的【安全性】节点，右击【登录名】，如图 2-46 所示。

图 2-46 【新建登录名界面】选项

【步骤2】 选择【新建登录名】，打开【登录名-新建】窗口，在登录名处输入 jxs，选中【SQL Server 身份验证(S)】单选按钮，在密码和确认密码处都输入 111111，取消选中【强制密码过期】复选框，如图 2-47 所示。

【步骤3】 单击【确定】按钮，即可在【登录名】节点下面看到新建的用户 jxs，如图 2-48 所示。

【步骤4】 重新启动 SSMS，以【SQL Server 身份验证】登录，在登录名处输入 jxs，在密码处输入 111111，如图 2-49 所示。

【步骤5】 单击【连接】按钮，即可以用户名 jxs 登录，如图 2-50 所示。

以上便是创建登录名的过程，不过在用新创建的登录名登录时，可能会出现错误，如图 2-51 所示。

出现如图 2-51 所示的问题，则首先以【Windows 身份验证】方式登录 SSMS，右击【站点】，如图 2-52 所示。

选择【属性】，打开【服务器属性-JIAXIANGSU-ZJFF】窗口，选择【安全性】，将服务器身份验证设置为【SQL Server 和 Windows 身份验证模式(S)】，如图 2-53 所示。

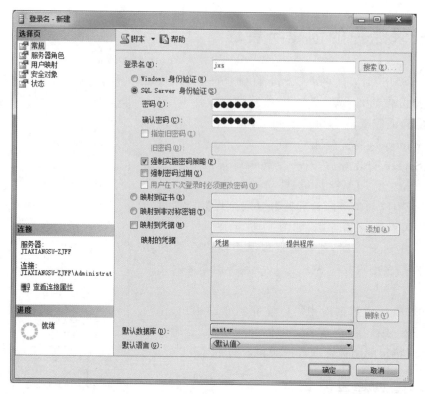

图 2-47 【登录名-新建】窗口

图 2-48 完成新建用户 jxs

图 2-49 以【SQL Server 身份验证】登录

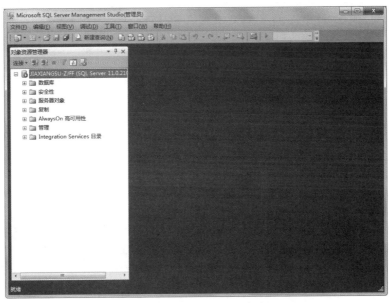

图 2-50　用户 jxs 登录成功

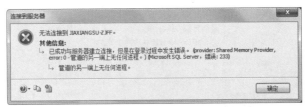

图 2-51　无法用新建的用户名登录

图 2-52　解决无法登录界面 1

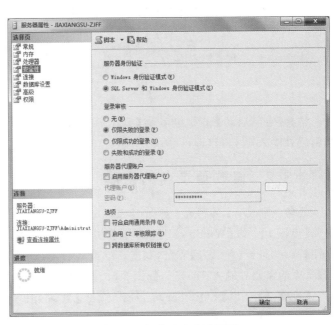

图 2-53　解决无法登录界面 2

单击【确定】按钮,弹出提示窗口,要求重启 SQL Server,如图 2-54 所示。

图 2-54　解决无法登录界面 3

关闭 SSMS,打开 Sql Server Configuration Manager 窗口,单击左侧的【SQL Server 服务】,右击右侧的 SQL Server(MSSQLSERVER),如图 2-55 所示。

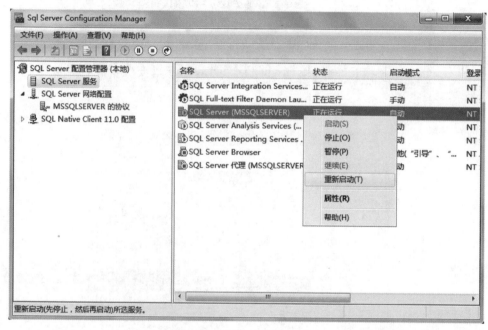

图 2-55　解决无法登录界面 4

选择【重新启动】选项,再次以【SQL Server 身份验证】登录 SSMS,在登录名处输入 jxs,在密码处输入 111111,即可登录成功。

2.3.2　修改登录名的密码

任务:修改 jxs 的密码。

【步骤 1】　以【Windows 身份验证】方式登录 SSMS,然后选择【对象资源管理器】的【安全性】节点,打开【登录名】节点,双击 jxs(或者右击,选择属性),打开【登录属性-jxs】,在【常规】页面的密码处输入 123456,如图 2-56 所示。

【步骤 2】　以【SQL Server 身份验证】登录,在登录名处输入 jxs,在密码处输入 123456,即可成功登录。

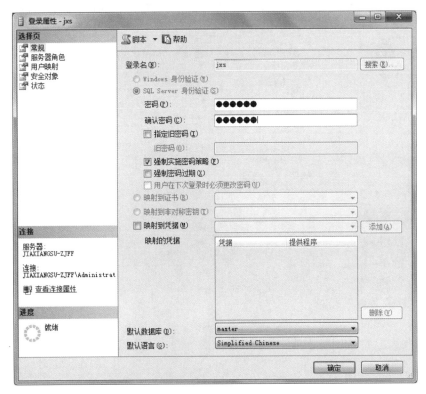

图 2-56 修改登录名的密码

2.3.3 赋予登录名权限

任务: 给 jxs 用户赋予权限。

说明: 操作权限分为如下两类。

(1) 用户在服务器范围内能够执行哪些操作。

(2) 用户对指定数据库的操作权限。

【**步骤 1**】 以【Windows 身份验证】方式登录 SSMS,然后选择【对象资源管理器】的【安全性】节点,打开【登录名】节点,双击 jxs(或者右击,选择属性),打开【登录属性-jxs】,在【服务器角色】页面的右侧设置该用户对服务器的操作权限,如图 2-57 所示。

【**步骤 2**】 在【用户映射】页面的右侧设置特定数据库的权限,如图 2-58 所示。

2.3.4 删除登录名

任务: 删除登录名 jxs。

【**步骤 1**】 以【Windows 身份验证】方式登录 SSMS,然后选择【对象资源管理器】的【安全性】节点,打开【登录名】节点,右击 jxs,如图 2-59 所示。

【**步骤 2**】 选择【删除】,打开【删除对象】窗口,如图 2-60 所示。

【**步骤 3**】 单击【确定】按钮,弹出提示对话框,如图 2-61 所示。

【**步骤 4**】 单击【确定】按钮,即可删除该登录名。

图 2-57　设置登录名的服务器角色

图 2-58　设置登录名的数据库操作权限

图 2-59　删除登录名界面 1

图 2-60　删除登录名界面 2

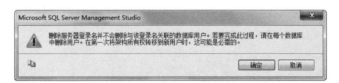

图 2-61　删除登录名界面 3

说明：本书后面的内容都是基于以【Windows 身份验证】方式登录 SSMS 的。

2.4　本章总结

1．SQL(Structured Query Language)指的是结构化查询语言。

2．SQL Server 是由微软公司开发和推广的关系数据库管理系统。

3．SQL Server Management Studio 是 SQL Server 的操作环境，能够执行对数据库的日常管理和数据查询。

4．连接 SQL Server 之前应先启动 SQL Server 服务。

5．SQL Server 服务启动的方法有两种：一种是利用 Sql Server Configuration Manager；一种是利用系统服务。

6．可以创建登录账号，并且用新建账户登录 SSMS。

习题 2

简答题

1. 什么是 SQL？

2. SSMS 是什么？如何启动 SSMS？

3. 如何开启 SQL Server(MSSQLSERVER)服务？

上机 2

本次上机任务：

(1) 安装 SQL Server。

(2) 启动 SSMS。

(3) SQL Server 服务的开启与停止。

(4) 创建登录账号,再删除该账号。

任务 1：安装 SQL Server。

要求：在自己的计算机上安装 SQL Server。

任务 2：启动 SSMS。

要求：以【Windows 身份验证】方式登录 SSMS。

任务 3：SQL Server 服务的开启与停止。

要求：用两种方式实现 SQL Server 服务的开启与停止。

实现步骤：

(1) 利用 Sql Server Configuration Manager。

(2) 利用系统服务。

任务 4：创建登录账号,再删除该账号。

要求：创建登录名 test,然后删除登录名。

实现步骤：

(1) 创建登录名 test。

(2) 删除登录名 test。

第3章

数据库的创建与管理

本章要点：
（1）系统数据库
（2）数据库文件
（3）数据库的创建
（4）数据库的删除
（5）数据库的分离和附加
（6）数据库文件的移动和复制

3.1 数据库的类型

SQL Server 中的数据库按照用途可以分为两种：系统数据库和用户数据库。其中，系统数据库是管理和维护 SQL Server 所必需的数据库；用户数据库是用户自己建立的数据库。

3.1.1 系统数据库

SQL Server 安装成功之后，会自动创建 4 个系统数据库，分别是 master、model、msdb 和 tempdb，如图 3-1 所示。

1. master 数据库

master 是 SQL Server 中最重要的数据库，是整个数据库服务器的核心。该数据库记录 SQL Server 的所有系统级别信息，且包含所有的登录账户和系统配置设置、所有其他的数据库及数据库文件的位置、SQL Server 的初始化信息等。用户不能直接修改该数据库，如果损坏了 master 数据库，那么整个 SQL Server 服务器将不能工作。数据库管理员应该定期备份 master 数据库。

2. model 数据库

图 3-1 【对象资源管理器】→【系统数据库】界面

model 数据库是 SQL Server 中创建数据库的模板。

用户可以在 model 数据库中设置初始化文件大小等。当使用 SQL 语句创建一个新的空白数据库时,将会使用模板中规定的默认值来创建。需要注意的是,任何对 model 数据库中数据的修改将影响所有使用模板创建的数据库。

3. msdb 数据库

msdb 数据库是代理服务数据库,供 SQL Server 代理程序调度警报、作业以及记录操作时使用。

4. tempdb 数据库

tempdb 数据库是临时数据库,存储所有的临时表、临时存储过程及其他临时操作。tempdb 数据库由整个系统的所有数据库使用,无论用户使用哪个数据库,其所建立的所有临时表和临时存储过程都会存储在 tempdb 数据库中。SQL Server 关闭后,tempdb 数据库中的内容将被清空。每次重新启动服务之后,tempdb 数据库将被重建。

3.1.2　用户数据库

用户数据库是用户自己建立的数据库。例如,建立一个存放学生信息的数据库 studentdb,建立一个存放教师信息的数据库 teacherdb。用户根据自己的需求建立相应的数据库,这种类型的数据库就属于用户数据库。

3.2　数据库相关的文件

在 SQL Server 中创建数据库时,至少包括一个数据库文件和一个事务日志文件。

3.2.1　数据库文件

数据库文件是存放数据库数据和数据库对象的文件,一个数据库可以有一个或多个数据库文件。数据库文件有如下两种类型。

(1) 主数据文件(Primary Database File):它是数据库的起点,用来存储数据库的启动信息数据。一个数据库必须有一个主数据文件,而且只能有一个是主数据文件。主数据文件的扩展名为. mdf。

(2) 次要数据文件(Secondary Database File):除了主数据文件之外的所有数据文件都是次要数据文件,一个数据库可以没有次要数据文件,也可以有一个或多个次要数据文件。次要数据文件的扩展名为. ndf。

3.2.2　事务日志文件

事务日志文件(Transaction Log File)是用来记录数据库更新情况的文件,它由一系列日志记录组成。在对数据库进行插入、删除和更新等操作时,对数据库中内容更改的信息都会记录到事务日志文件中。当数据库发生故障时,可以根据事务日志文件分析数据库出故障的原因,并且可以恢复数据库。一个数据库至少要有一个事务日志文件。事务日志文件的扩展名为.ldf。

说明：数据库相关文件分类及扩展名。

（1）主数据库文件：有且只能有一个主数据文件，扩展名为.mdf。

（2）次要数据库文件：可以有任意（大于或等于零）个次要数据库文件，扩展名为.ndf。

（3）事务日志文件：该文件用来存放日志，一个数据库至少有一个事务日志文件，扩展名为.ldf。

3.3 数据库的创建

创建数据库的方法有两种，分别是使用 SSMS 图形界面和使用 Transact-SQL。对于初学者，可以先学习第 1 种方法，使用生成向导来创建数据库，之后根据需要学习使用第 2 种方法创建数据库。

3.3.1 使用 SSMS 图形界面创建数据库

【**步骤 1**】 启动 SSMS（登录时选择使用【Windows 身份验证】）。

【**步骤 2**】 找到 SSMS 界面左侧【对象资源管理器】下面的【数据库】。

【**步骤 3**】 右击【数据库】，弹出右键菜单，如图 3-2 所示。

【**步骤 4**】 选择【新建数据库】选项，打开【新建数据库】窗口，该窗口的左侧【选择页】中有 3 个选项卡，分别为常规、选项和文件组，默认为【常规】选项卡。在【常规】选项卡的数据库名称处输入 studentdb，如图 3-3 所示。

图 3-2 使用对象资源管理器新建数据库界面

（1）数据库名称：此处可以输入新建数据库的名称。

（2）所有者：此处指定拥有创建数据库权限的账户。默认值即为当前登录 SQL Server 的账户。

（3）使用全文索引：选中此项表示让数据库具有搜索特定内容的字段。

（4）逻辑名称：引用文件时使用的文件的名称。输入数据库名称的同时会自动填上数据库文件与日志文件的逻辑名称，通常数据库文件的逻辑名称与数据库名称一致，而日志文件的逻辑名称是在数据库名称后面加上_log。

（5）文件类型：表示文件存放的内容。其中，"行数据"表示数据库文件；"日志"表示事务日志文件。

（6）文件组：为数据库文件指定文件组，可以指定为主文件组（PRIMARY）或任一辅助文件组（SECONDARY）。数据库中必须有一个主文件组。事务日志文件不能修改文件组列的值。

图 3-3　【新建数据库】→【常规】选项卡

（7）初始大小：指定各文件的初始大小，此处的"5"表示数据库文件初始大小为 5MB，"2"表示日志文件初始大小为 2MB。

（8）自动增长：可以设置文件是否自动增长。如果选中自动增长，还可以设置文件增长方式以及最大文件大小。其中，文件增长方式有两种：一种是按百分比增长，另一种是按MB 增长；最大文件大小也有两种，一种是限制多少 MB，另一种是最大文件大小无限制，如图 3-4 所示。

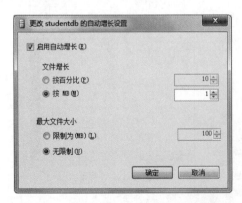

图 3-4　更改数据库的自动增长设置界面

（9）路径：指定数据库文件和日志文件的存放位置，默认的路径为 C:\Program Files\Microsoft SQL Server\MSSQL11. MSSQLSERVER\MSSQL\DATA，也可以单击默认路径右方的 [...] 按钮修改路径。

（10）文件名：用来存储数据库中数据的物理文件名称，不用填写该值，系统会自动创建默认文件名。

（11）添加、删除按钮：可以添加或删除数据文件和日志文件。需要注意的是，主数据文件不能删除。

【步骤 5】　在【新建数据库】→【选择页】列表中选择【选项】选项卡，一般按照默认值设置，如图 3-5 所示。

图 3-5 【新建数据库】→【选项】选项卡

(1) 排序规则:排序规则指定表示数据集中每个字符的位模式,还可以确定数据的排序和比较规则。可以从下拉列表中选择某一排序规则。

(2) 恢复模式:下拉列表中有 3 种恢复模式,分别为完整、大容量日志和简单。

① 完整:为默认恢复模式。该模式会完整记录操作数据库的每个步骤。当数据库发生故障时,可以将数据库恢复到一个特定的时间点。

② 大容量日志:该模式会对大容量操作进行最小日志记录,以节省日志文件的空间。例如,一次向数据库中插入数十万条记录时,在完整恢复模式下,每个插入记录的动作都会记录在日志中,日志文件就会变得非常大;而在大容量日志恢复模式下,只记录必要的操作,不记录所有日志,这样可以节省日志文件的空间,大大提高数据库的性能,但是当数据库出现故障时,由于日志文件记录的不完整,数据将可能无法恢复。因此,一般只有在需要进行大量数据操作时(如导入数据、批量更新等操作)才将恢复模式改为大容量日志恢复模式,数据处理完毕后,马上将恢复模式改回完整恢复模式。

③ 简单:该模式下数据库会自动把不活动的日志删除,每次备份数据库时把事务日志清除,这样可以简化备份的还原。由于没有事务日志备份,因此不能恢复到失败的时间点,只能根据最后一次对数据库的备份进行恢复。

(3) 兼容级别:表示数据库向以前的版本兼容的级别,此处下拉列表中可以选择 SQL Server 2005(90)、SQL Server 2008(100)、SQL Server 2012(110)。如果选择 SQL Server 2008(100)选项,则 SQL Server 2008 也能够识别和打开该数据库。

（4）数据库为只读：在下拉列表中可以选择 False 或 True。如果选择 False 选项，则表示可以对数据库进行读写操作；如果选择 True 选项，则表示只能读取数据库，而不能向数据库中写入数据。一般选择 False 选项。

（5）自动关闭：在下拉列表中可以选择 False 或 True。如果选择 False 选项，则最后一个用户退出后，数据库不会关闭；如果选择 True 选项，则最后一个用户退出后，数据库会关闭并且释放资源。对于那些经常被使用的数据库，此选项不要设置为 True，否则会增加开关数据库的次数，给数据库带来负担。

（6）自动收缩：在下拉列表中可以选择 False 或 True。如果选择 False 选项，则数据库不会自动收缩；如果选择 True 选项，则数据库将定期自动收缩，释放没有使用的数据库磁盘空间。

【步骤 6】 在【新建数据库】→【选择页】列表中选择【文件组】选项卡，一般按照默认值设置，如图 3-6 所示。

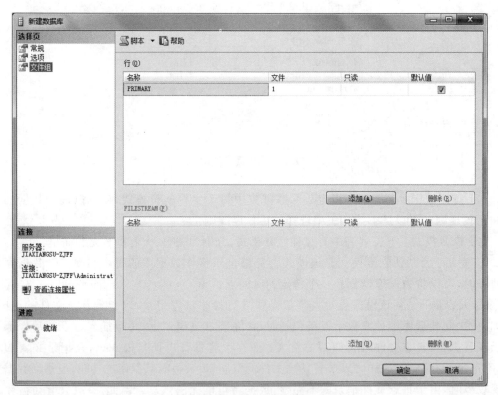

图 3-6 【新建数据库】→【文件组】选项卡

说明：文件组类似于文件夹，主要用于分配磁盘空间并进行管理，每个文件组有一个组名，与数据库文件一样，文件组也分为主文件组（Primary File Group）和次文件组（Secondary File Group）。

【步骤 7】 设置好【常规】【选项】【文件组】选项卡后，单击新建数据库页面中的【确定】按钮，即可以创建数据库，在【对象资源管理器】中会看到名称为 studentdb 的数据库，如图 3-7 所示。

3.3.2 使用 T-SQL 语句创建数据库

Transact-SQL 简称 T-SQL,是标准 SQL 的加强版。T-SQL 是微软公司在关系数据库管理系统 SQL Server 中 SQL-3 标准的实现,是微软公司对 SQL 的扩展,除了标准的 SQL 命令外,还对 SQL 命令做了扩充,如变量、运算符、流程控制和功能函数等。T-SQL 对 SQL Server 非常重要,SQL Server 中使用图形界面完成的所有功能,都可以用 T-SQL 来实现。

使用 T-SQL 创建数据库的语法如下:

```
CREATE DATABASE 数据库名
[  ON  [PRIMARY]
    [<数据文件参数>[,…,n]]
    [,<文件组参数>[,…,n]]
]
[LOG ON {<日志文件参数>[,…,n]}]


<文件参数>::=
{
([NAME = 逻辑文件名,]
FILENAME = 物理文件名
[,SIZE = 大小
[,MAXSIZE = {最大容量|UNLIMITED}]
[,FILEGROWTH = 增长量[KB|MB|GB|TB|%]]
)[,…,n]
}


<文件组参数>::=
{
FILEGROUP 文件组名[DEFAULT]
<文件参数>[,…,n]
}
```

图 3-7 【对象资源管理器】→【用户数据库】→创建的 studentdb 数据库

上述语法格式中,"[ ]"表示可选部分,"{ }"表示必须部分。各参数含义说明如下。

(1) 数据库名:最长为 128 个字符。数据库名在 SQL Server 实例中必须是唯一的,不能与 SQL Server 中现有的数据库实例名称相冲突。

(2) ON:指定用来存储数据库中数据部分的磁盘文件(数据文件)。

(3) PRIMARY:指定关联数据文件的主文件组。带有 PRIMARY 的< filespec >部分定义的第 1 个文件将成为主数据文件。如果没有指定 PRIMARY,则 CREATE DATABASE 语句中列出的第 1 个文件将成为主数据文件。

(4) LOG ON:指定用来存储数据库中日志部分的磁盘文件(日志文件),其后面跟以逗号分隔的、用以定义日志文件的< filespec >项列表。如果没有指定 LOG ON,则系统将自动创建一个日志文件,其大小为该数据库中所有数据文件大小总和的 25% 或 512KB,取两者之中的较大者。

(5) <文件参数>：定义文件的属性，其中各参数含义说明如下。

① NAME：指定文件的逻辑名称。这是在 SQL Server 系统中使用的名称，是数据库在 SQL Server 中的标识符。

② FILENAME：指定数据库所在文件的操作系统文件名称和路径，但是要确保路径是已经存在的。

③ SIZE：指定文件的初始大小。如果没有为主数据文件设置初始大小，则数据库引擎将使用 model 数据库中的主数据文件的大小。如果指定了次要数据文件或日志文件，但是没有指定这些文件的初始大小，则数据库引擎将以 1MB 作为该文件的大小。注意：为主数据文件指定的大小应不小于 model 数据库的主数据文件的大小，可以使用千字节(KB)、兆字节(MB)、千兆字节(GB)或太字节(TB)，默认为 MB。

④ MAXSIZE：指定操作系统文件可以增长到的最大尺寸，可以使用 KB、MB、GB 或TB，默认为 MB。如果未指定 MAXSIZE，则表示文件大小无限制，文件将一直增大，直至磁盘空间被占满。UNLIMITED 也是指文件的增长无限制，一直增长到磁盘装满。

⑤ FILEGROWTH：指定文件的自动增量。该值可以使用 KB、MB、GB、TB 或百分比(％)为单位指定。如果未在数字后面指定单位，则默认为 MB。如果指定了"％"，则增量大小为发生增长时文件大小的指定百分比。FILEGROWTH＝0 表示文件自动增长设置为关闭，即不允许文件增加。

(6) <文件组参数>：控制文件组属性，其中各参数含义说明如下。

① FILEGROUP：文件组的逻辑名称。filegroup_name 在数据库中必须唯一，而且名称必须符合标识符规则。

② DEFAULT：指定该文件组为数据库中的默认文件组。

1. 使用 T-SQL 创建只有一个数据文件、一个日志文件的数据库

任务一：用 T-SQL 创建数据库 test1。

要求如下：数据库名称为 test1，将数据库对应的文件放在 D:\db 目录下，有一个数据文件和一个日志文件。其中，数据文件的逻辑名称为 test1，物理文件名为 test1.mdf，初始大小为 5MB，文件最大为 50MB，增长速度为 2MB；日志文件的逻辑名称为 test1_log，物理文件名为 test1_log.ldf，初始大小为 2MB，文件最大为 20MB，增长速度为 10％。

【步骤 1】　启动 SSMS，单击工具栏中的 ![新建查询(N)]，打开查询编辑器窗口，如图 3-8 所示。

【步骤 2】　在图 3-8 中的 SQLQuery1.sql 编辑窗口中输入如下 T-SQL 语句，语句输入完成后面如图 3-9 所示。

```
CREATE DATABASE test1 ON PRIMARY
(
NAME = 'test1',
FILENAME = 'D:\db\test1.mdf',
SIZE = 5MB,
MAXSIZE = 50MB,
FILEGROWTH = 2MB
```

```
)
LOG ON
(
NAME = 'test1_log',
FILENAME = 'D:\db\test1_log.ldf',
SIZE = 2MB,
MAXSIZE = 20MB,
FILEGROWTH = 10 %
)
GO
```

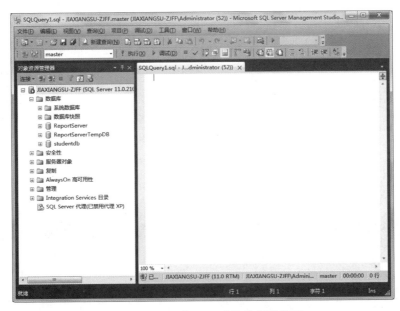

图 3-8　SSMS 中 SQL 查询编辑器界面

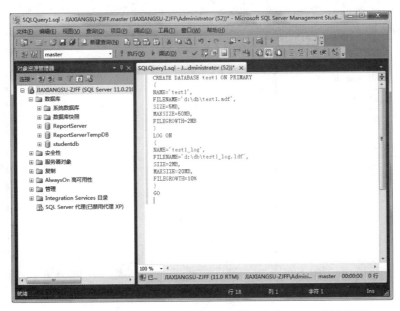

图 3-9　在查询编辑器中输入新建 test1 数据库的 T-SQL 语句界面

说明：数据库对应的文件放在 D 盘下的 db 文件夹中，所以要确保 D 盘下有 db 文件夹。如果没有，请自行创建；否则在执行 T-SQL 语句时会因为找不到对应的文件夹而无法创建数据库。

【步骤3】 单击✓，执行语法检查，检查成功后的界面如图 3-10 所示。

图 3-10　语法检查界面

【步骤4】 语法检查通过后，单击 ❗ 执行(X)，执行 T-SQL 命令，如图 3-11 所示。

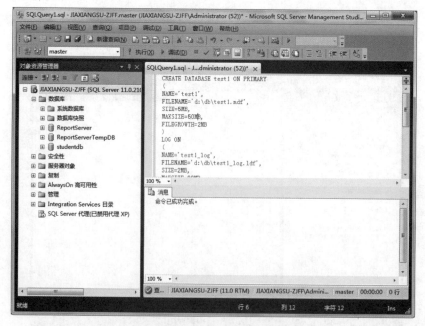

图 3-11　执行创建 test1 数据库的 T-SQL 命令界面

说明：如果想将查询编辑器中的 T-SQL 语句保存下来，可以单击工具栏中的 ■ ，将 .sql 文件保存。

【步骤5】　刷新【对象资源管理器】中的数据库，可以在数据库节点下看到新创建的 test1 数据库，如图 3-12 所示。

图 3-12　查看新建的 test1 数据库

【步骤6】　在计算机 D 盘的 db 文件夹里查看新建的数据库对应的两个文件，如图 3-13 所示。

图 3-13　磁盘中对应 test1 数据库的相关文件

【**步骤7**】　在【对象资源管理器】中右击新建的 test1 数据库,选择【属性】,单击【文件】
选项卡,可以查看 test1 数据库的相关属性,如图 3-14 所示。

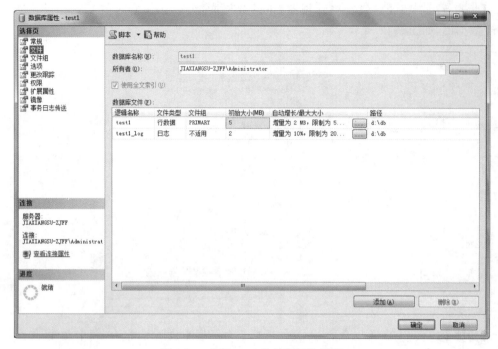

图 3-14　查看 test1 数据库属性界面

2. 使用 T-SQL 创建有多个数据文件、多个日志文件的数据库

任务二:用 T-SQL 创建数据库 test2。

要求如下:数据库名称为 test2,将数据库对应的文件放在 D:\db 目录下,有两个数据
文件和两个日志文件。

主数据文件的逻辑名称为 test2_data1,物理文件名为 test2_data1. mdf,初始大小为
6MB,文件最大为 30MB,增长速度为 15%。次要数据文件的逻辑名称为 test2_data2,物理
文件名为 test2_data2. ndf,初始大小为 4MB,文件最大为 30MB,增长速度为 15%。一个日
志文件的逻辑名称为 test2_log1,物理文件名为 test2_log1. ldf,初始大小为 1MB,文件最大
为 20MB,增长速度为 5%。另一个日志文件的逻辑名称为 test2_log2,物理文件名为 test2_
log2. ldf,初始大小为 1MB,文件最大为 20MB,增长速度为 5%。

由于该任务与新建 test1 数据库的实现步骤大致相同,这里就进行一些简化的操作。

【**步骤1**】　单击工具栏中的 新建查询(N),打开一个空白的. sql 文件,在查询编辑器窗口中
输入如下 T-SQL 语句,语句输入完成后界面如图 3-15 所示。

```
CREATE DATABASE test2 ON PRIMARY
(
NAME = 'test2_data1',
FILENAME = 'D:\db\test2_data1.mdf',
SIZE = 6MB,
```

```
MAXSIZE = 30MB,
FILEGROWTH = 15 %
),
(
NAME = 'test2_data2',
FILENAME = 'D:\db\test2_data2.ndf',
SIZE = 4MB,
MAXSIZE = 30MB,
FILEGROWTH = 15 %
)
LOG ON
(
NAME = 'test2_log1',
FILENAME = 'D:\db\test2_log1.ldf',
SIZE = 1MB,
MAXSIZE = 20MB,
FILEGROWTH = 5 %
),
(
NAME = 'test2_log2',

FILENAME = 'D:\db\test2_log2.ldf',
SIZE = 1MB,
MAXSIZE = 20MB,
FILEGROWTH = 5 %
)
GO
```

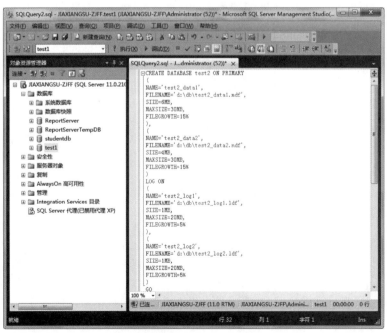

图 3-15　在查询编辑器中输入新建 test2 数据库的 T-SQL 语句界面

【**步骤2**】 单击 ✓ ，执行语法检查，语法检查通过后，单击 执行(X) ，执行 T-SQL 命令，如图 3-16 所示。

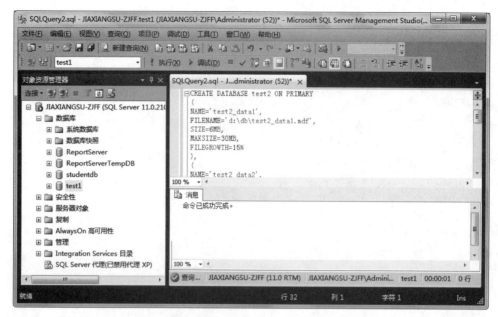

图 3-16 执行创建 test2 数据库的 T-SQL 命令界面

【**步骤3**】 刷新【对象资源管理器】中的数据库，可以在数据库节点下看到新创建的 test2 数据库，如图 3-17 所示。

图 3-17 查看新建的 test2 数据库

【**步骤4**】 可在计算机 D 盘的 db 文件夹里查看新建的数据库对应的 4 个文件，如图 3-18 所示。

【**步骤5**】 在【对象资源管理器】中右击新建的 test2 数据库，选择【属性】，单击【文件】选项卡，可以查看 test2 数据库的相关属性，如图 3-19 所示。

图 3-18 磁盘中对应 test2 数据库的相关文件

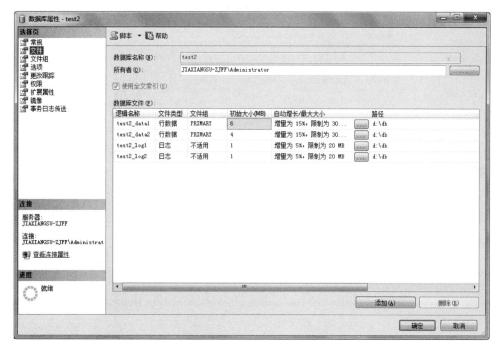

图 3-19 查看 test2 数据库属性界面

3.4　数据库的管理

3.4.1　查看数据库

在 SQL Server 中查看数据库的方式有多种,这里使用图形化管理工具进行数据库信息的查看。

启动 SSMS,在【对象资源管理器】中右击要查看信息的数据库,选择【属性】,在弹出的【数据库属性】窗口中可以查看常规、文件、文件组、选项、更改跟踪、权限、扩展属性、镜像和事务日志传送信息。

3.4.2　修改数据库

任务一:修改 test2 数据库中的 test2_data1 文件的初始大小为 5MB,文件最大为 50MB,增长速度为 20%。

【步骤 1】 启动 SSMS,在【对象资源管理器】中右击 test2 数据库,选择【属性】,在弹出的【数据库属性】窗口中单击【文件】选项卡,在逻辑名称为 test2_data1 的所在行的初始大小处输入 5,如图 3-20 所示。

图 3-20　修改 test2_data1 文件的初始大小

【步骤 2】 单击逻辑名称为 test2_data1 的所在行的自动增长/最大大小列的 ⋯ ,打开【更改 test2_data1 的自动增长设置】对话框,在【文件增长】下面的【按百分比】处输入 20,在【最大文件大小】下面的【限制为(MB)】处输入 50,如图 3-21 所示。

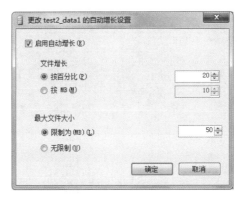

图 3-21　更改 test2_data1 文件的自动增长设置

【步骤 3】　单击图 3-21 中的【确定】按钮,此时的数据库属性页面中显示修改之后的自动增长/最大大小值,如图 3-22 所示。

图 3-22　更改完成的数据库属性

【步骤 4】　单击图 3-22 中的【确定】按钮,修改 test2 数据库中的 test2_data1 文件的初始大小为 5MB,文件最大为 50MB,增长速度为 20％的任务完成。

任务二:修改 test2 数据库为自动关闭,而且可以定期自动收缩。

【步骤 1】　启动 SSMS,在【对象资源管理器】中右击 test2 数据库,选择【属性】,在弹出的【数据库属性】窗口中单击【选项】选项卡,将右侧滚动条往下拉到最下面,在【自动关闭】右侧的下拉框中选择 True,在【自动收缩】右侧的下拉框中选择 True,如图 3-23 所示。

【步骤 2】　单击 3-23 中的【确定】按钮,修改 test2 数据库为自动关闭,而且可以定期自动收缩的任务完成。

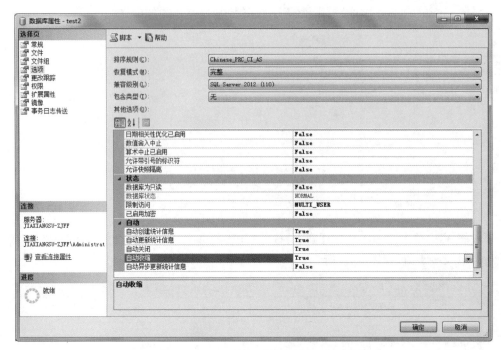

图 3-23　设置 test2 数据库自动关闭、自动收缩

3.4.3　数据库更名

数据库更名有两种方式：一种是利用 SSMS 图形界面，另一种是利用 T-SQL 语句。下面有两个任务，分别介绍用这两种方式实现数据库更名的具体方法。

1. 使用 SSMS 图形界面为数据库更名

任务一：用 SSMS 图形界面将数据库 test1 更名为 mytest1。

【步骤 1】　启动 SSMS，在【对象资源管理器】中右击 test1 数据库，在弹出的快捷菜单中选择【重命名】选项，如图 3-24 所示。在文本框中输入 mytest1，如图 3-25 所示。

【步骤 2】　按 Enter 键或单击【对象资源管理器】的空白处，刷新一下，即可完成数据库的更名，将数据库 test1 更名为 mytest1，如图 3-26 所示。

2. 使用 T-SQL 语句为数据库更名

任务二：用 T-SQL 语句将数据库 mytest1 更名为 db_test1。

【步骤 1】　单击工具栏中的 新建查询(N)，打开一个空白的 .sql 文件，在查询编辑器窗口中输入如下 T-SQL 语句，语句输入完成后界面如图 3-27 所示。

```
ALTER DATABASE mytest1
    MODIFY NAME = db_test1;
GO
```

图 3-24 数据库 test1 更名界面 1　　图 3-25 数据库 test1 更名界面 2　　图 3-26 数据库 test1 更名界面 3

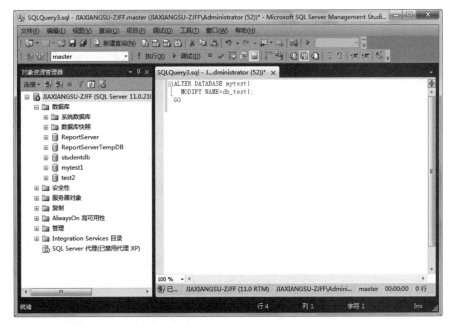

图 3-27 在查询编辑器中输入数据库 mytest1 更名的 T-SQL 语句界面

【步骤 2】 单击 ✓，执行语法检查，语法检查通过后，单击 ! 执行(X)，执行 T-SQL 命令，如图 3-28 所示。

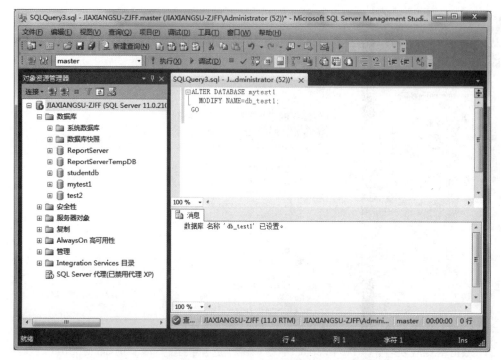

图 3-28　执行数据库 mytest1 更名的 T-SQL 命令界面

图 3-29　查看更名后的数据库 db_test1

【步骤 3】　刷新【对象资源管理器】中的数据库，可以在数据库节点下面看到更名后的数据库 db_test1，如图 3-29 所示。

说明：

使用 T-SQL 语句修改数据库名称的语法如下：

```
ALTER DATABASE 数据库原名
MODIFY NAME = 数据库新名;
```

3.4.4　删除数据库

删除数据库有两种方式：一种是利用 SSMS 图形界面，另一种是利用 T-SQL 语句。下面有两个任务，分别介绍用这两种方式实现数据库删除的具体方法。

1. 使用 SSMS 图形界面删除数据库

任务一：用 SSMS 图形界面删除数据库 db_test1。

【步骤 1】　启动 SSMS，在【对象资源管理器】中右击【db_test1】数据库，在弹出的快捷菜单中选择【删除】选项，如图 3-30 所示。或者直接按 Delete 键，弹出【删除对象】窗口，如图 3-31 所示。

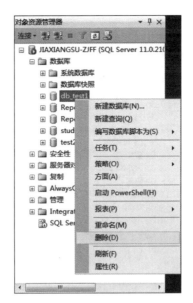

图 3-30　删除数据库 db_test1 界面 1

图 3-31　删除数据库 db_test1 界面 2

【**步骤 2**】　单击【确定】按钮,刷新【对象资源管理器】,可以看到已经将数据库 db_test1 删除,如图 3-32 所示。

图 3-32 删除数据库 db_test1 界面 3

【步骤3】 在计算机 D 盘的 db 文件夹中查看数据库 db_test1 对应的两个文件,已经不存在,如图 3-33 所示。

图 3-33 删除数据库 db_test1 界面 4

2. 使用 T-SQL 语句删除数据库

任务二:用 T-SQL 语句删除数据库 test2。

【步骤1】 单击工具栏中的 ![新建查询(N)],打开一个空白的.sql 文件,在查询编辑器窗口中输入如下 T-SQL 语句,语句输入完成后界面如图 3-34 所示。

```
DROP DATABASE test2
GO
```

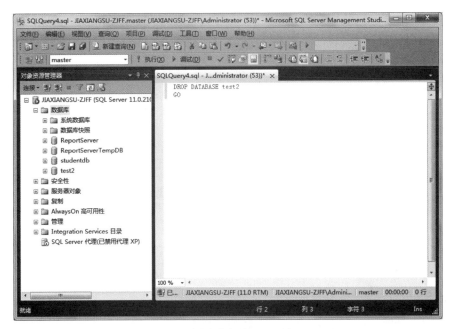

图 3-34　删除数据库 test2 界面 1

【步骤 2】　单击 ✓,执行语法检查,语法检查通过后,单击 ❗执行(X),执行 T-SQL 命令,如图 3-35 所示。

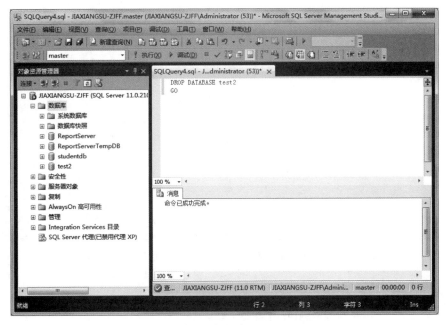

图 3-35　删除数据库 test2 界面 2

【步骤3】　刷新【对象资源管理器】中的数据库,可以看到已经将数据库 test2 删除,如图 3-36 所示。

图 3-36　删除数据库 test2 界面 3

【步骤4】　在计算机 D 盘的 db 文件夹中查看数据库 test2 对应的 4 个文件,已经不存在了,如图 3-37 所示。

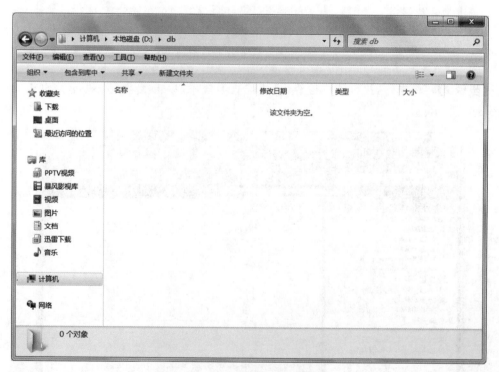

图 3-37　删除数据库 test2 界面 4

说明：

使用 T-SQL 语句删除数据库的语法如下：

DROP DATABASE 数据库名称

经验：

（1）删除数据库时要谨慎，因为系统无法轻易恢复被删除的数据，除非做过数据库的备份。

（2）数据库为只读状态时不可以删除。

（3）数据库正在使用、恢复时也不可以删除。

3.5 数据库的分离、附加

前面内容讲解了数据库的删除，在删除数据库时也同时删除了数据库对应的文件。有时用户想在 SSMS 中删除数据库，但是又不想删除操作系统磁盘中对应的物理文件，这时可以使用数据库的分离。

1. 数据库的分离

任务一：将 studentdb 数据库从 SSMS 环境中删除，但是不要删除该数据库对应的两个物理文件（studentdb.mdf 和 studentdb_log.ldf）。

【步骤 1】　启动 SSMS，右击【数据库】节点下面的 studentdb 数据库，依次选择【任务】→【分离】，如图 3-38 所示。打开【分离数据库】窗口，如图 3-39 所示。

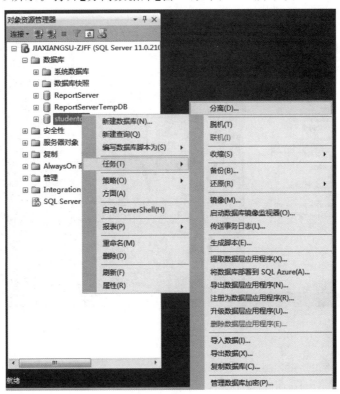

图 3-38　分离数据库 studentdb 界面 1

图 3-39   分离数据库 studentdb 界面 2

【步骤2】   单击【确定】按钮,在 SSMS 的【对象资源管理器】中除去了 studentdb 数据库,如图 3-40 所示。

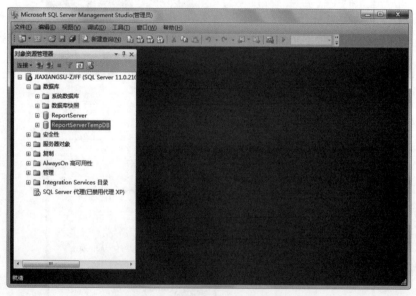

图 3-40   分离数据库 studentdb 界面 3

【步骤3】   查看 studentdb 数据库对应的两个文件,依然存在,该数据库存放的路径为 C:\Program Files\Microsoft SQL Server\MSSQL11. MSSQLSERVER\MSSQL\DATA,如图 3-41 所示。

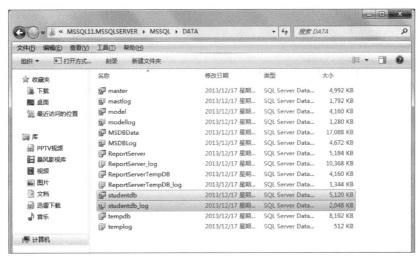

图 3-41 分离数据库 studentdb 界面 4

2．数据库的附加

任务二：将 studentdb 数据库附加到 SSMS 环境中。

【步骤 1】 启动 SSMS，找到【对象资源管理器】，右击【数据库】节点，如图 3-42 所示。

【步骤 2】 单击【附加】，打开【附加数据库】窗口，如图 3-43 所示。

图 3-42 附加数据库 studentdb 界面 1

图 3-43 附加数据库 studentdb 界面 2

【步骤 3】 单击【添加】按钮，打开【定位数据库文件】窗口，选择 studentdb.mdf 所在路径，如图 3-44 所示。

图 3-44　附加数据库 studentdb 界面 3

【步骤 4】　单击【确定】按钮,返回附加数据库界面,如图 3-45 所示。

图 3-45　附加数据库 studentdb 界面 4

【**步骤5**】 单击【确定】按钮,刷新 SSMS【对象资源管理器】中的【数据库】,会看到附加进来的数据库 studentdb,如图 3-46 所示。

3.6 数据库文件的移动和复制

有时用户需要将数据库文件从一个物理地址转移到本机的另外一个地址(例如,从 C 盘下复制或剪切到 D 盘下),或者从一台机器转移到另外一台机器。这时就涉及数据库文件的复制和移动。

图 3-46 附加数据库 studentdb 界面 5

1. 数据库文件的移动

任务一:将 studentdb 数据库对应的两个物理文件 studentdb.mdf 和 studentdb_log.ldf 剪切到 D:\db 文件夹下。

分析:studentdb 数据库对应的两个物理文件 studentdb.mdf 和 studentdb_log.ldf 实际存放在 C:\Program Files\Microsoft SQL Server\MSSQL11.MSSQLSERVER\MSSQL\DATA 目录下,选中两个文件直接剪切,然后在 D:\db 文件夹选择粘贴,会发现无法复制文件,出现错误提示,如图 3-47 所示。

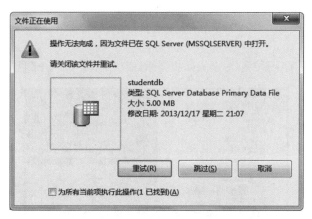

图 3-47 复制数据库文件的错误提示界面

说明:正常状态下的数据库不允许对数据库文件进行任何复制、删除等操作。如果将数据库分离,就可以对数据文件进行这些操作了。

【**步骤1**】 启动 SSMS,将 studentdb 分离。

【**步骤2**】 在 C:\Program Files\Microsoft SQL Server\MSSQL11.MSSQLSERVER\MSSQL\DATA 目录下右击两个文件,选择【剪切】,然后在 D:\db 文件夹空白处右击,选择【粘贴】,即可实现对数据库文件的复制。

【**步骤3**】 将 D:\db 文件夹中的 studentdb 数据库文件附加到 SSMS 中。

2. 数据库文件的复制

任务二：新建数据库 test，将数据库文件放在默认路径下，然后通过设置 test 数据库的状态来实现将 test 数据库对应的物理文件复制到 D:\db 文件夹里。

【步骤1】　启动 SSMS，新建数据库 test，如图 3-48 所示。

图 3-48　新建数据库 test 界面

【步骤2】　单击【确定】按钮，右击 test 数据库，依次选择【任务】→【脱机】，如图 3-49 所示。

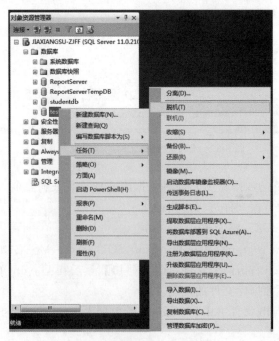

图 3-49　设置数据库 test 脱机界面 1

【步骤3】 单击【脱机】,打开脱机成功提示窗口,如图3-50所示。

【步骤4】 单击【关闭】按钮,查看test数据库的状态,此时显示为脱机,如图3-51所示。

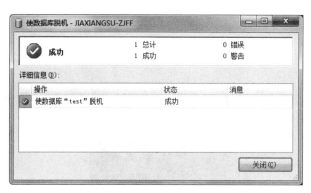

图3-50 设置数据库test脱机界面2　　　　图3-51 设置数据库test脱机界面3

【步骤5】 找到C:\Program Files\Microsoft SQL Server\MSSQL11.MSSQLSERVER\MSSQL \DATA目录下的test.mdf和test_log.ldf两个文件,选中两个文件,右击选择【复制】,如图3-52所示。

图3-52 复制test数据库文件

【步骤6】 在D:\db文件夹中右击空白处,选择【粘贴】,如图3-53所示。

图 3-53　复制好的 test 数据库文件

【步骤 7】　重新将 SSMS 中的 test 数据库设置为【联机】状态。右击【对象资源管理器】中【数据库】节点下面的 test 数据库,依次选择【任务】→【联机】即可,如图 3-54 所示。

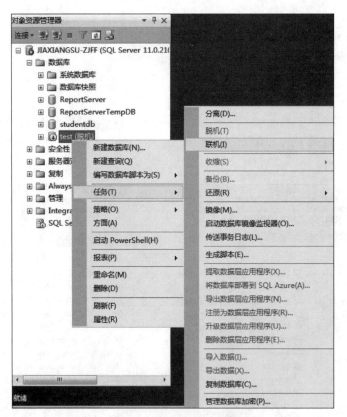

图 3-54　设置 test 数据库的状态为联机界面 1

【步骤 8】　设置成功后的页面如图 3-55 所示。

说明:数据库状态有多个,这里先掌握其中的两个即可。

(1) 联机:可以对数据库进行访问,但是不能对数据文件进行移动操作。

(2) 脱机:数据库无法使用,但是其数据文件是可以移动(如复制、剪切)的。

经验:数据库文件移动或复制的方法(选择其中之一)。

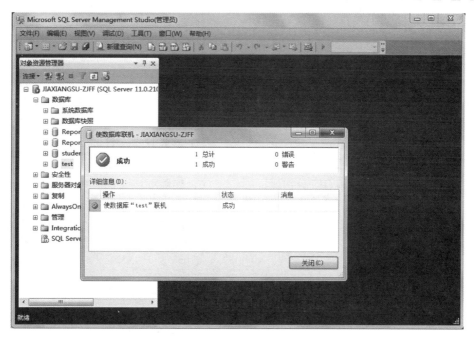

图 3-55　设置 test 数据库的状态为联机界面 2

（1）分离数据库。

（2）将数据库状态设置为"脱机"。

3.7　本章总结

1. SQL Server 中的数据库按照用途可以分为两种：系统数据库和用户数据库。

2. SQL Server 的 4 个系统数据库，分别是 master、model、msdb 和 tempdb。

3. 创建数据库的方法有两种，分别是使用 SSMS 图形界面和使用下 T-SQL 语句。

4. 在 SQL Server 中，创建数据库时，至少包括一个数据库文件和一个事务日志文件。

5. 主数据文件扩展名为.mdf；次要数据文件扩展名为.ndf；事务日志文件扩展名为.ldf。

6. 数据库文件移动或复制的方法：分离数据库或者将数据库状态设置为"脱机"。

习题 3

一、选择题

1. SQL Server 2012 安装成功之后，会自动创建系统数据库，以下选项属于系统数据库的是（　　）。

（A）teacherdb　　　（B）employees　　　（C）master　　　（D）test

2. SQL Server 2012 中自己创建的 studentdb 数据库属于（　　）。

　　　　(A) 用户数据库　　　　　　　　　(B) 系统数据库

　　　　(C) 数据库模板　　　　　　　　　(D) 数据库系统

　　3. 创建数据库时,主数据库文件的扩展名为(　　　)。

　　　　(A).ndf　　　　　(B).mdf　　　　　(C).db　　　　　(D).ldf

　　4. (　　　)是用来记录数据库更新情况的文件,它由一系列日志记录组成。

　　　　(A) 主数据文件　　　　　　　　　(B) 数据文件

　　　　(C) 次要数据文件　　　　　　　　(D) 事务日志文件

　　5. (　　　)数据库是把已经存在于磁盘的数据库文件恢复成数据库。

　　　　(A) 附加　　　　　(B) 分离　　　　　(C) 删除　　　　　(D) 修改

　　6. 在 SQL Server 中,删除数据库使用(　　)语句。

　　　　(A) CREATE　　　(B) DELETE　　　(C) DROP　　　(D) REMOVE

二、简答题

如何实现数据库文件的复制?

三、操作题

1. 用 T-SQL 语句创建数据库 Car。

　　要求如下: 数据库名称为 Car,将数据库对应的文件放在 D:\db\homework 目录下,有两个数据文件,两个日志文件。

　　(1) 主数据文件的逻辑名称为 car_data1,物理文件名为 car_data1.mdf,初始大小为 5MB,文件最大为 50MB,增长速度为 3MB。

　　(2) 次要数据文件的逻辑名称为 car_data2,物理文件名为 car_data2.ndf,初始大小为 5MB,文件最大为 40MB,增长速度为 2MB。

　　(3) 一个日志文件的逻辑名称为 car_log1,物理文件名为 car_log1.ldf,初始大小为 2MB,文件最大为 20MB,增长速度为 10%。

　　(4) 另一个日志文件的逻辑名称为 car_log2,物理文件名为 car_log2.ldf,初始大小为 2MB,文件最大为 20MB,增长速度为 10%。

　　2. 用 T-SQL 语句删除数据库 Car。

上机 3

本次上机任务:

(1) 创建数据库。

(2) 移动数据库。

(3) 复制数据库。

(4) 修改数据库。

(5) 删除数据库。

任务 1: 使用 SSMS 图形界面创建数据库 empSalary。

要求: 数据库名称为 empSalary,将数据库对应的文件放在 D:\db 目录下,有一个数据文件,一个日志文件。其中,数据文件的逻辑名称为 empSalary,物理文件名为 empSalary.mdf,初始大小为 5MB,文件最大为 400MB,增长速度为 10%;日志文件的逻辑名称为 empSalary_log,物理文件名为 empSalary_log.ldf,初始大小为 2MB,文件最大为 30MB,增长速度为 1MB。

任务 2:使用 SSMS 图形界面修改数据库 empSalary。

要求:修改数据库 empSalary 的数据文件的初始大小为 7MB,日志文件的增长速度为 10%。

任务 3:移动数据库 empSalary 的两个文件到 D:\db\practice 目录下。

要求:移动数据库 empSalary 的两个文件(empSalary.mdf 和 empSalary_log.ldf)到 D:\db\practice 目录下。

实现步骤:

(1) 分离数据库 empSalary。

(2) 移动数据库对应的两个文件到 D:\db\practice 目录下。

(3) 附加数据库 empSalary。

任务 4:复制数据库 empSalary 的两个文件到 D 盘根目录(通过更改数据库状态来实现)。

要求:复制数据库 empSalary 的两个文件到 D 盘根目录(通过更改数据库状态来实现)。

实现步骤:

(1) 设置数据库 empSalary 的状态为"脱机"。

(2) 复制数据库对应的两个文件到 D 盘。

(3) 设置数据库 empSalary 的状态为"联机"。

任务 5:使用 T-SQL 语句创建数据库 Book。

要求:数据库名称为 Book,将数据库对应的文件放在 D:\db\practice 目录下。该数据库有两个数据文件,两个日志文件,各文件的初始大小、文件最大值、增长方式由学生自定,并对文件写出详细的说明。

任务 6:使用 T-SQL 语句将数据库 Book 更名为 schBook。

要求:使用 T-SQL 语句将数据库 Book 更名为 schBook。

任务 7:使用 T-SQL 语句删除数据库 schBook。

要求:使用 T-SQL 语句删除数据库 schBook。

第4章

数据表的创建与管理

本章要点：

(1) 数据类型

(2) 主键和外键的概念

(3) 数据表的创建

(4) 数据表的管理

 4.1 数据表相关概念

4.1.1 SQL Server 数据类型

数据类型就是以数据的表现方式和存储方式来划分的数据种类。

SQL Server 中的数据类型主要分为以下 8 种：整型、浮点型、字符型、逻辑型、日期时间型、货币型、二进制型和特殊型，使用最多的是整型和字符型。字符型可以用来存储各种字母、数字符号、特殊符号。数据类型的分类如表 4-1 所示。

表 4-1　SQL Server 中的数据类型

类　　型	数据类型	描　　　　述
整型	int	存储 -2^{31}（$-2\,147\,483\,648$）$\sim 2^{31}-1$（$2\,147\,483\,647$）的整数
	smallint	存储 -2^{15}（$-32\,768$）$\sim 2^{15}-1$（$32\,767$）的整数
	tinyint	存储 $0\sim255$ 的整数
浮点型	float[(n)]	可以精确到第 15 位小数，其范围为 $-1.79\text{E}+308\sim1.79\text{E}+308$
	real	可以精确到第 7 位小数，其范围为 $-3.4\text{E}+38\sim3.4\text{E}+38$
	decimal[p[,s]]	存储 $-10^{38}\sim10^{38}-1$ 的固定精度和范围的数值型数据。使用这种数据类型时，必须指定范围和精度。p 和 s 确定了精确的比例和位数
	numeric[p[,s]]	与 decimal 数据类型相同
字符型	char[(n)]	用来存储指定长度的定长非统一编码型的数据。n 表示字符所占的存储空间，n 的取值为 $1\sim8000$，即可容纳 8000 个 ANSI 字符。若不指定 n 的值，则系统默认值为 1。若输入数据的字符数小于 n，则系统自动在其后添加空格来填满设定好的空间。若输入的数据过长，将会截掉其超出部分

类 型	数据类型	描 述
字符型	nchar[(n)]	与 char 类型相似。不同的是,这里 n 的取值是 1～4000。因为 nchar 类型采用 UNICODE 标准字符集。UNICODE 标准规定每个字符占用 2 字节的存储空间,比非 UNICODE 标准的数据类型多占用一倍的存储空间
	varchar[(n)]	与 char 类型相似,n 的取值是 1～8000。不同的是,varchar 数据类型具有变动长度的特征。varchar 数据类型存储的长度为实际数值长度,若输入数据的字符数小于 n,则系统不会在其后添加空格来填满设定好的空间。 说明:一般情况下,由于 char 数据类型长度固定,因此它比 varchar 数据类型的处理速度快
	nvarchar[(n)]	与 varchar 类似,用作变长的 UNICODE 编码字符型数据,使用的存储空间增加了一倍。n 的取值是 1～4000
	text	用来存储大量的非统一编码型字符数据。这种数据类型最多存储 $2^{31}-1$ 个字符
	ntext	用来存储大量的 UNICODE 编码字符型数据。这种数据类型最多存储 $2^{30}-1$ 个字符,使用的存储空间增加了一倍
逻辑型	bit	占用 1 字节的存储空间,其值只能是 0、1 或空值。这种数据类型用于存储只有两种可能的数据
日期时间型	datetime	用来表示日期和时间。该类型存储从 1753 年 1 月 1 日到 9999 年 12 月 31 日之间所有日期和时间数据
	smalldatetime	用来表示从 1900 年 1 月 1 日到 2079 年 6 月 6 日之间所有日期和时间数据
货币型	money	表示钱和货币值。可以存储−9220 亿～9220 亿的数据
	smallmoney	表示钱和货币值。可以存储−214 748.364 8 亿～214 748.364 7 亿的数据
二进制型	binary[(n)]	存储定长的二进制数据。n 表示数据的长度,取值为 1～8000
	varbinary[(n)]	存储变长的二进制数据。n 表示数据的长度,取值为 1～8000。 说明:一般情况下,由于 binary 数据类型长度固定,因此它比 varbinary 类型的处理速度快
	image	用来存储变长的二进制数据,通常用来存储图形等对象
特殊型	timestamp	用来创建一个数据库范围内的唯一时间戳
	uniqueidentifier	用来存储一个全局的唯一标识符

4.1.2 主键和外键

主键(Primary Key)用于唯一地标识表中的某一条记录,确保数据的完整性。主键可以由一个字段,也可以由多个字段组成,分别称为单字段主键或多字段主键。一个表只能有一个主键。

外键(Foreign Key)用于与另一张表的关联,确保数据的一致性。一个表可以有多个外键。例如,A 表中的一个字段,是 B 表的主键,那该字段就是 A 表的外键。

下面以学生成绩管理系统为例来讲解主键和外键。

假设存在如下 3 张表。

(1) 学生表 Student(学号,姓名,性别,籍贯,电子邮箱,班级编号)。

(2) 课程基本信息表 Course(课程编号,课程名称,学分,任课教师编号)。

(3) 学生成绩表 Score(学号,课程编号,平时成绩,期末成绩,总评成绩)。

1. 关于 3 张表中的主键分析

学生表中每个学生的学号是唯一的,所以学号就是学生表的主键。

课程基本信息表中的课程编号是唯一的,所以课程编号就是课程表的主键。

学生成绩表中单一一个属性无法唯一标识一条记录,但是学号和课程编号的组合可以唯一标识一条记录,所以学号和课程编号的属性组是学生成绩表的主键。

2. 关于 3 张表的外键分析

学生成绩表中有两个外键。

学生成绩表中的学号不是学生成绩表的主键,但是它和学生表中的主键(学号)相对应,则学生成绩表中的学号是外键。

同理,学生成绩表中的课程编号不是学生成绩表的主键,但是它和课程基本信息表中的主键(课程编号)相对应,则学生成绩表中的课程编号是外键。

4.1.3　常见的约束

建立和使用约束的目的是保证数据的完整性。SQL Server 中有 5 种约束类型,分别是主键约束、默认约束、唯一约束、检查约束和外键约束。

1. 主键约束

主键约束(Primary Key Constraint):要求主键列数据唯一,并且不允许为空。通过主键约束可以强制表的实体完整性。主键可以是一列或多列的组合,该值可以唯一标识表中的每行。如果主键约束定义在多列上,则一列中的值可以重复,但主键约束定义中的所有列的组合的值必须唯一。

2. 默认约束

默认约束(Default Constraint):某列的默认值。用户在输入新的数据列时,如果该列没有指定数据,那么系统将默认值赋给该列。

3. 唯一约束

唯一约束(Unique Constraint):要求该列唯一,允许为空,但只能出现一个空值。唯一约束与主键约束类似,也强制唯一性,为表中的一列或多列提供实体完整性,但是唯一约束用于非主键的一列或多列组合,而且一个表可以定义多个唯一约束。

说明:

(1) 唯一约束要求该列唯一,允许为空,但是只能出现一个空值,一个表可以定义多个唯一约束。

（2）主键约束只能用在唯一列上且不能为空值。

4. 检查约束

检查约束（Check Constraint）：某列取值范围限制、格式限制等。有了检查约束之后，列的输入内容必须满足约束要求，否则数据无法正常输入，从而保证数据的域完整性。

5. 外键约束

外键约束（Foreign Key Constraint）：用于在两表之间建立关系，需要指定引用主表的哪一列。当添加、修改或删除数据时，通过参照完整性来保证表之间的数据完整性。

4.2　数据表的创建

本节讲解使用 SSMS 图形界面和使用 T-SQL 语句创建和管理数据表。

在讲解使用 SSMS 图形界面创建和管理数据表时，以本书的贯穿案例——学生成绩管理系统（studentdb）为例；在讲解使用 T-SQL 语句创建和管理数据表时，新建一个测试数据库 testStudentdb，在 testStudentdb 数据库中建立两张表——学生表和成绩表。

1. 学生成绩管理数据库 studentdb 中的表结构

学生成绩管理数据库 studentdb 中用到 6 张表，其名称和作用如表 4-2 所示。

表 4-2　studentdb 数据库中的表

表	表　　名	说　　明
学生表	Student	存储学生信息
教师表	Teacher	存储教师信息
成绩表	Score	存储学生成绩
课程表	Course	存储课程信息
班级表	Class	存储班级信息
部门表	Department	存储部门信息

以上 6 张表的表结构分别如表 4-3～表 4-8 所示。

表 4-3　学生表（Student）结构

列　　名	数 据 类 型	允许 Null 值	说　　明
stu_no	varchar(10)	否	学生学号，主键
stu_name	varchar(50)	否	学生姓名
stu_sex	char(2)	是	学生性别
stu_native	varchar(50)	是	学生籍贯
stu_email	varchar(50)	是	电子邮箱
stu_phone	varchar(50)	是	手机号码
stu_classid	varchar(10)	否	班级编号

表 4-4　教师表(Teacher)结构

列　　　名	数 据 类 型	允许 Null 值	说　　　明
tea_no	varchar(10)	否	教师编号,主键
tea_name	varchar(50)	否	教师姓名
tea_departmentid	varchar(10)	否	教师所属部门编号

表 4-5　成绩表(Score)结构

列　　　名	数 据 类 型	允许 Null 值	说　　　明
sco_id	int	否	成绩编号,主键,标识列
sco_stuno	varchar(10)	否	学生学号
sco_courseid	varchar(10)	否	课程编号
sco_usual	float	是	平时成绩
sco_final	float	是	期末成绩
sco_overall	float	是	总评成绩

表 4-6　课程表(Course)结构

列　　　名	数 据 类 型	允许 Null 值	说　　　明
cou_id	varchar(10)	否	课程编号,主键
cou_name	varchar(50)	否	课程名称
cou_credit	float	否	学分
cou_teano	varchar(10)	否	任课教师编号

表 4-7　班级表(Class)结构

列　　　名	数 据 类 型	允许 Null 值	说　　　明
cla_id	varchar(10)	否	班级编号,主键
cla_name	varchar(50)	否	班级名称
cla_specialty	varchar(50)	是	所属专业

表 4-8　部门表(Department)结构

列　　　名	数 据 类 型	允许 Null 值	说　　　明
dep_id	varchar(10)	否	部门编号,主键
dep_name	varchar(50)	否	部门名称

2. 测试数据库 testStudentdb 中的表结构

测试数据库 testStudentdb 中用到两张表,其名称和作用如表 4-9 所示。

表 4-9　testStudentdb 数据库中的表

表	表　名	说　　　明
学生表	StudentTest	存储学生信息
成绩表	ScoreTest	存储学生成绩

以上两张表的表结构分别如表 4-10 和表 4-11 所示。

表 4-10　学生表（StudentTest）结构

列　　名	数据类型	允许 Null 值	说　　明
stutest_no	varchar(10)	否	学生学号，主键
stutest_name	varchar(50)	否	学生姓名
stutest_sex	char(2)	是	学生性别
stutest_native	varchar(50)	是	学生籍贯
stutest_email	varchar(50)	是	电子邮箱
stutest_phone	varchar(50)	是	手机号码

表 4-11　成绩表（ScoreTest）结构

列　　名	数据类型	允许 Null 值	说　　明
scotest_id	int	否	成绩编号，主键，标识列
scotest_stuno	varchar(10)	否	学生学号
scotest_overall	float	是	总评成绩

4.2.1　使用 SSMS 图形界面创建数据表

任务一：创建学生表（Student）。

【步骤 1】　启动 SSMS，依次选择【对象资源管理器】→【数据库】→studentdb→【表】，右击【表】节点，如图 4-1 所示。

【步骤 2】　单击【新建表】，打开【表设计】窗口，可以指定学生表各字段的名称和数据类型，以及是否为空，如图 4-2 所示。

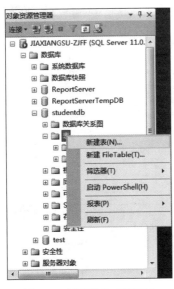

图 4-1　创建学生表界面 1

图 4-2　创建学生表界面 2

【步骤 3】 单击工具栏中的 ■ (或者选择【文件】→【保存(S)】),输入表名称为 Student, 如图 4-3 所示。

【步骤 4】 单击【确定】按钮,刷新 studentdb 节点下面的【表】,会看到新创建的 Student 表,如图 4-4 所示。

图 4-3　创建学生表界面 3　　　　　　　　　　图 4-4　创建学生表界面 4

任务二: 创建教师表(Teacher)、成绩表(Score)、课程表(Course)、班级表(Class)和部门表(Department)。

分析: 创建该任务 5 张表的实现方法与上面创建学生表类似,此处不再详细介绍,创建每张表的【表设计】窗口分别如图 4-5~图 4-9 所示。

列名	数据类型	允许 Null 值
tea_no	varchar(10)	☐
tea_name	varchar(50)	☐
tea_departmentid	varchar(10)	☐
		☐

图 4-5　Teacher【表设计】界面

列名	数据类型	允许 Null 值
sco_id	int	☐
sco_stuno	varchar(10)	☐
sco_courseid	varchar(10)	☐
sco_usual	float	☑
sco_final	float	☑
sco_overall	float	☑
		☐

图 4-6　Score【表设计】界面

列名	数据类型	允许 Null 值
cou_id	varchar(10)	☐
cou_name	varchar(50)	☐
cou_credit	float	☐
cou_teano	varchar(10)	☐
		☐

图 4-7　Course【表设计】界面

列名	数据类型	允许 Null 值
cla_id	varchar(10)	☐
cla_name	varchar(50)	☐
cla_specialty	varchar(50)	☑
		☐

图 4-8　Class【表设计】界面

上面两个任务完成之后,学生成绩管理系统中所需的 6 张表结构就都设计好了,此时查看【对象资源管理器】→【数据库】→【studentdb】→【表】,如图 4-10 所示。

列名	数据类型	允许 Null 值
dep_id	varchar(10)	☐
dep_name	varchar(50)	☐
		☐

图 4-9 Department【表设计】界面

图 4-10 studentdb 的数据表

4.2.2 使用 T-SQL 语句创建数据表

使用 T-SQL 语句创建数据表的语法如下:

```
CREATE TABLE 表名
(
字段 1  数据类型  列的特征,
字段 2  数据类型  列的特征,
…
字段 n  数据类型  列的特征
)
```

"列的特征"包括是否为空、是否为主键、是否是标识列、是否有默认值等。

任务一:创建 testStudentdb 数据库。

使用 SSMS 图形界面创建数据库,数据库创建完成后,刷新一下,在【对象资源管理器】中查看新建的数据库,如图 4-11 所示。

任务二:创建学生表(StudentTest)。

【**步骤 1**】 单击工具栏中的 ,打开一个空白的 .sql 文件,在查询编辑器窗口中输入如下 T-SQL 语句,语句输入完成后界面如图 4-12 所示。

图 4-11 新创建的数据库 testStudentdb

```
USE testStudentdb
GO
CREATE TABLE StudentTest
(
stutest_no VARCHAR(10) NOT NULL,                    --学生学号,非空
stutest_name VARCHAR(50) NOT NULL,                  --学生姓名,非空
stutest_sex CHAR(2),                                --学生性别
stutest_native VARCHAR(50),                         --学生籍贯
stutest_email VARCHAR(50),                          --学生邮箱
stutest_phone VARCHAR(50)                           --学生手机号码
)
GO
```

说明:

```
USE testStudentdb
GO
```

主要用来说明对哪个数据库进行操作(如添加表,对数据的增、删、改、查)。

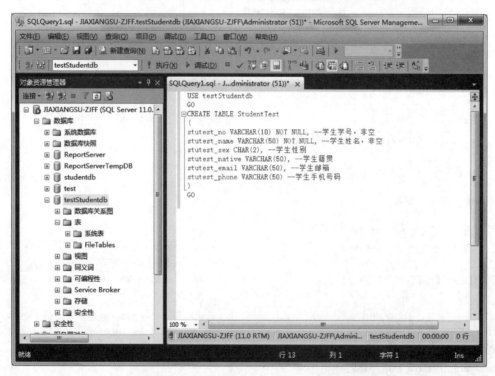

图 4-12　在查询编辑器中输入新建 StudentTest 数据表的 T-SQL 语句界面

　　【步骤2】　单击 ✓,执行语法检查,语法检查通过后,单击 ❗执行(X),执行 T-SQL 命令,如图 4-13 所示。

　　【步骤3】　刷新【对象资源管理器】→【数据库】→testStudentdb 下面的【表】节点,可以在【表】节点下面看到新创建的 StudentTest 数据表,如图 4-14 所示。

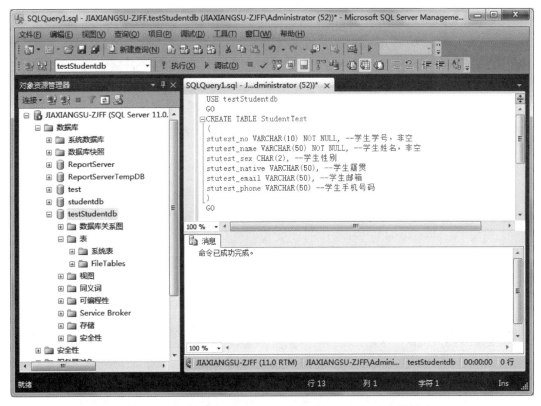

图 4-13 执行创建 StudentTest 数据表的 T-SQL 命令界面

任务三：创建成绩表（ScoreTest）。

【步骤 1】 单击工具栏中的 <kbd>新建查询(N)</kbd>，打开一个空白的 .sql 文件，在查询编辑器窗口中输入如下 T-SQL 语句，语句输入完成后界面如图 4-15 所示。

```
USE testStudentdb
GO
CREATE TABLE ScoreTest
(
scotest_id INT IDENTITY(1,1),    -- 成绩编号,自动
                                 -- 编号(标识列),
                                 -- 从 1 开始递增
scotest_stuno VARCHAR(10) NOT NULL,-- 学生学号,非空
scotest_overall FLOAT            -- 总评成绩
)
GO
```

图 4-14 新创建的数据表 StudentTest

【步骤 2】 单击 ✔，执行语法检查，语法检查通过后，单击 <kbd>执行(X)</kbd>，执行 T-SQL 命令，如图 4-16 所示。

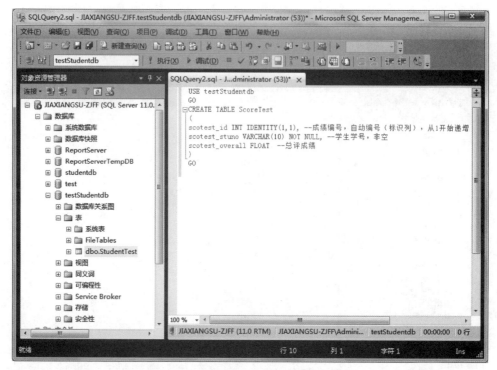

图 4-15　在查询编辑器中输入新建 ScoreTest 数据表的 T-SQL 语句界面

图 4-16　执行创建 ScoreTest 数据表的 T-SQL 命令界面

【步骤 3】　刷新【对象资源管理器】→【数据库】→testStudentdb 下面的【表】节点，可以在【表】节点下面看到新创建的 ScoreTest 数据表，如图 4-17 所示。

4.3　数据表的管理

4.3.1　使用 SSMS 图形界面管理数据表

对数据表的管理包括添加字段、删除字段、修改字段类型、为表设置主键、创建标识列、添加默认约束、添加检查约束、创建外键以及创建数据库关系图等。下面分别以任务的形式完成对 studentdb 数据库中表的管理。

图 4-17　新创建的数据表 ScoreTest

1. 使用 SSMS 图形界面为数据表添加字段、修改字段类型、删除字段

任务一：为 Student 数据表添加一个字段（stu_test），然后修改字段类型，最后删除该字段。

【步骤 1】　启动 SSMS，依次选择【对象资源管理器】→【数据库】→studentdb→【表】，右击 Student 数据表，如图 4-18 所示。

【步骤 2】　单击【设计】，在列名对应列的最下方输入 stu_test，保存表，如图 4-19 所示。

图 4-18　打开设计数据表的界面

列名	数据类型	允许 Null 值
stu_no	varchar(10)	☐
stu_name	varchar(50)	☐
stu_sex	char(2)	☑
stu_native	varchar(50)	☑
stu_email	varchar(50)	☑
stu_phone	varchar(50)	☑
stu_classid	varchar(10)	☐
stu_test	nchar(10)	☑
		☐

图 4-19　添加字段界面

【步骤3】 修改 stu_test 列的数据类型为 varchar(50)。单击 stu_test 行的数据类型设置的下拉列表,在下拉列表中选择 varchar(50),如图 4-20 所示。

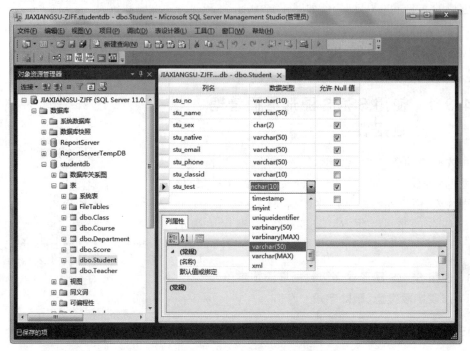

图 4-20 修改 stu_test 字段数据类型界面

【步骤4】 删除 stu_test 字段。选中 stu_test 字段对应的行,右击,选择【删除列】(也可以直接选中该行记录,按 Delete 键),如图 4-21 所示。

图 4-21 删除 stu_test 字段界面

2. 使用 SSMS 图形界面为数据表设置主键

任务二：为 Student 数据表设置主键，主键字段为学号（stu_no）。

【步骤 1】 打开 Student 表的【表设计】窗口，右击 stu_no，如图 4-22 所示。

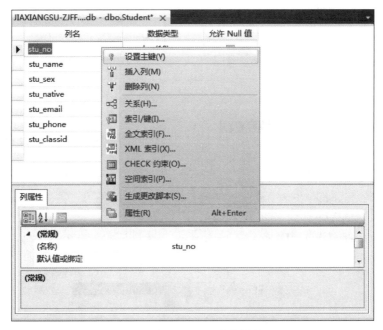

图 4-22 设置 Student 表主键界面 1

【步骤 2】 单击【设置主键】，再单击工具栏中的 ，即可完成主键的设置，设置为主键的字段前面会有 标志，如图 4-23 所示。

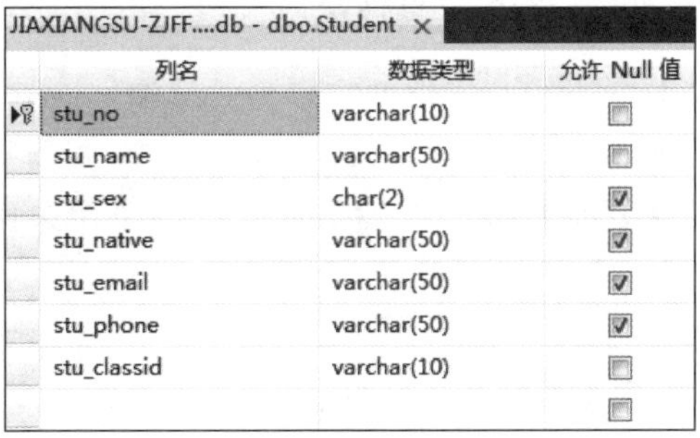

图 4-23 设置 Student 表主键界面 2

任务三：为 Teacher 表、Score 表、Course 表、Class 表、Department 表设置主键，主键字段分别为 tea_no、sco_id、cou_id、cla_id、dep_id。

分析：这里设置主键的方法与任务二类似，此处不再详细演示操作过程。设置好主键并保存之后，Teacher 表、Score 表、Course 表、Class 表、Department 表的【表设计】窗口分别如图 4-24～图 4-28 所示。

JIAXIANGSU-ZJFF...db - dbo.Teacher

列名	数据类型	允许 Null 值
tea_no	varchar(10)	☐
tea_name	varchar(50)	☐
tea_departmentid	varchar(10)	☐
		☐

图 4-24 Teacher【表设计】界面

JIAXIANGSU-ZJFF....ntdb - dbo.Score

列名	数据类型	允许 Null 值
sco_id	int	☐
sco_stuno	varchar(10)	☐
sco_courseid	varchar(10)	☐
sco_usual	float	☑
sco_final	float	☑
sco_overall	float	☑
		☐

图 4-25 Score【表设计】界面

JIAXIANGSU-ZJFF....tdb - dbo.Course

列名	数据类型	允许 Null 值
cou_id	varchar(10)	☐
cou_name	varchar(50)	☐
cou_credit	float	☐
cou_teano	varchar(10)	☐
		☐

图 4-26 Course【表设计】界面

JIAXIANGSU-ZJFF....ntdb - dbo.Class

列名	数据类型	允许 Null 值
cla_id	varchar(10)	☐
cla_name	varchar(50)	☐
cla_specialty	varchar(50)	☑
		☐

图 4-27 Class【表设计】界面

JIAXIANGSU-ZJFF...dbo.Department

列名	数据类型	允许 Null 值
dep_id	varchar(10)	☐
dep_name	varchar(50)	☐
		☐

图 4-28 Department【表设计】界面

3. 使用 SSMS 图形界面为数据表设置标识列

任务四：为 Score 表创建标识列，标识列字段为成绩编号(sco_id)，“标识种子”和“标识增量”都是 1。

标识列，又称自增列，标识列本身没有具体的意义，只是用来区分不同的记录。标识列通常也被定义为主键。

标识列的特征如下。

(1) 列的数据类型为不带小数的数值类型。

(2) 在进行插入操作时，该列的值由系统按照一定规律生成，不允许有空值。

(3) 列值不重复，具有标识表中每行的作用，每个表只能有一个标识列。

创建标识列，通常要指定以下 3 个内容。

(1) 标识列的数据类型：必须是数值类型，如 int、bigint、smallint、tinyint、decimal 或 numeric。注意：当选择 decimal 和 numeric 类型时，小数位数必须为零。

(2) 标识种子：指派给表中第 1 行的值，默认为 1。

(3) 递增量：相邻两个标识值之间的增量，默认为 1。

接下来完成任务四。

【步骤 1】　打开 Score 表的【表设计】窗口，单击【sco_id】字段，在下方【列属性】处下拉滚动条，找到【标识规范】，设置"（是标识）"为是，"标识增量"为 1，"标识种子"为 1，如图 4-29 所示。

图 4-29　设置 sco_id 字段为标识列界面

【步骤 2】　单击工具栏中的 █，即完成标识列的设置。

说明：如果无法保存，则出现如图 4-30 所示的错误提示。

图 4-30　无法保存 Score 表结构

解决办法：

打开 SQL Server【工具】→【选项】→【设计器】→【表设计器和数据库设计器】,取消选中【阻止保存要求重新创建表的更改】,然后单击【确定】按钮即可,如图 4-31 所示。

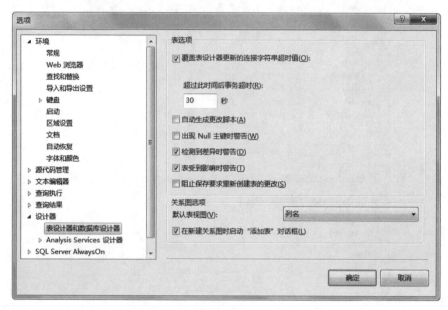

图 4-31　解决无法保存问题界面

4. 使用 SSMS 图形界面为数据表添加默认约束

任务五：为 Student 表添加默认约束,设置学生性别(stu_sex)的默认值为"男"。

【**步骤 1**】　打开 Student 表的【表设计】窗口,单击 stu_sex 字段,在下方【列属性】→【默认值或绑定】处输入"男",如图 4-32 所示。

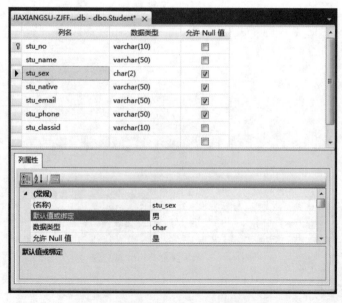

图 4-32　设置 stu_sex 字段默认值界面

【步骤 2】　单击工具栏中的 ，即完成默认值的设置。

5. 使用 SSMS 图形界面为数据表添加检查约束

任务六：为 Student 表建立检查约束，电子邮箱（stu_email）字段的值应包含@符号和 .（点）号，而且@在.（点）之前。

检查约束又称 CHECK 约束，主要用来定义列中可以接受的数据值或格式。例如，学生的电子邮箱必须包含@符号和点号（.），而且@符号在点号（.）之前；学生成绩不能为负数，也不能大于 100。

【步骤 1】　打开 Student 表的【表设计】窗口，右击空白处，如图 4-33 所示。

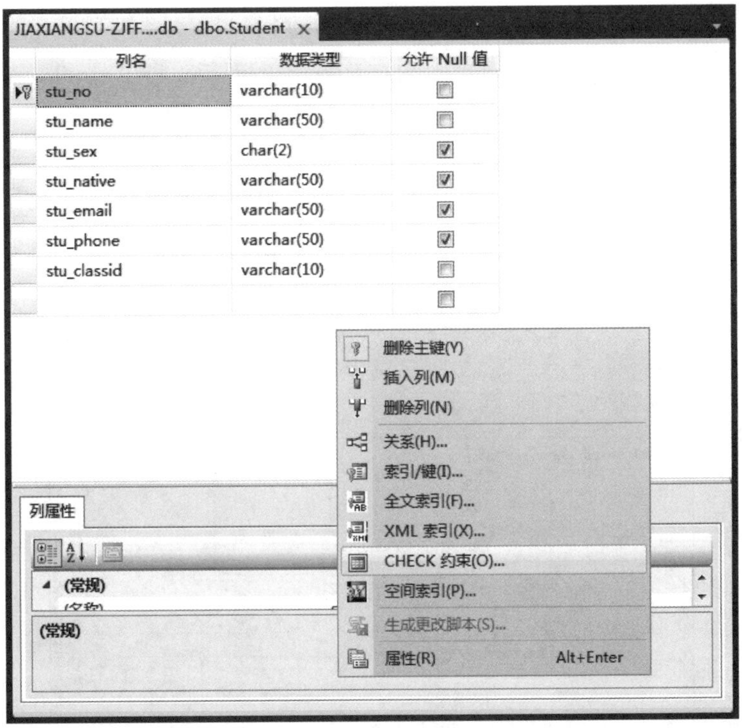

图 4-33　添加 CHECK 约束检查电子邮箱界面 1

【步骤 2】　单击【CHECK 约束】，打开【CHECK 约束】窗口，单击左下角的【添加】按钮，将添加一个新的约束，如图 4-34 所示。

【步骤 3】　单击【常规】→【表达式】右侧的 ，在弹出的【CHECK 约束表达式】对话框中输入 stu_email like '%@%.%'，如图 4-35 所示。

【步骤 4】　单击【确定】按钮，关闭【CHECK 约束】窗口，保存表，则完成对电子邮箱的检查约束设置。

说明：%表示任意数量字符。

练习：为 Score 表建立检查约束，总评成绩 sco_overall 字段的取值范围是 0～100（包括 0，也包括 100）。

提示：约束表达式为 sco_overall＞＝0 and sco_overall＜＝100。

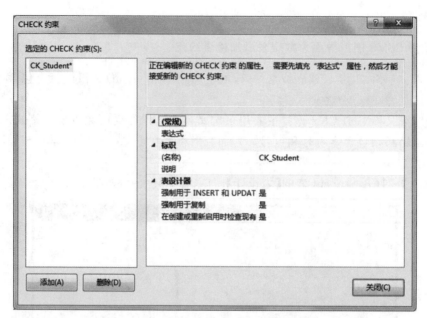

图 4-34　添加 CHECK 约束检查电子邮箱界面 2

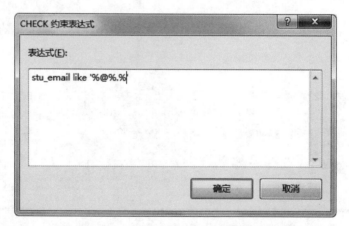

图 4-35　添加 CHECK 约束检查电子邮箱界面 3

6. 使用 SSMS 图形界面建立数据库中表间关系

任务七：建立 studentdb 数据库中表间关系。

建立表之间的关系实际上就是实施参照完整性(又称引用完整性)约束,建立主表和子表关系。以 studentdb 数据库中学生表(Student)和成绩表(Score)为例,stu_no 字段是学生表的主键,成绩表的 sco_stuno 字段引用了学生表的 stu_no 字段,则可以在这两个表之间建立主外键关系,要求成绩表中的学生学号必须是学生表中存在的学号,那么,学生表是主表,成绩表则是子表。

分析 studentdb 数据库中表之间关系,如表 4-12 所示。

表 4-12 studentdb 数据库中表之间的关系

主 表	子 表	说 明
Student(stu_no)	Score(sco_stuno)	学生学号
Teacher(tea_no)	Course(cou_teano)	教师编号
Course(cou_id)	Score(sco_courseid)	课程编号
Class(cla_id)	Student(stu_classid)	班级编号
Department(dep_id)	Teacher(tea_departmentid)	部门编号

【步骤 1】 建立 Student 表和 Score 表之间关系。启动 SSMS,依次选择【对象资源管理器】→【数据库】→studentdb→【表】,右击 Score 表,选择【设计】,打开 Score 表的【表设计】窗口,右击空白处,如图 4-36 所示。

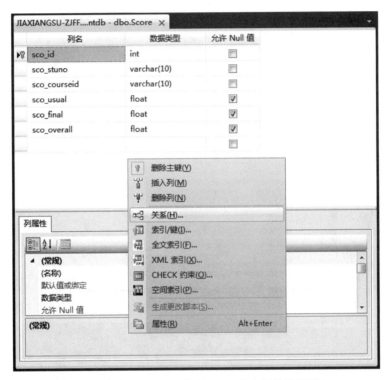

图 4-36 建立 Student 表和 Score 表之间关系界面 1

【步骤 2】 单击【关系】,在弹出的【外键关系】对话框中单击【添加】按钮,添加一个新的关系,如图 4-37 所示。

【步骤 3】 单击右侧【常规】→【表和列规范】右侧的 [...]按钮,在打开的【表和列】对话框中,选择主键表为 Student,主键表下面对应的字段选择 stu_no,外键表为 Score,外键表下面对应的字段选择 sco_stuno,如图 4-38 所示。

【步骤 4】 单击【确定】按钮,关闭【外键关系】对话框,保存表结构,如图 4-39 所示。

【步骤 5】 单击【是】按钮,即可建立 Student 表和 Score 表之间的主外键关系。

【步骤 6】 同样的方法建立另外 4 个关系,分别如图 4-40～图 4-43 所示。

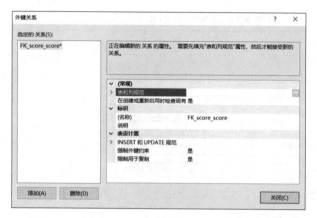

图 4-37　建立 Student 表和 Score 表之间关系界面 2

图 4-38　建立 Student 表和 Score 表之间关系界面 3

图 4-39　建立 Student 表和 Score 表之间关系界面 4

图 4-40　建立 Teacher 表和 Course 表之间关系界面

图 4-41　建立 Course 表和 Score 表之间关系界面

图 4-42　建立 Class 表和 Student 表之间关系界面

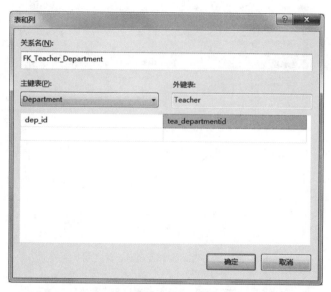

图 4-43　建立 Department 和 Teacher 表之间关系界面

【步骤 7】　建立了 studentdb 各表之间关系之后,便可以建立数据库关系图,找到【对象资源管理器】→studentdb,右击该节点下面的【数据库关系图】,如图 4-44 所示。

【步骤 8】　选择【新建数据库关系图】,打开【添加表】对话框,选中所有的表,如图 4-45所示。

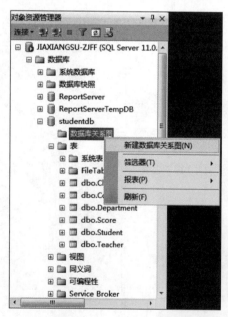

图 4-44　新建 studentdb 数据库关系图界面 1

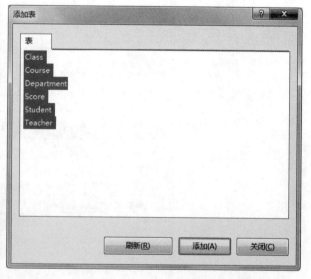

图 4-45　新建 studentdb 数据库关系图界面 2

【步骤 9】　单击【添加】按钮,然后关闭【添加表】对话框,将表间关系对应好,如图 4-46所示。

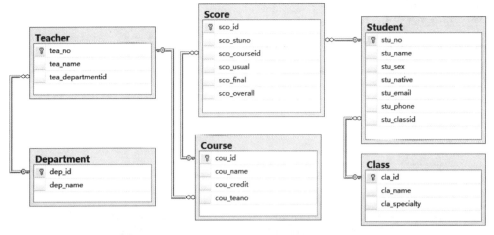

图 4-46　新建 studentdb 数据库关系图界面 3

【步骤 10】　保存数据库关系图，输入关系图名称为 studentdbrelation，如图 4-47 所示。

【步骤 11】　刷新 studentdb 数据库，可以查看新建的数据库关系图，如图 4-48 所示。

图 4-47　保存 studentdb 数据库关系图界面　图 4-48　查看新建的数据库关系图（studentdbrelation）

4.3.2　使用 T-SQL 语句管理数据表

可以使用 T-SQL 语句为 testStudentdb 数据库中的表添加字段，修改字段类型，删除字段，添加主键约束、唯一约束、默认约束、检查约束和外键约束。

1. 使用 T-SQL 语句为数据表添加字段

说明：

任务一是添加表中字段，使用 T-SQL 语句添加字段的语法如下：

```
ALTER TABLE 表名
ADD 字段名 数据类型 列的特征
```

任务一：为 StudentTest 表添加字段 stutest_test(int 类型，非空)。

【步骤 1】　单击工具栏中的 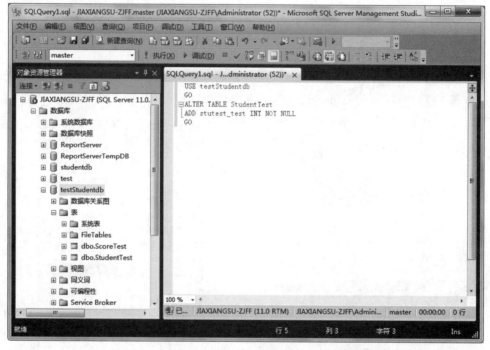新建查询(N)，打开一个空白的 .sql 文件，在查询编辑器窗口中输入如下 T-SQL 语句，语句输入完成后的界面如图 4-49 所示。

```
USE testStudentdb
GO
ALTER TABLE StudentTest
ADD stutest_test INT NOT NULL
GO
```

图 4-49　在查询编辑器中输入添加字段 stutest_test 的 T-SQL 语句界面

【步骤 2】　单击 ✓，执行语法检查，语法检查通过后，单击 ！执行(X)，执行 T-SQL 命令。

【步骤 3】　查看 StudentTest 表的【表设计】窗口，如图 4-50 所示。

列名	数据类型	允许 Null 值
stutest_no	varchar(10)	☐
stutest_name	varchar(50)	☐
stutest_sex	char(2)	☑
stutest_native	varchar(50)	☑
stutest_email	varchar(50)	☑
stutest_phone	varchar(50)	☑
▶ stutest_test	int	☐
		☐

图 4-50　添加字段 stutest_test 后 StudentTest 的表结构界面

2. 使用 T-SQL 语句修改数据表字段类型

说明：

任务二是修改表中字段类型，使用 T-SQL 语句修改字段的语法如下：

```
ALTER TABLE 表名
ALTER COLUMN 字段名 字段类型 列的特征
```

任务二：修改 StudentTest 表 stutest_test 字段的类型为 varchar(50)。

【**步骤 1**】 单击工具栏中的 ![新建查询(N)]，打开一个空白的 .sql 文件，在查询编辑器窗口中输入如下 T-SQL 语句，语句输入完成后的界面如图 4-51 所示。

```
ALTER TABLE StudentTest
ALTER COLUMN stutest_test VARCHAR(50) NOT NULL
GO
```

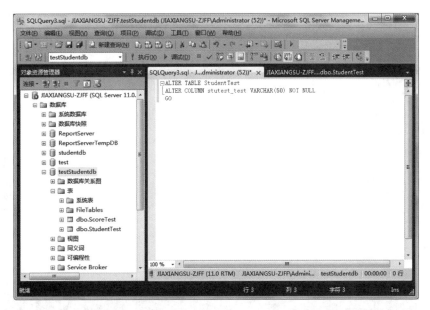

图 4-51　在查询编辑器中输入修改字段 stutest_test 类型的 T-SQL 语句界面

【**步骤 2**】 单击 ![✓]，执行语法检查，语法检查通过后，单击 ![! 执行(X)]，执行 T-SQL 命令。

【**步骤 3**】 查看 StudentTest 表的【表设计】窗口，如图 4-52 所示。

列名	数据类型	允许 Null 值
stutest_no	varchar(10)	☐
stutest_name	varchar(50)	☐
stutest_sex	char(2)	☑
stutest_native	varchar(50)	☑
stutest_email	varchar(50)	☑
stutest_phone	varchar(50)	☑
▶ stutest_test	varchar(50)	☐
		☐

图 4-52　修改字段 stutest_test 类型后 StudentTest 的表结构界面

3. 使用 T-SQL 语句删除数据表字段

说明:

任务三是删除表中字段,使用 T-SQL 语句删除字段的语法如下:

```
ALTER TABLE 表名
DROP COLUMN 字段名
```

任务三:删除 StudentTest 表 stutest_test 字段。

【步骤 1】 单击工具栏中的 ![新建查询(N)],打开一个空白的.sql 文件,在查询编辑器窗口中输入如下 T-SQL 语句,语句输入完成后的界面如图 4-53 所示。

```
ALTER TABLE StudentTest
DROP COLUMN stutest_test
GO
```

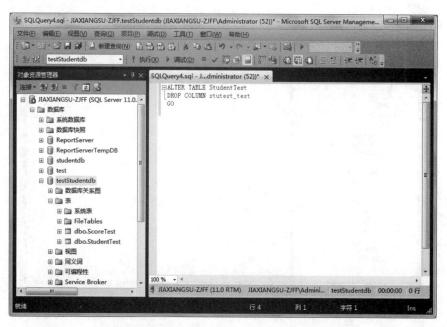

图 4-53 在查询编辑器中输入删除字段 stutest_test 的 T-SQL 语句界面

【步骤 2】 单击 ✓,执行语法检查,语法检查通过后,单击 ![执行(X)],执行 T-SQL 命令。

【步骤 3】 查看 StudentTest 表的【表设计】窗口,如图 4-54 所示。

列名	数据类型	允许 Null 值
stutest_no	varchar(10)	☐
stutest_name	varchar(50)	☐
stutest_sex	char(2)	☑
stutest_native	varchar(50)	☑
stutest_email	varchar(50)	☑
▶ stutest_phone	varchar(50)	☑
		☐

图 4-54 删除字段 stutest_test 后 StudentTest 的表结构界面

4．使用 T-SQL 语句为数据表设置主键

说明：

任务四～任务八是添加约束，使用 T-SQL 语句添加约束的语法如下：

ALTER TABLE 表名
ADD CONSTRAINT 约束名 约束类型 具体的约束说明

任务四：为 StudentTest 表设置主键，主键字段为学号（stutest_no）。

【**步骤 1**】 单击工具栏中的 新建查询(N)，打开一个空白的 .sql 文件，在查询编辑器窗口中输入如下 T-SQL 语句，语句输入完成后的界面如图 4-55 所示。

```
ALTER TABLE StudentTest
ADD CONSTRAINT PK_stutestno PRIMARY KEY(stutest_no)
GO
```

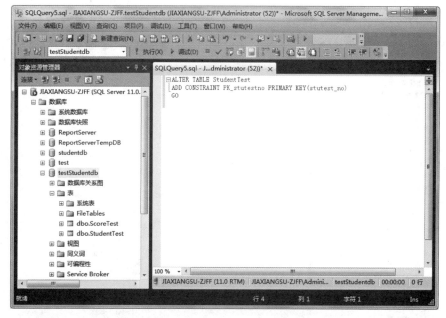

图 4-55　在查询编辑器中输入为 StudentTest 表设置主键的 T-SQL 语句界面

【**步骤 2**】 单击 ✓，执行语法检查，语法检查通过后，单击 ！ 执行(X)，执行 T-SQL 命令。

【**步骤 3**】 刷新 StudentTest 表，查看该表的【表设计】窗口，如图 4-56 所示。

列名	数据类型	允许 Null 值
stutest_no	varchar(10)	☐
stutest_name	varchar(50)	☐
stutest_sex	char(2)	☑
stutest_native	varchar(50)	☑
stutest_email	varchar(50)	☑
stutest_phone	varchar(50)	☑
		☐

图 4-56　为 StudentTest 表设置主键后的表结构界面

练习：

为 ScoreTest 表设置主键，主键字段为成绩编号(scotest_id)。

5. 使用 T-SQL 语句为数据表添加唯一约束

任务五： 为 StudentTest 表添加唯一约束，唯一约束的字段为学生姓名(stutest_name)。

【步骤 1】　单击工具栏中的 [新建查询(N)]，打开一个空白的.sql 文件，在查询编辑器窗口中输入如下 T-SQL 语句，语句输入完成后的界面如图 4-57 所示。

```
ALTER TABLE StudentTest
ADD CONSTRAINT UQ_stutestname UNIQUE(stutest_name)
GO
```

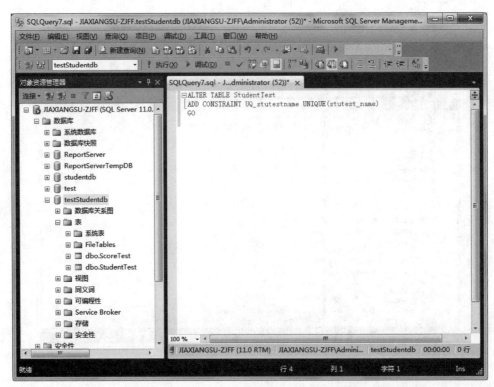

图 4-57　在查询编辑器中输入添加唯一约束的 T-SQL 语句界面

【步骤 2】　单击 ✓，执行语法检查，语法检查通过后，单击 [! 执行(X)]，执行 T-SQL 命令。

【步骤 3】　刷新 StudentTest 表，查看该表的【表设计】窗口，右击空白处，如图 4-58 所示。

【步骤 4】　选择【索引/键】，查看唯一键，如图 4-59 所示。

6. 使用 T-SQL 语句为数据表添加默认约束

任务六： 为 StudentTest 表添加默认约束，设置籍贯(stutest_native)的默认值为"浙江宁波"。

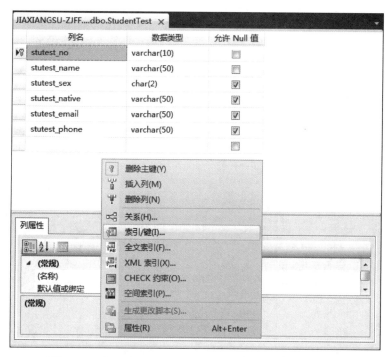

图 4-58　为 StudentTest 表添加唯一约束后的表结构界面

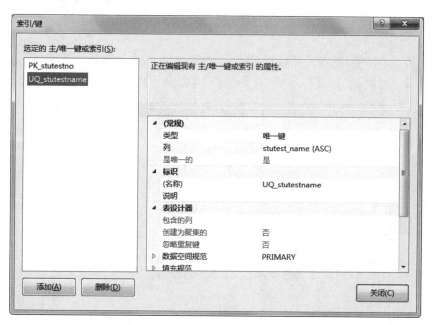

图 4-59　为 StudentTest 表添加唯一约束后【索引/键】界面

【步骤 1】　单击工具栏中的 新建查询(N) ，打开一个空白的 .sql 文件，在查询编辑器窗口中输入如下 T-SQL 语句，语句输入完成后的界面如图 4-60 所示。

```
ALTER TABLE StudentTest
ADD CONSTRAINT DF_stutestnative DEFAULT('浙江宁波') FOR stutest_native
GO
```

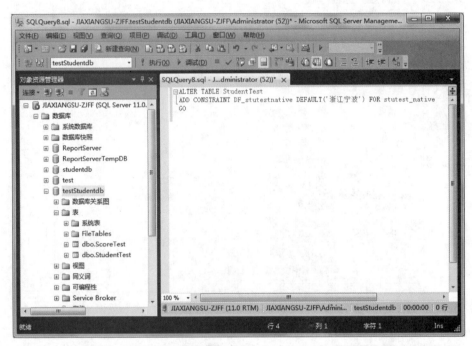

图 4-60　在查询编辑器中输入添加默认约束的 T-SQL 语句界面

【步骤 2】　单击 ✓ ,执行语法检查,语法检查通过后,单击 ▮ 执行(X) ,执行 T-SQL 命令。

【步骤 3】　刷新 StudentTest 表,查看该表的【表设计】窗口,如图 4-61 所示。

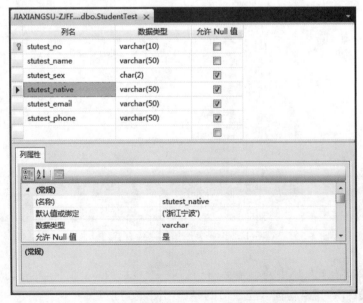

图 4-61　为 StudentTest 表添加默认约束后的表结构界面

练习：

为 ScoreTest 表添加默认约束，设置总评成绩（scotest_overall）默认值为 60 分。

7. 使用 T-SQL 语句为数据表添加检查约束

任务七：为 StudentTest 表建立检查约束，电子邮箱（stutest_email）字段的值应包含 @ 符号和 .（点）号，而且 @ 在 .（点）号之前。

【步骤 1】　单击工具栏中的 ![新建查询(N)]，打开一个空白的 .sql 文件，在查询编辑器窗口中输入如下 T-SQL 语句，语句输入完成后的界面如图 4-62 所示。

```
ALTER TABLE StudentTest
ADD CONSTRAINT CK_stutestemail CHECK(stutest_email like '%@%.%')
GO
```

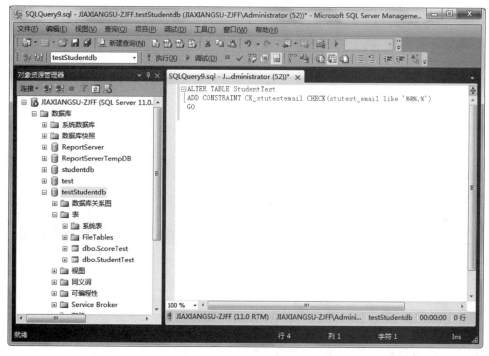

图 4-62　在查询编辑器中输入添加检查约束的 T-SQL 语句界面

【步骤 2】　单击 ✓，执行语法检查，语法检查通过后，单击 ! 执行(X)，执行 T-SQL 命令。

【步骤 3】　刷新 StudentTest 表，查看该表的【表设计】窗口，右击空白处，选择【CHECK 约束】，如图 4-63 所示。

8. 使用 T-SQL 语句建立数据库中表间关系

任务八：建立 testStudentdb 数据库中表间关系。

【步骤 1】　单击工具栏中的 ![新建查询(N)]，打开一个空白的 .sql 文件，在查询编辑器窗口中输入如下 T-SQL 语句，语句输入完成后的界面如图 4-64 所示。

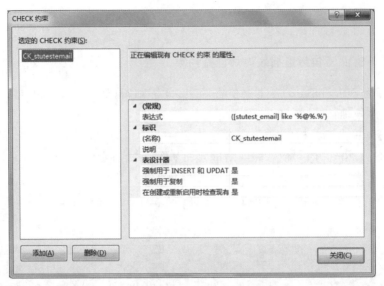

图 4-63 为 StudentTest 表添加检查约束后界面

```
ALTER TABLE ScoreTest
ADD CONSTRAINT FK_scoteststuno
FOREIGN KEY(scotest_stuno) REFERENCES StudentTest(stutest_no)
GO
```

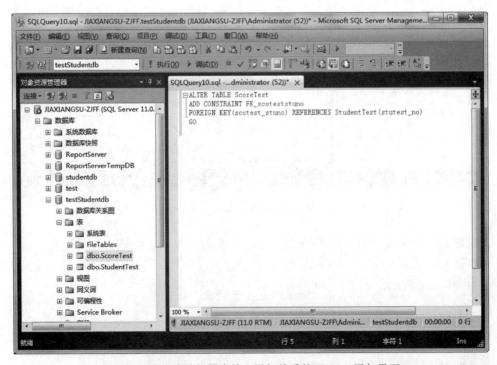

图 4-64 在查询编辑器中输入添加关系的 T-SQL 语句界面

【步骤 2】 单击 ✓ ,执行语法检查,语法检查通过后,单击 ! 执行(X) ,执行 T-SQL 命令。

【**步骤3**】 刷新 testStudentdb 数据库,查看 ScoreTest 表的【表设计】窗口,右击空白处,选择【关系】选项,在弹出的【外键关系】窗口中单击【表和列规范】右侧的 ┈ ,打开【表和列】对话框,如图 4-65 所示。

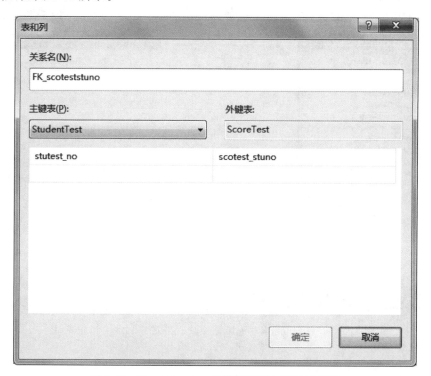

图 4-65　为 testStudentdb 数据库添加关系后界面

9. 使用 T-SQL 删除数据表的约束

说明:

任务九是删除约束,使用 T-SQL 语句删除约束的语法如下:

```
ALTER TABLE 表名
DROP CONSTRAINT 约束名
```

任务九:删除 StudentTest 表的默认约束。

【**步骤1**】 单击工具栏中的 ,打开一个空白的.sql 文件,在查询编辑器窗口中输入如下 T-SQL 语句,语句输入完成后的界面如图 4-66 所示。

```
ALTER TABLE StudentTest
DROP CONSTRAINT DF_stutestnative
GO
```

【**步骤2**】 单击 ✓,执行语法检查,语法检查通过后,单击 ⚡执行(X),执行 T-SQL 命令。

【**步骤3**】 刷新 StudentTest 表,查看该表的【表设计】窗口,如图 4-67 所示。

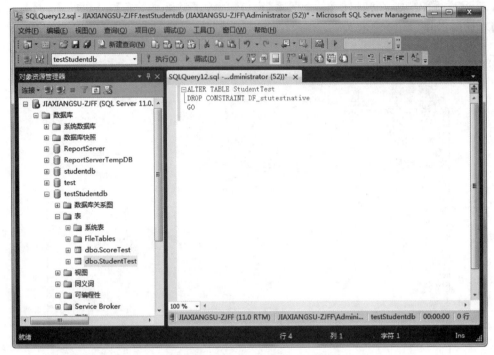

图 4-66   在查询编辑器中输入删除默认约束的 T-SQL 语句界面

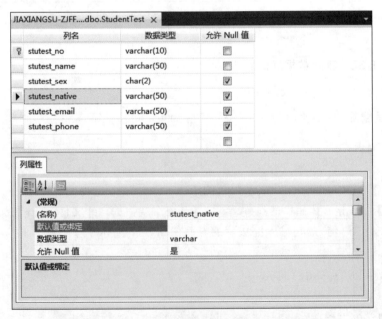

图 4-67   为 StudentTest 表删除默认约束后的表结构界面

4.4　数据表的删除

4.4.1　使用 SSMS 图形界面删除数据表

任务：使用 SSMS 图形界面在 studentdb 数据库中新建一个 testtable1 数据表，然后删除该表。

【步骤 1】　使用 SSMS 图形界面在 studentdb 数据库中新建一个 testtable1 数据表，如图 4-68 所示。

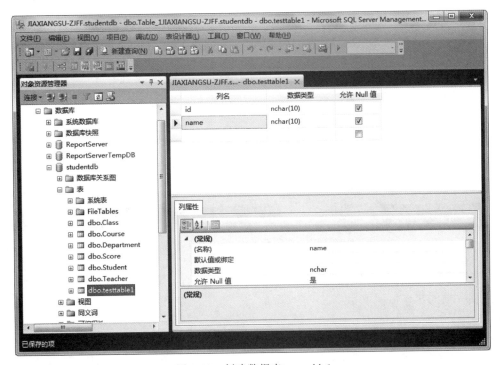

图 4-68　创建数据表 testtable1

【步骤 2】　依次选择【对象资源管理器】→【数据库】→studentdb，右击 testtable1，如图 4-69 所示。

【步骤 3】　单击【删除】，在弹出的【删除对象】窗口中单击【确定】按钮，即可把数据表 testtable1 删除。

4.4.2　使用 T-SQL 语句删除数据表

使用 T-SQL 语句删除数据表的语法如下：

```
DROP TABLE 表名
```

任务：使用 T-SQL 语句在 testStudentdb 数据库中新建一个 testtable2 数据表，然后删除该表。

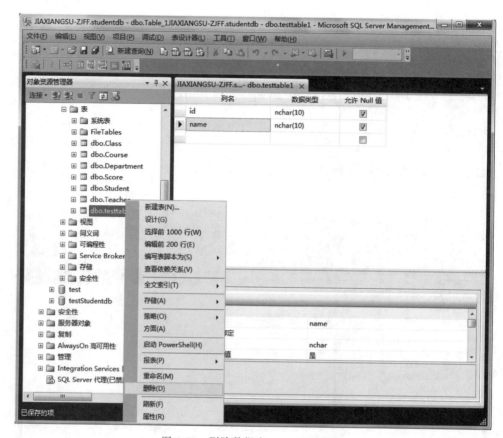

图 4-69　删除数据表 testtable1 界面

【步骤 1】　单击工具栏中的 ，打开一个空白的.sql 文件，在查询编辑器窗口中输入如下 T-SQL 语句：

```
USE testStudentdb
GO
CREATE TABLE testtable2
(
id VARCHAR(10) NOT NULL,
name VARCHAR(50) NOT NULL
)
GO
```

【步骤 2】　单击 ✓，执行语法检查，语法检查通过后，单击 ▼ 执行(X)，执行 T-SQL 命令。刷新【对象资源管理器】下的 testStudentdb 数据库，查看新创建的数据表，如图 4-70 所示。

图 4-70　创建数据表 testtable2

【步骤 3】　单击工具栏中的 新建查询(N)，打开一个空白的.sql 文件，在查询编辑器窗口中输入如下 T-SQL 语句：

```
DROP TABLE testtable2
```

【步骤4】　单击✓,执行语法检查,语法检查通过后,单击 !执行(X) ,执行 T-SQL 命令。刷新【对象资源管理器】下的 testStudentdb 数据库,查看数据表 testtable2 是否已经被删除。

4.5　本章总结

1. SQL Server 中的数据类型主要分为以下 8 种：整型、浮点型、字符型、逻辑型、日期时间型、货币型、二进制型和特殊型。使用最多的数据类型是整型和字符型。

2. 主键(Primary Key)用于唯一地标识表中的某一条记录,确保数据的完整性。外键(Foreign Key)用于与另一张表的关联,确保数据的一致性。

3. 建立和使用约束的目的是保证数据的完整性。SQL Server 中有 5 种约束类型,分别是主键约束、默认约束、唯一约束、检查约束和外键约束。

4. 创建数据库表需要确定表的列名、数据类型、是否为空,还要确定主键、默认值、标识列和检查约束。

5. SQL Server 创建表的过程是规定数据列的属性的过程,同时也是实施数据完整性(包括实体完整性、域完整性和参照完整性)的过程。

6. 如果建立了主表和子表的关系,则：

(1) 子表中相关项的数据,必须是在主表中存在的。

(2) 主表中相关项的数据更改了,则子表对应的数据项也应随之更改。

(3) 在删除子表之前,不能删除主表。

习题 4

一、选择题

1. 主键用来实施(　　)约束。
   - (A) 实体完整性
   - (B) 域完整性
   - (C) 参照完整性
   - (D) 用户自定义完整性

2. (　　)实现了对输入特定列的数值的限制。
   - (A) 实体完整性
   - (B) 域完整性
   - (C) 参照完整性
   - (D) 用户自定义完整性

3. 学生信息表中的学生姓名一般采用(　　)格式的数据类型来存储。
   - (A) 整型
   - (B) 货币型
   - (C) 字符型
   - (D) 浮点型

4. 学生成绩表中成绩(允许有小数)一般采用(　　)格式的数据类型来存储。
   - (A) 浮点型
   - (B) 货币型
   - (C) 字符型
   - (D) 整型

5. 学生信息表中,如果大部分学生的籍贯都是宁波,可以不用填写籍贯信息,让系统自动添加进去,可以采用(　　)来实现。
   - (A) 主键约束
   - (B) 默认约束

　　(C) 外键约束　　　　　　　　　　　　(D) 检查约束

　　6. 学生成绩表中,要求学生成绩不能为负数,也不能大于100,则可以采用(　　　)来实现。

　　　　(A) 主键约束　　　　　　　　　　　(B) 默认约束

　　　　(C) 唯一约束　　　　　　　　　　　(D) 检查约束

　　7. 在一个表中可以定义(　　　)检查约束。

　　　　(A) 1个　　　　　　(B) 2个　　　　　(C) 3个　　　　　　　(D) 多个

　　8. 下列关于主键和外键的描述,正确的是(　　　)。

　　　　(A) 一个表中至少有一个外键约束

　　　　(B) 一个表中至少有一个主键约束

　　　　(C) 一个表中最多只能有一个主键约束,可以有多个外键约束

　　　　(D) 一个表中最多只能有一个外键约束,可以有多个主键约束

二、简答题

列举 SQL Server 中的约束类型。

三、操作题

1. 请用 T-SQL 语句创建图书出版管理系统数据库(Book),然后创建 Book 中的表。图书出版管理系统中有如下两个表。

(1) 图书表(书号,书名,作者编号,出版社,出版日期)。

(2) 作者表(作者编号,作者姓名,年龄,地址)。

以上两张表的表结构分别如表 4-13 和表 4-14 所示。

表 4-13　图书表(BookInfo)结构

列　　名	数 据 类 型	允许 Null 值	说　　　明
book_id	varchar(50)	否	书号
book_name	varchar(50)	否	书名
book_authorid	varchar(50)	否	作者编号
book_publishing	varchar(50)	否	出版社
book_time	datetime	否	出版日期

表 4-14　作者表(Author)结构

列　　名	数 据 类 型	允许 Null 值	说　　　明
author_id	varchar(50)	否	作者编号
author_name	varchar(50)	否	作者姓名
author_age	int	是	年龄
author_address	varchar(50)	是	地址

2. 为 Author 表添加字段 author_phone(varchar(50),非空)。

3. 为 BookInfo 表设置主键,主键字段为书号(book_id)。

4. 为 Author 表设置主键,主键字段为作者编号(author_id)。

5. 为 BookInfo 表添加默认约束,设置出版社(book_publishing)的默认值为"清华大学出版社"。

6. 为 Author 表添加检查约束,设置作者年龄(author_age)为 0～100。

7. 建立 Book 数据库中表间关系。BookInfo 表中的 book_authorid 字段引用了 Author 表中的 author_id 字段。

上机 4

本次上机任务:

(1) 使用 T-SQL 语句创建数据表。

(2) 使用 T-SQL 语句为表添加约束。

要求:本章上机用到的数据库为员工工资数据库(empSalary),该数据库中有 3 张表。分别如下。

(1)员工信息表(员工编号,员工姓名,性别,年龄,所属部门编号,毕业院校,健康情况)。

(2) 部门表(部门编号,部门名称)。

(3) 工资信息表(工资编号,员工编号,应发工资,实发工资)。

以上 3 张表的表结构分别如表 4-15～表 4-17 所示。

表 4-15　员工信息表(EmpInfo)结构

列　　名	数据类型	允许 Null 值	说　　明
emp_id	varchar(10)	否	员工编号
emp_name	varchar(50)	否	员工姓名
emp_sex	char(2)	是	性别
emp_age	int	是	年龄
emp_departmentid	varchar(10)	否	所属部门编号
emp_graduated	varchar(50)	是	毕业院校
emp_health	varchar(50)	是	健康情况

表 4-16　部门表(Department)结构

列　　名	数据类型	允许 Null 值	说　　明
dep_id	varchar(10)	否	部门编号
dep_name	varchar(50)	否	部门名称

表 4-17　工资信息表(Salary)结构

列　　名	数据类型	允许 Null 值	说　　明
sal_id	varchar(10)	否	工资编号
sal_empid	varchar(10)	否	员工编号
sal_accrued	float	否	应发工资
sal_real	float	否	实发工资

任务 1:附加 empSalary 数据库。

任务 2：创建数据表：EmpInfo、Department 和 Salary。

任务 3：为 EmpInfo 表添加字段 emp_phone(varchar(50)，非空)。

任务 4：为 EmpInfo 表设置主键，主键字段为员工编号(emp_id)。

任务 5：为 Department 表设置主键，主键字段为部门编号(dep_id)。

任务 6：为 Salary 表设置主键，主键字段为工资编号(sal_id)。

任务 7：为 EmpInfo 表添加默认约束，设置性别(emp_sex)的默认值为"男"。

任务 8：为 EmpInfo 表添加检查约束，设置员工年龄(emp_age)为 0～200。

任务 9：为 Salary 表添加检查约束，设置应发工资大于实发工资。

任务 10：建立 empSalary 数据库中表间关系。

EmpInfo 表中的 emp_departmentid 字段引用了 Department 表中的 dep_id 字段。

Salary 表中的 sal_empid 字段引用了 EmpInfo 表中的 emp_id 字段。

第 5 章

数据管理

本章要点：
(1) 插入数据
(2) 更新数据
(3) 删除数据
(4) 数据的导入和导出

5.1 使用 SSMS 图形界面管理数据

SQL Server 中对数据的管理包括插入、更新和删除。本章以 studentdb 数据库为例来进行讲解。首先介绍使用 SSMS 图形界面管理数据，然后介绍使用 T-SQL 语句管理数据。

1. 使用 SSMS 图形界面向表中添加数据

任务一：向部门表（Department）中插入一条记录。部门编号为 jsj，部门名称为"计算机应用技术"。

【步骤 1】 右击 studentdb 数据库中的 Department 表，如图 5-1 所示。

【步骤 2】 选择【编辑前 200 行（E）】，输入 dep_id 字段的值为 jsj，dep_name 字段的值为"计算机应用技术"，如图 5-2 所示。

【步骤 3】 关闭表编辑窗口，即可实现向 Department 数据表中添加一条记录的任务。

2. 使用 SSMS 图形界面修改表中数据

任务二：修改部门表（Department），将表中部门名称为"计算机应用技术"的部门编号改为 jsj01。

【步骤 1】 打开表编辑界面，将 dep_name 为"计算机应用技术"所在行的部门编号改为 jsj01，如图 5-3 所示。

图 5-1 向部门表（Department）中插入一条记录界面 1

JIAXIANGSU-ZJFF...dbo.Department ✕		
	dep_id	dep_name
🖉	jsj	❶ 计算机应用技术
✻	NULL	NULL

JIAXIANGSU-ZJFF...dbo.Department ✕		
	dep_id	dep_name
🖉	jsj01	计算机应用技术
✻	NULL	NULL

图 5-2　向部门表(Department)中插入　　图 5-3　修改部门表中部门名称为"计算机
　　　　一条记录界面 2　　　　　　　　　　　应用技术"的记录界面

【步骤 2】　关闭表编辑窗口,即可实现修改数据表中记录的任务。

3. 使用 SSMS 图形界面删除表中数据

任务三:删除部门表(Department)中部门编号为 jsj01 的记录。

【步骤 1】　选中部门编号为 jsj01 的一行记录,右击选中的记录,如图 5-4 所示。

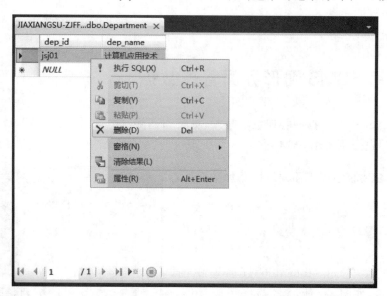

图 5-4　删除部门表(Department)中部门编号为 jsj01 的记录

【步骤 2】　单击【删除】选项,弹出删除确认对话框,如图 5-5 所示。

图 5-5　删除确认对话框

【步骤 3】　单击【是】按钮,即可删除该行记录。
说明:删除记录也可选中记录,直接按 Delete 键进行删除。

5.2 使用 T-SQL 语句插入数据

可以使用 T-SQL 的 INSERT 语句向已经创建好的数据表中添加记录,也可以将现有表中的数据添加到新创建的表中。向已经创建好的数据表中插入记录,可以一次插入一条记录,也可以一次插入多条记录。插入记录时需要注意:插入记录中的值必须符合各字段的数据类型,且插入的字段与值要一一对应。

5.2.1 插入单行数据

使用 INSERT 语句插入单行数据的语法格式如下:

```
INSERT  [INTO]<表名>  [列名列表]  VALUES  <值列表>
```

上述语法格式中,"[ ]"表示可选部分。各参数含义说明如下。

(1) INSERT:插入数据的关键字。

(2) INTO:可选部分,可以省略,加上时可以增强语句的可读性。

(3) 表名:指定要向哪个表中插入数据。

(4) 列名列表:可选部分。如果列名中有多列,则各列名之间用逗号分隔,而且列名的书写顺序可以由用户自己来定,不一定按照表定义的顺序。如果省略列名,则按照数据表定义的顺序依次插入。

(5) VALUES:该关键字后面跟着值列表,指定要插入的数据列表值。

(6) 值列表:指定插入各列对应的数值,各值之间用逗号分隔。值列表中的数据要跟列名中的列相对应。

说明:

(1) 插入语句中存在列名列表时,值列表中的数据个数、顺序和数据类型必须与列名列表中的个数、顺序和数据类型一一对应。如果某列暂时无值而此列允许取空值,则可以在列值的相应位置添加 NULL,但是不能省略。

(2) 若字段不允许为空,且未设置默认值,则必须给该字段设置数据值。

(3) 不要向标识列中插入数据值。

任务一:向 Department 表中插入一条记录(部门编号为 jsj01,部门名称为"计算机应用技术教研室")。

【步骤 1】 单击工具栏中的 ,打开一个空白的 .sql 文件,在查询编辑器窗口中输入如下 T-SQL 语句:

```
INSERT INTO Department(dep_id,dep_name)
VALUES('jsj01','计算机应用技术教研室')
```

【步骤 2】 单击 ✔,执行语法检查,语法检查通过后,单击 ! 执行(X),执行 T-SQL 命令,如图 5-6 所示。

【步骤 3】 打开 Department 表编辑界面,如图 5-7 所示。

练习:向 Department 表中插入两条记录。

图 5-6　在查询编辑器窗口中执行向 Department 表插入语句的界面

图 5-7　查看 Department 表编辑界面中新插入的一条记录

（1）部门编号为 jsj02，部门名称为"计算机网络技术教研室"。

（2）部门编号为 jsj03，部门名称为"计算机信息管理教研室"。

提示：可以将两条插入语句放在一个查询编辑器文件中一起执行，执行成功之后，Department 表编辑界面如图 5-8 所示。

任务二：向 Class 表中插入一条记录（班级编号为 2013yy，班级名称为 13 应用，所属专业为计算机应用技术）。

【步骤1】 单击工具栏中的 新建查询(N)，打开一个空白的 .sql 文件，在查询编辑器窗口中输入如下 T-SQL 语句：

```
INSERT INTO Class(cla_id,cla_name,cla_specialty)
VALUES('2013yy','13应用','计算机应用技术')
```

图 5-8 再次向 Department 表中插入两条记录后的表编辑界面

【步骤2】 单击 ✓ ，执行语法检查，语法检查通过后，单击 ! 执行(X) ，执行 T-SQL 命令，如图 5-9 所示。

图 5-9 在查询编辑器窗口中执行向 Class 表插入记录语句界面

【步骤3】 打开 Class 表编辑界面，如图 5-10 所示。

练习：向 Class 表中插入两条记录。

（1）班级编号为 2013wl，班级名称为 13 网络，所属专业为计算机网络技术。

（2）班级编号为 2013xg，班级名称为 13 信管，所属专业为计算机信息管理。

此时，Class 表编辑界面如图 5-11 所示。

任务三：向 Teacher 表中插入一条记录（教师编号为 200601，教师姓名为贾祥素，部门编号为 jsj03）。

T-SQL 语句如下：

```
INSERT INTO Teacher(tea_no,tea_name,tea_departmentid)
VALUES('200601','贾祥素','jsj03')
```

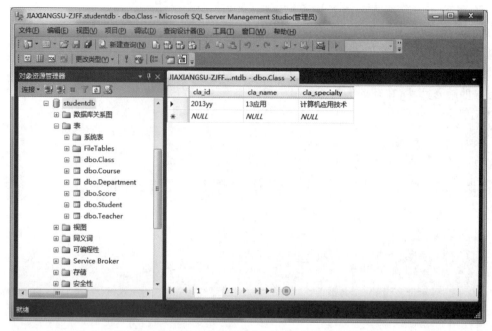

图 5-10　查看 Class 表编辑界面中新插入的一条记录

练习：向 Teacher 表中插入两条记录。

(1) 教师编号为 200602,教师姓名为李明,部门编号为 jsj02。

(2) 教师编号为 200603,教师姓名为王军,部门编号为 jsj01。

此时,Teacher 表编辑界面如图 5-12 所示。

cla_id	cla_name	cla_specialty
2013wl	13网络	计算机网络技术
2013xg	13信管	计算机信息管理
2013yy	13应用	计算机应用技术
NULL	NULL	NULL

图 5-11　再次向 Class 表中插入两条
　　　　记录后的表编辑界面

tea_no	tea_name	tea_departm...
200601	贾祥素	jsj03
200602	李明	jsj02
200603	王军	jsj01
NULL	NULL	NULL

图 5-12　再次向 Teacher 表中插入两条
　　　　记录后的表编辑界面

任务四：向 Course 表中插入一条记录(课程编号为 888001,课程名称为 SQL Server 管理和查询,学分为 3,任课教师编号为 200601)。

T-SQL 语句如下：

```
INSERT INTO Course(cou_id,cou_name,cou_credit,cou_teano)
VALUES('888001','SQL Server 管理和查询',3,'200601')
```

练习：向 Course 表中插入两条记录。

(1) 课程编号为 888002,课程名称为计算机专业英语,学分为 2,任课教师编号为 200601。

(2) 课程编号为 888003,课程名称为网页设计,学分为 2,任课教师编号为 200601。

此时,Course 表编辑界面如图 5-13 所示。

图 5-13　再次向 Course 表中插入两条记录后的表编辑界面

任务五：向 Student 表中插入一条记录(学号为 20130101,学生姓名为王伟,性别为男,籍贯为浙江杭州,电子邮箱为 wangwei@163.com,手机号码为 13277776666,班级编号为 2013yy)。

T-SQL 语句如下：

```
INSERT INTO
Student(stu_no,stu_name,stu_sex,stu_native,stu_email,stu_phone,stu_classid)
VALUES('20130101','王伟','男','浙江杭州','wangwei@163.com','13277776666','2013yy')
```

此时,Student 表编辑界面如图 5-14 所示。

图 5-14　向 Student 表中插入第 1 条记录后的表编辑界面

任务五扩展 1：向 Student 表中插入一条记录(学号为 20130102,学生姓名为张静,性别为女,籍贯为浙江宁波,电子邮箱为 zhangjing@163.com,手机号码为 13616715925,班级编号为 2013yy)。

要求：在进行插入时省略列名列表。

T-SQL 语句如下：

```
INSERT INTO Student
VALUES('20130102','张静','女','浙江宁波','zhangjing@163.com','13616715925','2013yy')
```

此时,Student 表编辑界面如图 5-15 所示。

图 5-15　向 Student 表中插入第 2 条记录后的表编辑界面

分析：

在向数据表中插入记录时可以省略列名列表,但是一定要注意值列表中要按照数据表定义的顺序依次插入。

任务五扩展 2：向 Student 表中插入一条记录(学号为 20130201,学生姓名为李超,班级编号为 2013wl)。

要求：在进行插入时只给部分字段赋值。

T-SQL 语句如下：

```
INSERT INTO Student(stu_no,stu_name,stu_classid)
VALUES('20130201','李超','2013wl')
```

此时,Student 表编辑界面如图 5-16 所示。

JIAXIANGSU-ZJFF....db - dbo.Student ×

stu_no	stu_name	stu_sex	stu_native	stu_email	stu_phone	stu_classid
20130101	王伟	男	浙江杭州	wangwei@16...	13277776666	2013yy
20130102	张静	女	浙江宁波	zhangjing@16...	13616715925	2013yy
20130201	李超	男	NULL	NULL	NULL	2013wl
NULL	NULL	NULL	NULL	NULL	NULL	NULL

图 5-16　向 Student 表中插入第 3 条记录后的表编辑界面

分析：

在向数据表中插入记录时可以只给部分列赋值,但是非空字段一定要赋值。任务五扩展 2 中没有给性别赋值,但是在表编辑界面中性别一列对应值为“男”,是因为 stu_sex 字段添加了默认约束。

任务五扩展 2 的 T-SQL 语句等价于如下：

```
INSERT INTO Student(stu_no,stu_name,stu_classid,stu_sex)
VALUES('20130201','李超','2013wl',DEFAULT)
```

使用关键字 DEFAULT 代替插入的数值,这样就可以给具有默认值的列插入数据。

任务六：向 Score 表中插入一条记录(学生学号为 20130101,课程编号为 888001,平时成绩为 80,期末成绩为 90,总评成绩为 85)。

T-SQL 语句如下：

```
INSERT INTO Score(sco_stuno,sco_courseid,sco_usual,sco_final,sco_overall)
VALUES('20130101','888001',80,90,85)
```

此时,Score 表编辑界面如图 5-17 所示。

JIAXIANGSU-ZJFF....ntdb - dbo.Score ×

sco_id	sco_stuno	sco_courseid	sco_usual	sco_final	sco_overall
1	20130101	888001	80	90	85
NULL	NULL	NULL	NULL	NULL	NULL

图 5-17　向 Score 表中插入第 1 条记录后的表编辑界面

分析：

不要给标识列赋值。任务六中没有给成绩编号(sco_id)赋值,但是在表编辑界面中该列却是有值存在的。成绩编号(sco_id)的值是系统自动给赋值的。

练习：向 Score 表中插入两条记录。

(1) 学生学号为 20130101,课程编号为 888002,平时成绩为 70,期末成绩为 80,总评成绩为 75。

（2）学生学号为 20130101，课程编号为 888003，平时成绩为 90，期末成绩为 100，总评成绩为 95。

此时，Score 表编辑界面如图 5-18 所示。

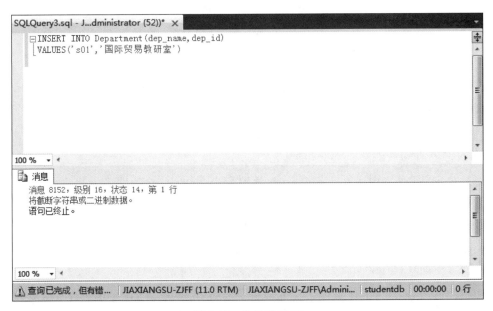

图 5-18　再次向 Score 表中插入两条记录后的表编辑界面

常见错误汇总：

（1）向 Department 表中插入一条记录（部门编号为 s01，部门名称为国际贸易教研室）。

输入如下 T-SQL 语句，运行该语句并查看结果，运行结果如图 5-19 所示。

```
INSERT INTO Department(dep_name,dep_id)
VALUES('s01','国际贸易教研室')
```

图 5-19　常见错误(1)

出错的原因是列名列表和值列表没有对应好。

正确的 T-SQL 语句如下：

```
INSERT INTO Department(dep_id,dep_name)
VALUES('s01','国际贸易教研室')
```

（2）向 Class 表中插入一条记录（班级编号为 2013gm，班级名称为 13 国贸，所属专业为国际贸易）。

输入如下 T-SQL 语句，运行该语句并查看结果，运行结果如图 5-20 所示。

```
INSERT INTO Class(cla_id,cla_specialty)
VALUES('2013gm','国际贸易')
```

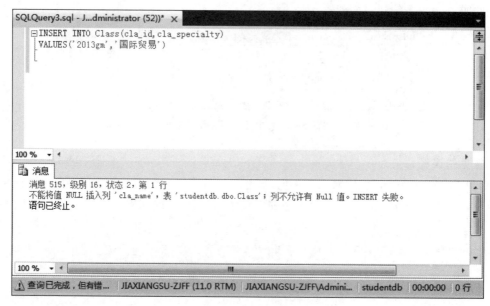

图 5-20　常见错误(2)

出错的原因是没有给 cla_name 列赋值,但是该列在设计时是不允许为空的。

正确 T-SQL 语句如下:

```
INSERT INTO Class(cla_id,cla_name,cla_specialty)
VALUES('2013gm','13 国贸','国际贸易')
```

(3) 向 Teacher 表中插入一条记录(教师编号为 200604,教师姓名为胡晓,部门编号为 jsj01)。

输入如下 T-SQL 语句,运行该语句并查看结果,运行结果如图 5-21 所示。

```
INSERT INTO Teacher(tea_no,tea_name,tea_departmentid)
VALUES('200604',胡晓,'jsj01')
```

出错的原因是 tea_name 列的数据类型为文本类型,一般字符类型的列在插入数据时最好用单引号引起来。

正确 T-SQL 语句如下:

```
INSERT INTO Teacher(tea_no,tea_name,tea_departmentid)
VALUES('200604','胡晓','jsj01')
```

(4) 向 Student 表中插入一条记录(学号为 20130202,学生姓名为朱伟,性别为男,籍贯为北京,电子邮箱为 zhuwei@163.com,手机号码为 13388885555,班级编号为 2013wl)。

输入如下 T-SQL 语句,运行该语句并查看结果,运行结果如图 5-22 所示。

```
INSERT INTO
Student(stu_no,stu_name,stu_sex,stu_native,stu_email,stu_phone,stu_classid)
```

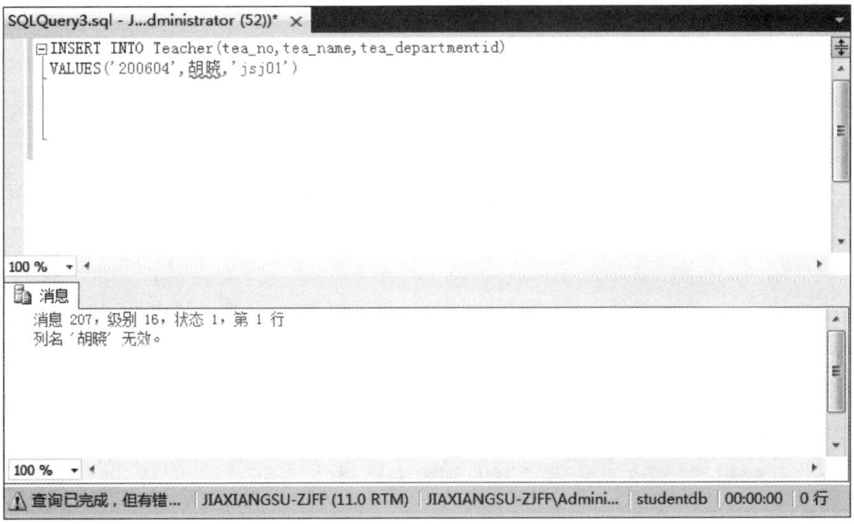

图 5-21　常见错误(3)

VALUES('20130202','朱伟','男','北京','zhuwei@163com','13388885555','2013wl')

图 5-22　常见错误(4)

出错的原因是违反了检查约束,在 Student 表中为字段 stu_email 设置了 CHECK 约束,要求电子邮件的格式包含@符号和点号,而且@符号在点号之前,而常见错误(4)中的电子邮件值没有包含点号。

正确 T-SQL 语句如下:

```
INSERT INTO
Student(stu_no,stu_name,stu_sex,stu_native,stu_email,stu_phone,stu_classid)
VALUES('20130202','朱伟','男','北京','zhuwei@163.com','13388885555','2013wl')
```

(5) 向 Score 表中插入一条记录(学生学号为 20130102,课程编号为 888001,平时成绩为 82 分,期末成绩为 83 分,总评成绩为 82.5 分)。

输入如下 T-SQL 语句,运行该语句并查看结果,运行结果如图 5-23 所示。

```
INSERT INTO Score(sco_id,sco_stuno,sco_courseid,sco_usual,sco_final,sco_overall)
VALUES(4,'20130102','888001',82,83,82.5)
```

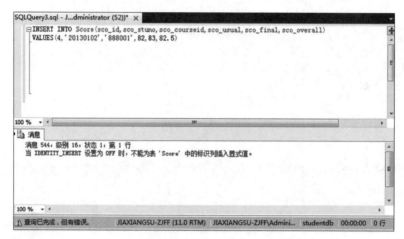

图 5-23　常见错误(5)

出错的原因是不能给标识列赋值,Score 表中的 sco_id 列为标识列,而常见错误(5)中的 T-SQL 语句为 sco_id 赋值为 4。

正确 T-SQL 语句如下:

```
INSERT INTO Score(sco_stuno,sco_courseid,sco_usual,sco_final,sco_overall)
VALUES('20130102','888001',82,83,82.5)
```

此时,studentdb 数据库中的 6 张表中的数据分别如图 5-24～图 5-29 所示。

dep_id	dep_name
jsj01	计算机应用技术教研室
jsj02	计算机网络技术教研室
jsj03	计算机信息管理教研室
s01	国际贸易教研室
NULL	NULL

图 5-24　Department 表中的数据

cla_id	cla_name	cla_specialty
2013gm	13国贸	国际贸易
2013wl	13网络	计算机网络技术
2013xg	13信管	计算机信息管理
2013yy	13应用	计算机应用技术
NULL	NULL	NULL

图 5-25　Class 表中的数据

tea_no	tea_name	tea_departmentid
200601	贾祥素	jsj03
200602	李明	jsj02
200603	王军	jsj01
200604	胡晓	jsj01
NULL	NULL	NULL

图 5-26　Teacher 表中的数据

cou_id	cou_name	cou_credit	cou_teano
888001	SQL Server管理和查询	3	200601
888002	计算机专业英语	2	200601
888003	网页设计	2	200601
888004	平面设计	2	200602
NULL	NULL	NULL	NULL

图 5-27　Course 表中的数据

JIAXIANGSU-ZJFF....db - dbo.Student ×						
stu_no	stu_name	stu_sex	stu_native	stu_email	stu_phone	stu_classid
20130101	王伟	男	浙江杭州	wangwei@163.com	13277776666	2013yy
20130102	张静	女	浙江宁波	zhangjing@163.com	13616715025	2013yy
20130201	李超	男	NULL	NULL	NULL	2013wl
20130202	朱伟	男	北京	zhuwei@163.com	13388885555	2013wl
*	NULL	NULL	NULL	NULL	NULL	NULL

图 5-28　Student 表中的数据

JIAXIANGSU-ZJFF....ntdb - dbo.Score ×					
sco_id	sco_stuno	sco_courseid	sco_usual	sco_final	sco_overall
1	20130101	888001	80	90	85
2	20130101	888002	70	80	75
3	20130101	888003	90	100	95
4	20130102	888001	82	83	82.5
*	NULL	NULL	NULL	NULL	NULL

图 5-29　Score 表中的数据

5.2.2　插入多行数据

使用 INSERT 语句插入多行数据的语法格式如下：

INSERT　[INTO]<表名>　[列名列表]　<子查询>

上述语法格式中，"[ ]"表示可选部分。

列名的数量和数据类型必须和后面子查询的个数和类型一一对应。

在插入多行数据这一节中会创建一个联系方式数据表 Contact，之后的任务都是向 Contact 表中插入多行数据。

1. 从一个表中查询部分信息，将这些信息插入另一个表中

任务一：新建联系方式数据表 Contact，有 3 个字段，分别为联系人姓名（con_name）、联系人邮箱（con_email）、手机号码（con_phone）。3 个字段都为文本类型。

建好数据表之后的【表设计】界面如图 5-30 所示。

任务二：将 Student 表中已经存在的学生姓名、电子邮箱和手机号码信息插入新建的 Contact 表中。

【步骤 1】　单击工具栏中的 ![新建查询(N)] ，打开一个空白的 .sql 文件，在查询编辑器窗口输入如下 T-SQL 语句：

JIAXIANGSU-ZJFF....db - dbo.Contact ×		
列名	数据类型	允许 Null 值
con_name	varchar(50)	☐
con_email	varchar(50)	☑
con_phone	varchar(50)	☑
		☐

图 5-30　Contact【表设计】界面

```
INSERT INTO Contact(con_name,con_email,con_phone)
SELECT stu_name,stu_email,stu_phone
FROM Student
```

【步骤 2】　单击 ✔ ，执行语法检查，语法检查通过后，单击 ! 执行(X) ，执行 T-SQL 命令，如图 5-31 所示。

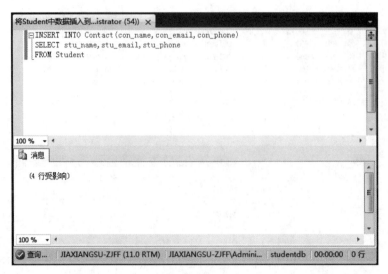

图 5-31　将 Student 表中数据插入 Contact 表中界面 1

【步骤 3】　查看 Contact 表中数据,如图 5-32 所示。

	con_name	con_email	con_phone
▶	王伟	wangwei@163.com	13277776666
	张静	zhangjing@163.com	13616715925
	李超	*NULL*	*NULL*
	朱伟	zhuwei@163.com	13388885555
*	*NULL*	*NULL*	*NULL*

JIAXIANGSU-ZJFF....db - dbo.Contact ×

图 5-32　将 Student 表中数据插入 Contact 表中界面 2

说明:

可以通过 INSERT…SELECT 语句将一张表中的数据添加到另一张表中。但是,需要注意的是:查询得到的数据个数、顺序、数据类型必须与插入的项保持一致。

2. 通过 Union 关键字合并数据进行插入

任务三:通过 Union 关键字合并数据,向 Contact 表中插入 3 条记录。

【步骤 1】　单击工具栏中的 [新建查询(N)],打开一个空白的 .sql 文件,在查询编辑器窗口中输入如下 T-SQL 语句:

```
INSERT INTO Contact(con_name,con_email,con_phone)
SELECT '黄飞','huangfei@163.com','13322226666' UNION
SELECT '徐强','xuqiang@163.com','13644445555' UNION
SELECT '段悦','duanyue@163.com','13566668888'
```

【步骤 2】　单击 ✓,执行语法检查,语法检查通过后,单击 [❗ 执行(X)],执行 T-SQL 命令,如图 5-33 所示。

【步骤 3】　查看 Contact 表中数据,如图 5-34 所示。

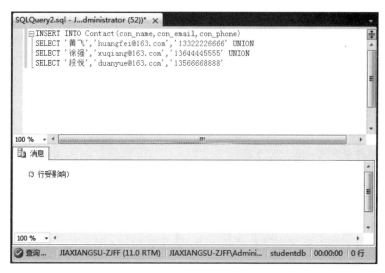

图 5-33 通过 UNION 关键字向 Contact 表中插入多行数据

图 5-34 通过 UNION 关键字插入数据后 Contact 表中数据

说明：

可以通过 INSERT … SELECT … UNION 语句向数据表中插入多行数据，其中的 UNION 关键字用于将两个不同的数据或查询结果组合成一个新的结果集。需要注意的是：查询得到的数据个数、顺序、数据类型必须与插入的项保持一致。

3. 通过 INSERT…VALUES 语句一次插入多条记录

任务四： 通过 INSERT…VALUES 语句一次向 Contact 表中插入 3 条记录。

【步骤 1】 单击工具栏中的 ，打开一个空白的 .sql 文件，在查询编辑器窗口中输入如下 T-SQL 语句：

```
INSERT INTO Contact(con_name,con_email,con_phone)
VALUES('胡康','hukang@163.com','13211116666'),
      ('周星','zhouxing@163.com','13322227777'),
      ('林杰','linjie@163.com','13399996666')
```

【步骤 2】 单击 ，执行语法检查，语法检查通过后，单击 执行(X) ，执行 T-SQL 命令，如图 5-35 所示。

图 5-35　通过 INSERT…VALUES 语句向 Contact 表中插入多行数据

【步骤 3】　查看 Contact 表中数据,如图 5-36 所示。

图 5-36　通过 INSERT…VALUES 语句插入多行数据后 Contact 表中的数据

说明:

可以通过 INSERT…VALUES 语句向数据表中插入多行数据,插入时指定多个值列表,每个值列表之间用逗号分隔。

5.3　使用 T-SQL 语句更新数据

数据表中插入数据之后,有时会对数据进行更新。例如,数据表中有一个字段存放网站的访问量,那么这个访问量会随时增加,这就要用到数据的更新。T-SQL 语句中使用 UPDATE 语句更新表中记录,每次可以更新部分或全部记录,更新时可以指定更新条件,从而更新一条或多条记录(若没有满足条件的记录,则记录都不会被更新)。如果没有指定更新条件,则更新全部记录。

使用 UPDATE 语句更新数据的语法格式如下:

```
UPDATE <表名>   SET   <列名 = 更新值>   [WHERE   <条件>]
```

（1）SET 关键字后面指定要修改的列名和该列对应的值，可以对多个数据列进行更新，多个"列名＝更新值"之间用逗号分隔。注意：最后一个"列名＝更新值"后面不用加逗号。

（2）WHERE 子句是可选的。主要指定对哪条记录或者哪些记录进行更新操作。如果省略 WHERE 子句，则对表中所有的记录进行更新。

5.3.1　更新单行数据

任务一：为 Contact 表添加两个字段，分别为班级名称（con_class）和编号（con_id）。其中，con_class 的类型为 varchar(50)；con_id 的类型为 int。然后，向 Contact 表中存在数据的行中添加这两个字段的值。

【步骤 1】　修改后的 Contact【表设计】界面如图 5-37 所示。

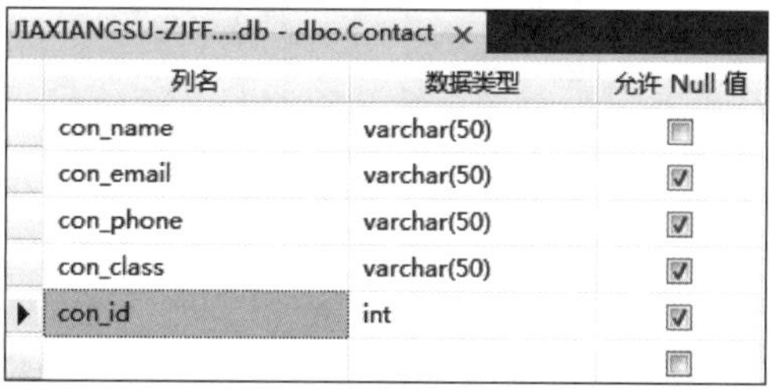

图 5-37　修改后的 Contact【表设计】界面

【步骤 2】　补充 Contact 表中存在数据行的两个新建字段信息，补充好之后表中数据如图 5-38 所示。

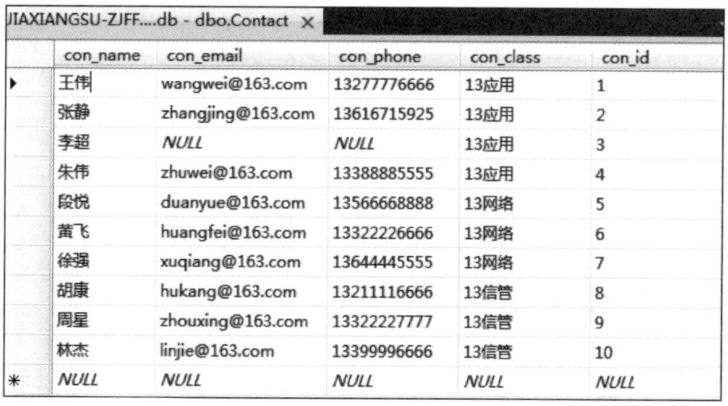

图 5-38　补充新建字段后 Contact 表中的数据

任务二：更新 Contact 表中编号为 1 的学生手机号码为 15788889999。

【步骤 1】　单击工具栏中的 ，打开一个空白的 .sql 文件，在查询编辑器窗口中输入如下 T-SQL 语句：

```
UPDATE Contact SET con_phone = '15788889999'
WHERE con_id = 1
```

【步骤 2】　单击 ，执行语法检查，语法检查通过后，单击 ，执行 T-SQL 命令。

【步骤 3】 查看 Contact 表中数据，编号为 1 的手机号码修改成功，如图 5-39 所示。

JIAXIANGSU-ZJFF....db - dbo.Contact

	con_name	con_email	con_phone	con_class	con_id
▸	王伟	wangwei@163.com	15788889999	13应用	1
	张静	zhangjing@163.com	13616715925	13应用	2
	李超	NULL	NULL	13应用	3
	朱伟	zhuwei@163.com	13388885555	13应用	4
	段悦	duanyue@163.com	13566668888	13网络	5
	黄飞	huangfei@163.com	13322226666	13网络	6
	徐强	xuqiang@163.com	13644445555	13网络	7
	胡康	hukang@163.com	13211116666	13信管	8
	周星	zhouxing@163.com	13322227777	13信管	9
	林杰	linjie@163.com	13399996666	13信管	10
*	NULL	NULL	NULL	NULL	NULL

图 5-39 修改编号为 1 的学生手机号码之后 Contact 表中数据

任务三：更新 Contact 表姓名为"林杰"的学生姓名为"林小杰"。

【步骤 1】 单击工具栏中的 新建查询(N)，打开一个空白的.sql 文件，在查询编辑器窗口中输入如下 T-SQL 语句：

```
UPDATE Contact SET con_name = '林小杰'
WHERE con_name = '林杰'
```

【步骤 2】 单击 ✓，执行语法检查，语法检查通过后，单击 执行(X)，执行 T-SQL 命令。

【步骤 3】 查看 Contact 表中数据，已成功将"林杰"的名字改为"林小杰"，如图 5-40 所示。

JIAXIANGSU-ZJFF....db - dbo.Contact

	con_name	con_email	con_phone	con_class	con_id
	王伟	wangwei@163.com	15788889999	13应用	1
	张静	zhangjing@163.com	13616715925	13应用	2
	李超	NULL	NULL	13应用	3
	朱伟	zhuwei@163.com	13388885555	13应用	4
	段悦	duanyue@163.com	13566668888	13网络	5
	黄飞	huangfei@163.com	13322226666	13网络	6
	徐强	xuqiang@163.com	13644445555	13网络	7
	胡康	hukang@163.com	13211116666	13信管	8
	周星	zhouxing@163.com	13322227777	13信管	9
▸	林小杰	linjie@163.com	13399996666	13信管	10
*	NULL	NULL	NULL	NULL	NULL

图 5-40 将"林杰"改为"林小杰"之后 Contact 表中数据

任务四：更新 Contact 表编号为 2 的学生邮箱为 zhj@163.com，手机号码为 15766667777。

【步骤 1】 单击工具栏中的 新建查询(N)，打开一个空白的.sql 文件，在查询编辑器窗口中输入如下 T-SQL 语句：

```
UPDATE Contact SET con_email = 'zhj@163.com',con_phone = '15766667777'
WHERE con_id = 2
```

【步骤 2】 单击 ✓，执行语法检查，语法检查通过后，单击 执行(X)，执行 T-SQL 命令。

【步骤 3】 查看 Contact 表中数据，编号为 2 的学生邮箱为 zhj@163.com，手机号码为

15766667777,修改成功,如图 5-41 所示。

图 5-41　修改编号为 2 的学生邮箱和手机号码之后 Contact 表中数据

说明:

(1) 文本类型的数据放在单引号中,数值类型的数据不用加单引号,直接写数据值即可。

(2) SET 后面可以设置多个数据列的更新值,之间用逗号隔开。

5.3.2　更新多行数据

任务一:更新 Contact 表 con_email 字段为空的行的电子邮箱为 zjff@163.com。

【步骤 1】　单击工具栏中的 新建查询(N) ,打开一个空白的.sql 文件,在查询编辑器窗口中输入如下 T-SQL 语句:

```
UPDATE Contact SET con_email = 'zjff@163.com'
WHERE con_email IS NULL
```

【步骤 2】　单击 ✓ ,执行语法检查,语法检查通过后,单击 执行(X) ,执行 T-SQL 命令。

【步骤 3】　查看 Contact 表中数据,成功给电子邮箱为空的行添加 zjff@163.com 邮箱,如图 5-42 所示。

图 5-42　给电子邮箱为空的行添加 zjff@163.com 邮箱之后 Contact 表中的数据

说明：

因为本例中电子邮箱为空的只有一条记录，所以更新了一条记录。如果有多条记录的电子邮箱为空，则会更新多条记录。

任务二：更新 Contact 表，设置 13 信管班所有学生的电子邮箱为 xg@163.com。

【步骤 1】 单击工具栏中的 新建查询(N)，打开一个空白的.sql 文件，在查询编辑器窗口中输入如下 T-SQL 语句：

```
UPDATE Contact SET con_email = 'xg@163.com'
WHERE con_class = '13 信管'
```

【步骤 2】 单击 ✓，执行语法检查，语法检查通过后，单击 执行(X)，执行 T-SQL 命令。

【步骤 3】 查看 Contact 表中数据，成功将 13 信管班的邮箱都改为 xg@163.com，如图 5-43 所示。

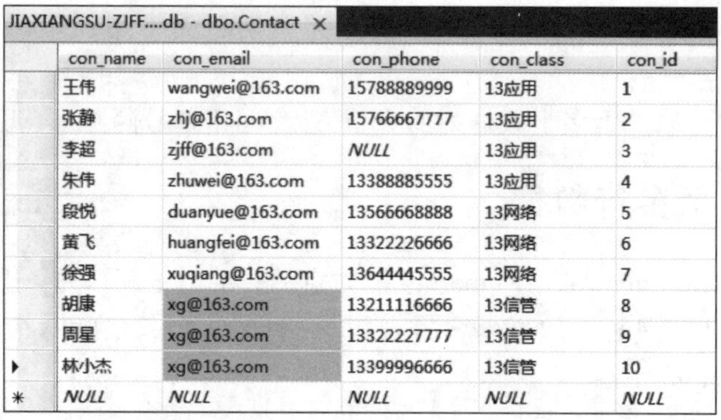

JIAXIANGSU-ZJFF....db - dbo.Contact

	con_name	con_email	con_phone	con_class	con_id
	王伟	wangwei@163.com	15788889999	13应用	1
	张静	zhj@163.com	15766667777	13应用	2
	李超	zjff@163.com	NULL	13应用	3
	朱伟	zhuwei@163.com	13388885555	13应用	4
	段悦	duanyue@163.com	13566668888	13网络	5
	黄飞	huangfei@163.com	13322226666	13网络	6
	徐强	xuqiang@163.com	13644445555	13网络	7
	胡康	xg@163.com	13211116666	13信管	8
	周星	xg@163.com	13322227777	13信管	9
▶	林小杰	xg@163.com	13399996666	13信管	10
*	NULL	NULL	NULL	NULL	NULL

图 5-43 将 13 信管班的邮箱都改为 xg@163.com 之后 Contact 表中数据

5.3.3 更新所有数据

任务一：更新 Contact 表中所有人的手机号码为 13388888888。

【步骤 1】 单击工具栏中的 新建查询(N)，打开一个空白的.sql 文件，在查询编辑器窗口中输入如下 T-SQL 语句：

```
UPDATE Contact SET con_phone = '13388888888'
```

【步骤 2】 单击 ✓，执行语法检查，语法检查通过后，单击 执行(X)，执行 T-SQL 命令。

【步骤 3】 查看 Contact 表中数据，成功将表中的手机号码都改为 13388888888，如图 5-44 所示。

任务二：更新 Contact 表中所有人的电子邮箱为 zjff@163.com。

【步骤 1】 单击工具栏中的 新建查询(N)，打开一个空白的.sql 文件，在查询编辑器窗口中输入如下 T-SQL 语句：

```
UPDATE Contact SET con_email = 'zjff@163.com'
```

【步骤 2】 单击 ✓，执行语法检查，语法检查通过后，单击 执行(X)，执行 T-SQL 命令。

图 5-44　将手机号码都改为 13388888888 之后 Contact 表中数据

【步骤 3】 查看 Contact 表中数据，成功将表中的电子邮箱都改为 zjff@163.com，如图 5-45 所示。

图 5-45　将电子邮箱都改为 zjff@163.com 之后 Contact 表中数据

总结：

使用 UPDATE 语句更新数据，可能更新一行数据，可能更新多行数据，可能更新所有数据，也可能不更新任何数据（如果不满足 WHERE 子句的条件则不会更新任何数据）。

5.4 使用 T-SQL 语句删除数据

数据库中数据会经常变化，有些数据不再需要了就要删除。例如，学生表中有个学生退学了，就可以将该学生的记录从学生表中删除。T-SQL 语句中使用 DELETE 语句删除表中记录，每次可以删除部分记录或全部记录，删除时可以指定删除条件从而删除一条或多条记录（若没有满足条件的记录则一个都不会被删除），如果没有指定删除条件则删除全部记录。

使用 DELETE 语句删除数据的语法格式如下：

```
DELETE FROM <表名>  [WHERE  <条件>]
```

5.4.1 删除单行数据

任务一：删除 Contact 表中编号为 10 的学生记录。

【步骤 1】 单击工具栏中的 新建查询(N)，打开一个空白的.sql 文件，在查询编辑器窗口中输入如下 T-SQL 语句：

```
DELETE FROM Contact WHERE con_id = 10
```

【步骤 2】 单击 ✓，执行语法检查，语法检查通过后，单击 执行(X)，执行 T-SQL 命令。

【步骤 3】 查看 Contact 表中数据，成功将编号为 10 的学生删除，如图 5-46 所示。

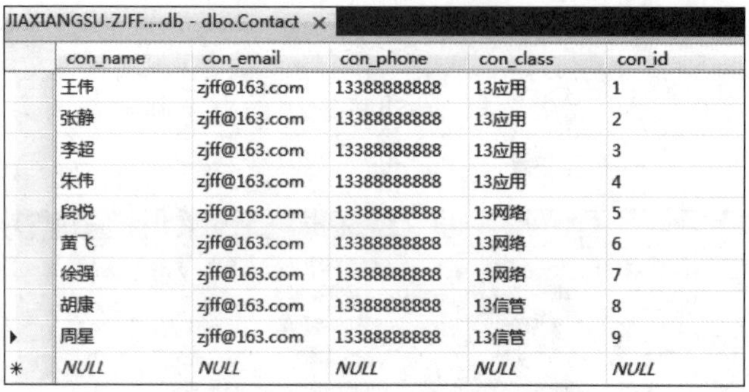
JIAXIANGSU-ZJFF....db - dbo.Contact ×

	con_name	con_email	con_phone	con_class	con_id
	王伟	zjff@163.com	13388888888	13应用	1
	张静	zjff@163.com	13388888888	13应用	2
	李超	zjff@163.com	13388888888	13应用	3
	朱伟	zjff@163.com	13388888888	13应用	4
	段悦	zjff@163.com	13388888888	13网络	5
	黄飞	zjff@163.com	13388888888	13网络	6
	徐强	zjff@163.com	13388888888	13网络	7
	胡康	zjff@163.com	13388888888	13信管	8
▸	周星	zjff@163.com	13388888888	13信管	9
*	NULL	NULL	NULL	NULL	NULL

图 5-46 删除编号为 10 的学生记录之后 Contact 表中数据

任务二：删除 Contact 表中姓名为“王伟”的学生记录。

【步骤 1】 单击工具栏中的 新建查询(N)，打开一个空白的.sql 文件，在查询编辑器窗口中输入如下 T-SQL 语句：

```
DELETE FROM Contact WHERE con_name = '王伟'
```

【步骤 2】 单击 ✓，执行语法检查，语法检查通过后，单击 执行(X)，执行 T-SQL 命令。

【步骤 3】 查看 Contact 表中数据，成功将姓名为“王伟”的记录删除，如图 5-47 所示。

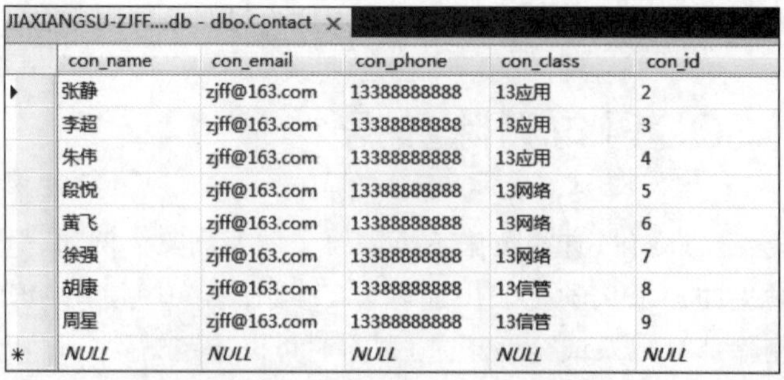
JIAXIANGSU-ZJFF....db - dbo.Contact ×

	con_name	con_email	con_phone	con_class	con_id
▸	张静	zjff@163.com	13388888888	13应用	2
	李超	zjff@163.com	13388888888	13应用	3
	朱伟	zjff@163.com	13388888888	13应用	4
	段悦	zjff@163.com	13388888888	13网络	5
	黄飞	zjff@163.com	13388888888	13网络	6
	徐强	zjff@163.com	13388888888	13网络	7
	胡康	zjff@163.com	13388888888	13信管	8
	周星	zjff@163.com	13388888888	13信管	9
*	NULL	NULL	NULL	NULL	NULL

图 5-47 删除姓名为“王伟”的学生记录之后 Contact 表中数据

任务三：删除 Department 表中部门编号为 s01 的记录。

【步骤 1】 单击工具栏中的 新建查询(N)，打开一个空白的.sql 文件，在查询编辑器窗口中输入如下 T-SQL 语句：

DELETE FROM Department WHERE dep_id = 's01'

【步骤2】 单击 ✔,执行语法检查,语法检查通过后,单击 ▮执行(X),执行 T-SQL 命令。

【步骤3】 查看 Department 表中数据,成功将部门编号为 s01 的记录删除,如图 5-48 所示。

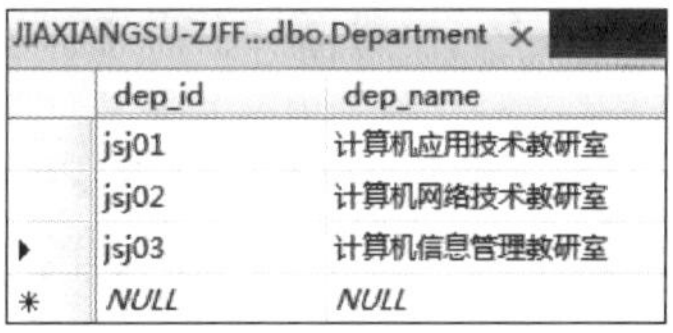

任务四:删除 Department 表中部门编号为 jsj01 的记录。

【步骤1】 单击工具栏中的 ◎新建查询(N),打开一个空白的.sql 文件,在查询编辑器窗口中输入如下 T-SQL 语句:

JIAXIANGSU-ZJFF...dbo.Department ×	
dep_id	dep_name
jsj01	计算机应用技术教研室
jsj02	计算机网络技术教研室
▶ jsj03	计算机信息管理教研室
* NULL	NULL

图 5-48 删除部门编号为 s01 的记录之后 Department 表中数据

DELETE FROM Department WHERE dep_id = 'jsj01'

【步骤2】 单击 ✔,执行语法检查,语法检查通过后,单击 ▮执行(X),执行 T-SQL 命令。执行该命令时出现错误,如图 5-49 所示。

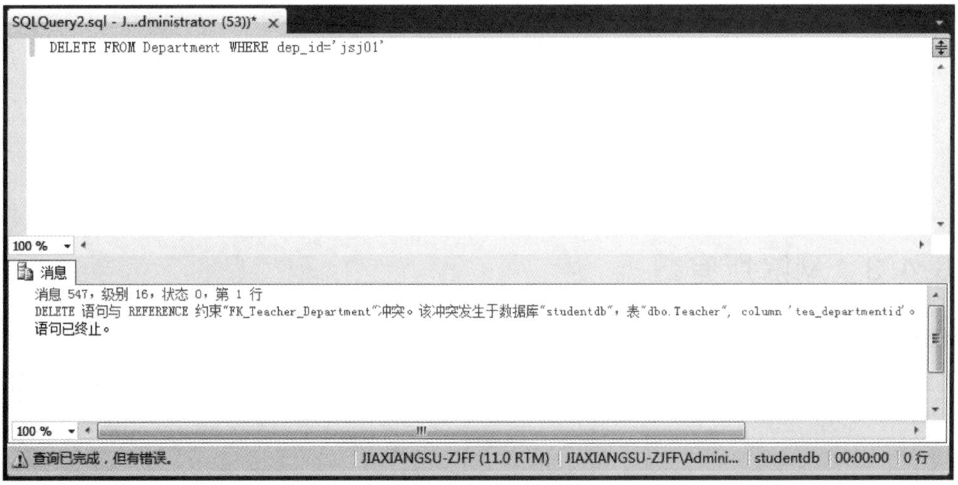

图 5-49 删除 Department 表中部门编号为 jsj01 的记录时出错

分析:为什么会出现如图 5-49 所示的删除错误信息?

出错原因:这是删除信息时常见的错误类型,在删除主表中的某条数据信息时,如果该信息在子表中以外键形式存在,则禁止删除主表中的该信息数据。本节任务四中,主表为 Department,子表为 Teacher,如果删除主表中的部门信息(jsj01),而这个部门是 Teacher 表中两位老师所在部门,则无法删除该部门。而本节中任务三可以删除部门编号为 s01 的

JIAXIANGSU-ZJFF...db - dbo.Teacher ×	JIAXIANGSU-ZJ	
tea_no	tea_name	tea_departm...
▶ 200601	贾祥素	jsj03
200602	李明	jsj02
200603	王军	jsj01
200604	胡晓	jsj01
* NULL	NULL	NULL

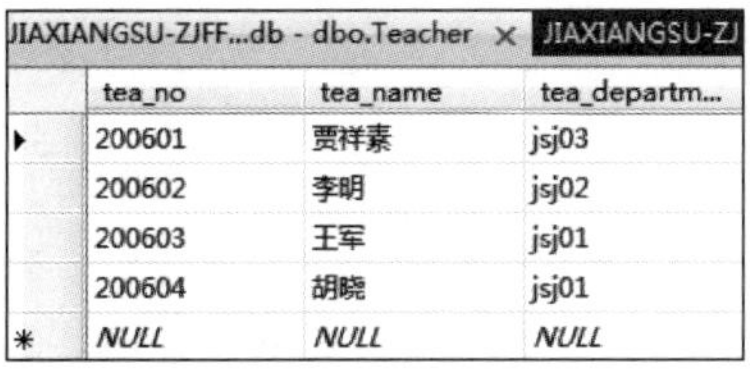

图 5-50 Teacher 表中数据

记录,是因为 Teacher 表中不存在部门编号为该部门的教师,这种情况是允许删除主表中信息的。Teacher 表中数据如图 5-50 所示。

解决办法:必须将要删除的部门信息先从子表 Teacher 表中删除,即删除该部门在教师表中的全部信息后,才允许删除部门表中的部门信息。但是,采用这种方法删除信息非常烦琐,通常采取

的手段是通过删除触发器的办法进行主表和子表数据信息的连带删除。

5.4.2　删除多行数据

任务：删除 Contact 表中班级为"13 网络"的学生记录。

【步骤 1】　单击工具栏中的 新建查询(N)，打开一个空白的 .sql 文件，在查询编辑器窗口中输入如下 T-SQL 语句：

```
DELETE FROM Contact WHERE con_class = '13 网络'
```

【步骤 2】　单击 ✓，执行语法检查，语法检查通过后，单击 ！执行(X)，执行 T-SQL 命令。

【步骤 3】　查看 Contact 表中数据，成功将班级为"13 网络"的记录删除，如图 5-51 所示。

	con_name	con_email	con_phone	con_class	con_id
▶	张静	zjff@163.com	13388888888	13应用	2
	李超	zjff@163.com	13388888888	13应用	3
	朱伟	zjff@163.com	13388888888	13应用	4
	胡康	zjff@163.com	13388888888	13信管	8
	周星	zjff@163.com	13388888888	13信管	9
*	NULL	NULL	NULL	NULL	NULL

JIAXIANGSU-ZJFF....db - dbo.Contact ×

图 5-51　删除班级为"13 网络"的记录之后 Contact 表中数据

5.4.3　删除所有数据

任务：删除 Contact 表中所有记录。

【步骤 1】　单击工具栏中的 新建查询(N)，打开一个空白的 .sql 文件，在查询编辑器窗口中输入如下 T-SQL 语句：

```
DELETE FROM Contact
```

【步骤 2】　单击 ✓，执行语法检查，语法检查通过后，单击 ！执行(X)，执行 T-SQL 命令。

【步骤 3】　查看 Contact 表中数据，成功将表中所有记录删除，如图 5-52 所示。

	con_name	con_email	con_phone	con_class	con_id
*	NULL	NULL	NULL	NULL	NULL

JIAXIANGSU-ZJFF....db - dbo.Contact ×

图 5-52　删除表中所有记录之后 Contact 表中数据

扩展：使用 TRUNCATE TABLE 删除数据。

语法：

```
TRUNCATE TABLE <表名>
```

TRUNCATE TABLE 用来删除表中的所有行，功能上类似于没有 WHERE 子句的 DELETE 语句，但是它比 DELETE 语句执行速度快，而且使用的系统资源和事务日志资源更少。

注意：TRUNCATE TABLE 删除表中的所有行，但是表的结构、列、约束、索引等不会被改动。TRUNCATE TABLE 不能用于有外键约束引用的表，在这种情况下，需要使用 DELETE 语句。

5.5 导入导出数据

在实际使用过程中，有时需要把数据库中存储的数据导出，保存成文本文件或 Excel 文件，也有时需要把文本文件或 Excel 文件中的数据导入数据库中，这时要用到数据的导入功能和导出功能。

数据的导入功能和导出功能可以实现不同数据平台间的数据交换。导入数据是指从外部数据源（如文本）中检索数据，并将数据插入 SQL Server 表中的过程。导出数据则是将 SQL Server 数据库中的数据转换为某种用户指定的其他数据格式（如文本文件、Excel 文件）的过程。

导入和导出向导不仅可以完成数据库和文件格式的格式转换，还可以在不同的数据库之间进行数据传输。

5.5.1 导出数据

1. 将数据库中的数据导出为文本文件

任务一：将 studentdb 数据库中 Department 数据表的数据导出，保存为文本文件。

【步骤 1】 右击 studentdb 数据库，在弹出的快捷菜单中依次选择【任务】→【导出数据】选项，如图 5-53 所示。打开【SQL Server 导入和导出向导】窗口，如图 5-54 所示。

图 5-53 【导出数据】选项

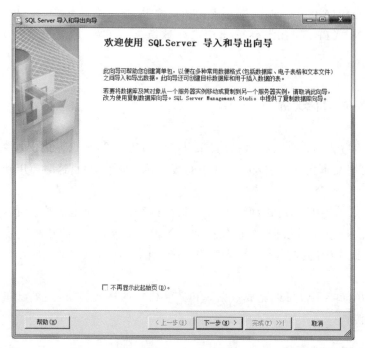

图 5-54 【SQL Server 导入和导出向导】窗口

【步骤 2】 单击【下一步】按钮,打开【SQL Server 导入和导出向导-选择数据源】窗口,此处选择的数据库是 studentdb,如图 5-55 所示。

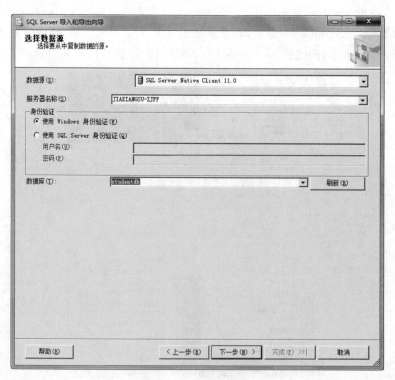

图 5-55 选择数据源

【步骤 3】 单击【下一步】按钮,打开【选择目标】窗口,确定数据导出的格式及导出文件存放路径。选择【目标】右侧的下拉框,选择【平面文件目标】,以保存文本文件;在文件名处选择文件路径及要保存的文件名称,如图 5-56 所示。

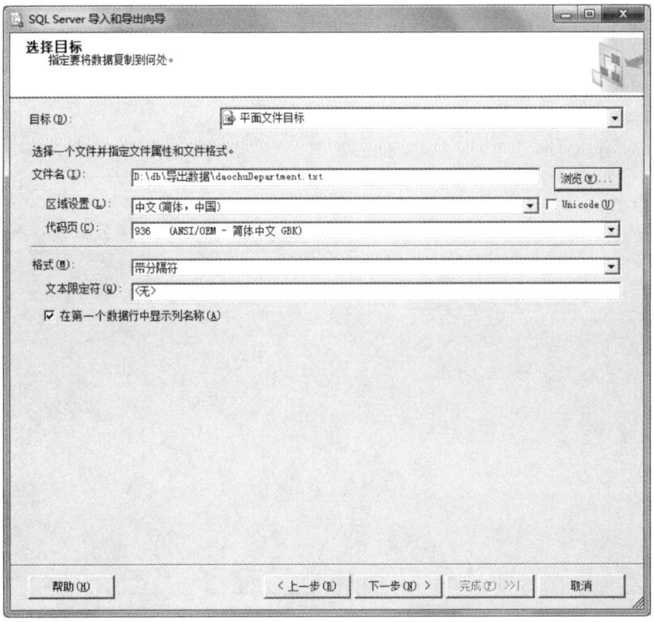

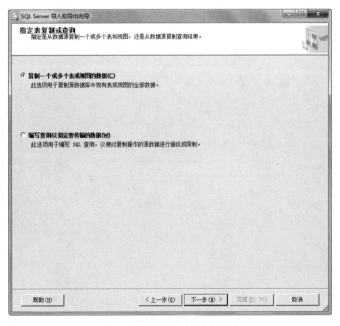

图 5-56 选择目标(平面文件目标)

【步骤 4】 单击【下一步】按钮,打开【SQL Server 导入和导出向导-指定表复制或查询】窗口,此处选择默认的【复制一个或多个表或视图的数据】,如图 5-57 所示。

图 5-57 指定表复制或查询

【步骤5】 单击【下一步】按钮,打开【SQL Server 导入和导出向导-配置平面文件目标】窗口,在【源表或源视图】右侧的下拉列表中选择数据表[dbo].[Department],如图 5-58 所示。

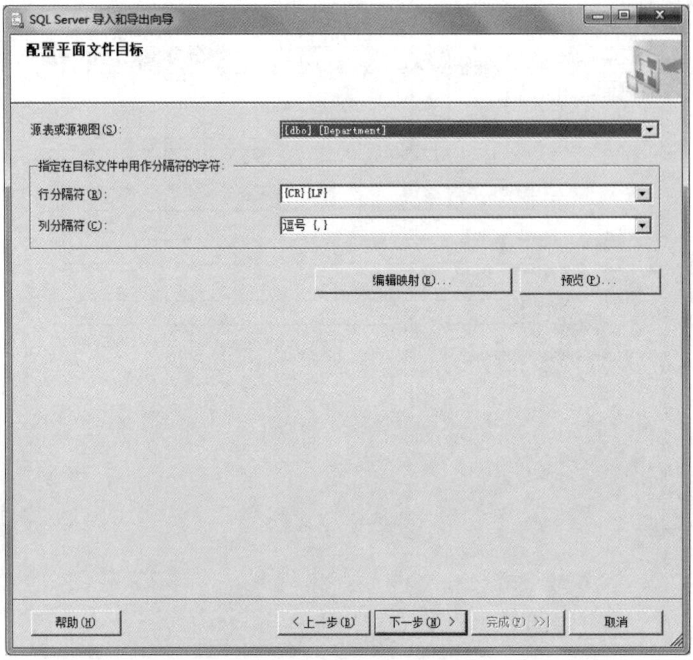

图 5-58　配置平面文件目标

【步骤6】 单击【下一步】按钮,打开【SQL Server 导入和导出向导-保存并运行包】窗口,按照默认选中【立即运行】复选框,如图 5-59 所示。

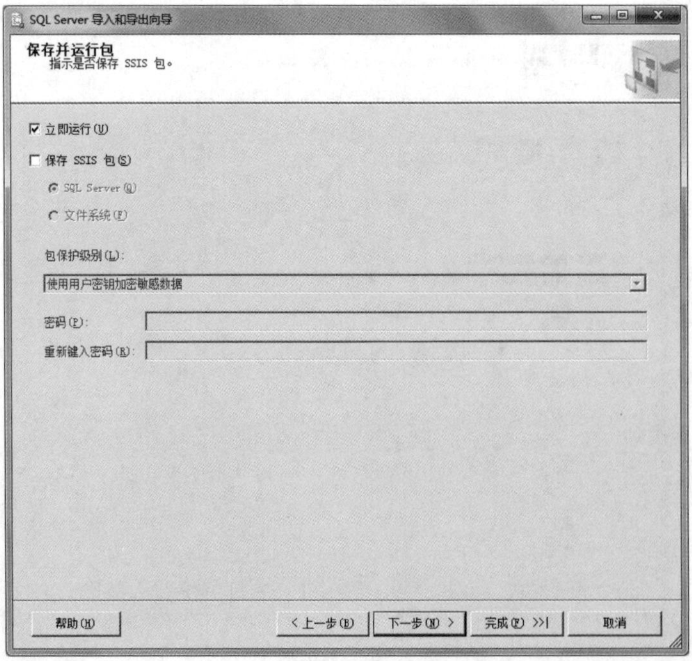

图 5-59　保存并运行包

【步骤 7】　单击【下一步】按钮,打开【SQL Server 导入和导出向导-完成该向导】窗口,如图 5-60 所示。

图 5-60　完成该向导

【步骤 8】　单击【完成】按钮,即开始执行导出操作,导出成功后打开【SQL Server 导入和导出向导-执行成功】窗口,如图 5-61 所示。

图 5-61　执行成功(导出 Department 表)

【步骤9】 单击【关闭】按钮,查看导出文件,如图 5-62 所示。

图 5-62 查看导出的文本文件(daochuDepartment)

【步骤10】 双击 daochuDepartment 文件,查看文本文件内容,如图 5-63 所示。

图 5-63 查看文本文件内容

2. 将数据库中数据导出为 Excel 文件

任务二:将 studentdb 数据库中 Student 数据表的数据导出,保存为 Excel 文件。

【步骤1】 右击 studentdb 数据库,依次选择【任务】→【导出数据】,单击【导出数据】选项,打开【SQL Server 导入和导出向导】窗口。

【步骤2】 单击【下一步】按钮,打开【SQL Server 导入和导出向导-选择数据源】窗口,此处选择的数据库是 studentdb。

【步骤3】 单击【下一步】按钮,打开【SQL Server 导入和导出向导-选择目标】窗口,确定数据导出的格式及导出文件存放路径。选择【目标】右侧的下拉列表中的 Microsoft Excel 选项,以保存为 Excel 文件;在 Excel 连接设置处选择文件路径及要保存的文件名称,如图 5-64 所示。

【步骤4】 单击【下一步】按钮,打开【SQL Server 导入和导出向导-指定表复制或查询】窗口,此处选择默认的【复制一个或多个表或视图的数据】。

【步骤5】 单击【下一步】按钮,打开【SQL Server 导入和导出向导-选择源表和源视图】窗口,选中数据表[dbo].[Student],如图 5-65 所示。

图 5-64　选择目标（Microsoft Excel）

图 5-65　选择源表和源视图

【**步骤 6**】 单击【下一步】按钮,打开【SQL Server 导入和导出向导-查看数据类型映射】窗口,如图 5-66 所示。

图 5-66 查看数据类型映射

【**步骤 7**】 单击【下一步】按钮,打开【SQL Server 导入和导出向导-保存并运行包】窗口。

【**步骤 8**】 单击【下一步】按钮,打开【SQL Server 导入和导出向导-完成该向导】窗口,如图 5-67 所示。

【**步骤 9**】 单击【完成】按钮,即开始执行导出操作,导出成功后打开【SQL Server 导入和导出向导-执行成功】窗口,如图 5-68 所示。

【**步骤 10**】 单击【关闭】按钮,查看导出文件,如图 5-69 所示。

【**步骤 11**】 双击 daochuStudent 文件,查看文件内容,如图 5-70 所示。

5.5.2 导入数据

1. 将文本文件导入数据库表中

任务一:将名为 daoruContact 的文本文件导入 studentdb 数据库的 Contact 数据表中。首先查看 daoruContact 文本文件中的内容,如图 5-71 所示。

图 5-67 完成该向导(导出为 Excel 文件)

图 5-68 执行成功(导出 Student 表)

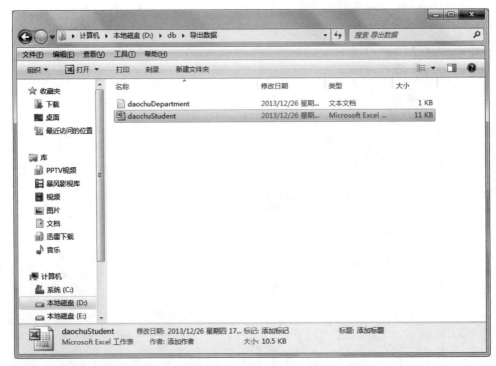

图 5-69　查看导出的 Excel 文件(daochuStudent)

A	B	C	D	E	F	G
stu_no	stu_name	stu_sex	stu_native	stu_email	stu_phone	stu_classid
20130101	王伟	男	浙江杭州	wangwei@163.com	13277776666	2013yy
20130102	张静	女	浙江宁波	zhangjing@163.com	13616715925	2013yy
20130201	李超	男				2013wl
20130202	朱伟	男	北京	zhuwei@163.com	13388885555	2013wl

图 5-70　查看 Excel 文件内容

图 5-71　daoruContact 文本文件中的内容

【步骤1】　右击 studentdb 数据库,依次选择【任务】→【导入数据】,如图 5-72 所示。打开【SQL Server 导入和导出向导】窗口,如图 5-73 所示。

【步骤2】　单击【下一步】按钮,打开【SQL Server 导入和导出向导-选择数据源】窗口,在【数据源】右边的下拉列表中选择【平面文件源】,单击【浏览】按钮选择要从哪个文件导入数据,取消选中【在第一个数据行中显示列名称】复选框,如图 5-74 所示。

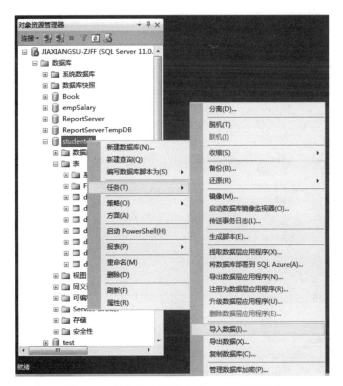

图 5-72　将文本文件导入 Contact 表界面 1

图 5-73　将文本文件导入 Contact 表界面 2

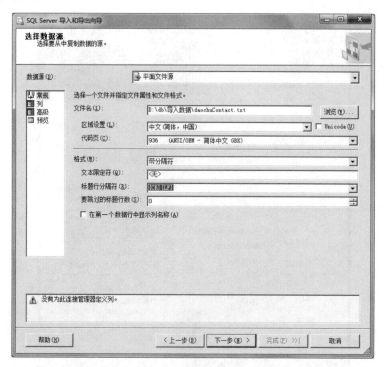

图 5-74　将文本文件导入 Contact 表界面 3

【**步骤 3**】　单击【下一步】按钮,如图 5-75 所示。

图 5-75　将文本文件导入 Contact 表界面 4

【步骤 4】 单击【下一步】按钮,选择数据库为 studentdb,如图 5-76 所示。

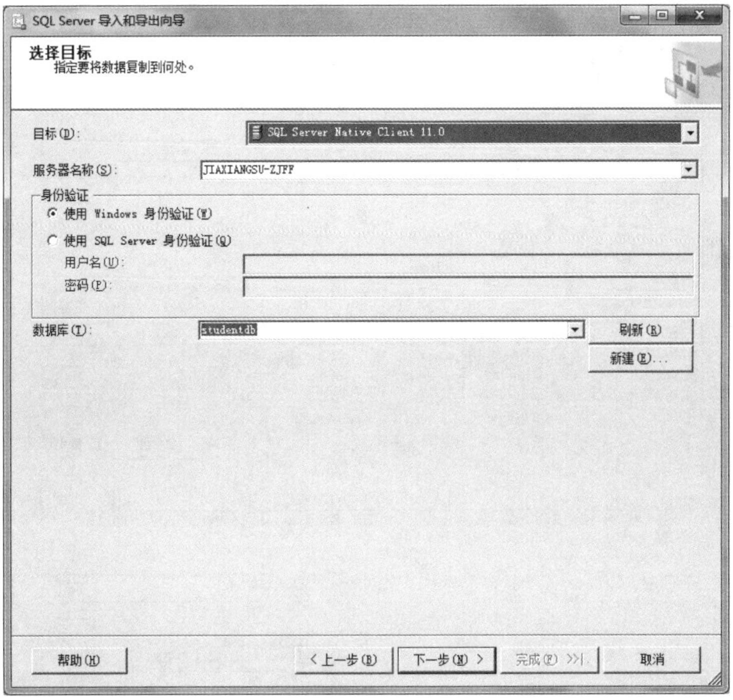

图 5-76 将文本文件导入 Contact 表界面 5

【步骤 5】 单击【下一步】按钮,在目标处选择[dbo].[Contact],如图 5-77 所示。

图 5-77 将文本文件导入 Contact 表界面 6

【**步骤6**】　单击【下一步】按钮,按照默认值,如图 5-78 所示。

图 5-78　将文本文件导入 Contact 表界面 7

【**步骤7**】　单击【下一步】按钮,选中【立即运行】复选框,如图 5-79 所示。

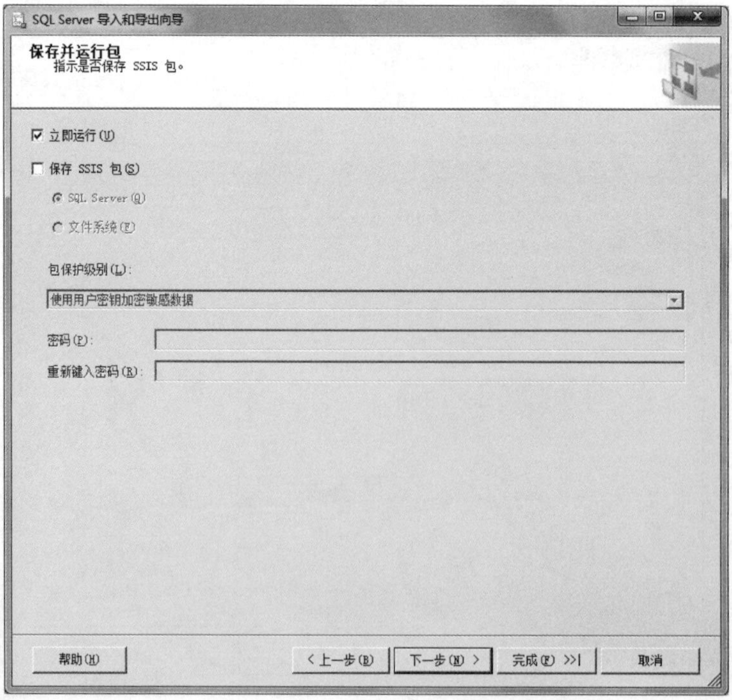

图 5-79　将文本文件导入 Contact 表界面 8

【步骤 8】 单击【下一步】按钮，如图 5-80 所示。

图 5-80 将文本文件导入 Contact 表界面 9

【步骤 9】 单击【完成】按钮，执行导入操作，执行成功后的界面如图 5-81 所示。

图 5-81 将文本文件导入 Contact 表界面 10

【步骤10】　查看 Contact 表中数据,将文本文件中的数据成功导入数据库表中,如图 5-82 所示。

con_name	con_email	con_phone	con_class	con_id
王伟	wangwei@16...	13277776666	13应用	1
张静	zhangjing@16...	13616715925	13信管	2
李超	lichao@163.c...	13277668844	13信管	3
朱伟	zhuwei@163.c...	13388885555	13网络	4
NULL	*NULL*	*NULL*	*NULL*	*NULL*

图 5-82　将文本文件导入 Contact 表界面 11

2. 将 Excel 文件导入数据库表中

任务二:将名为 daoruContact 的 Excel 文件导入 studentdb 数据库的 Contact 数据表中。
首先查看名为 daoruContact 的 Excel 文件中的内容,如图 5-83 所示。

王伟伟	wangwei@163.com	13277776666	13应用	1
张静静	zhangjing@163.com	13616715925	13信管	2
李超超	lichao@163.com	13277668844	13信管	3
朱伟伟	zhuwei@163.com	13388885555	13网络	4

图 5-83　名为 daoruContact 的 Excel 文件中的内容

【步骤1】　右击 studentdb 数据库,依次选择【任务】→【导入数据】。打开【SQL Server 导入和导出向导】窗口,如图 5-84 所示。

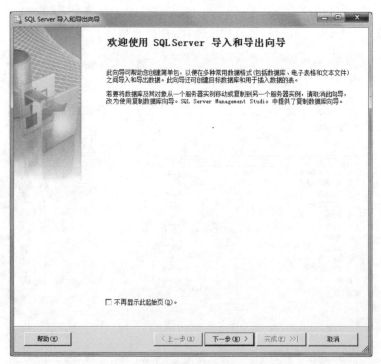

图 5-84　将 Excel 文件导入 Contact 表界面 1

【步骤 2】 单击【下一步】按钮,在【数据源】右侧的下拉列表中选择 Microsoft Excel 选项,单击【浏览】按钮选择要导入的 Excel 文件的路径,取消选中【首行包含列名称】复选框,如图 5-85 所示。

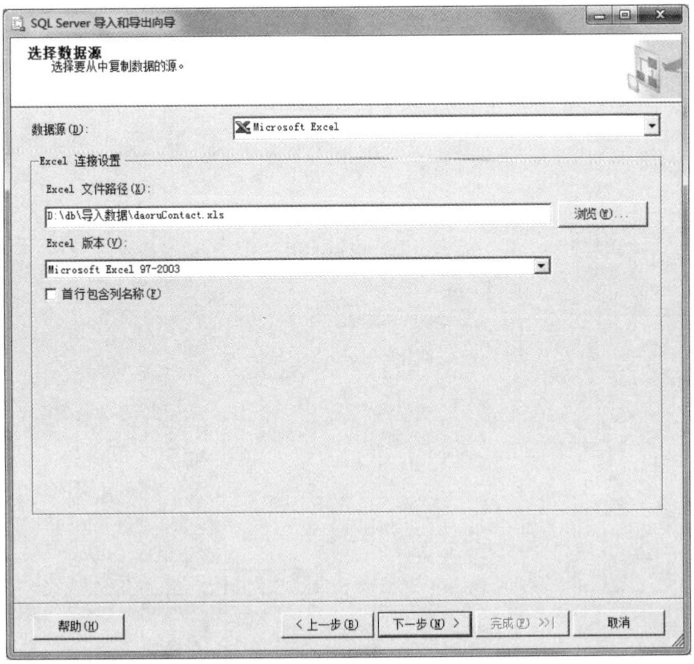

图 5-85 将 Excel 文件导入 Contact 表界面 2

【步骤 3】 单击【下一步】按钮,选择数据库为 studentdb,如图 5-86 所示。

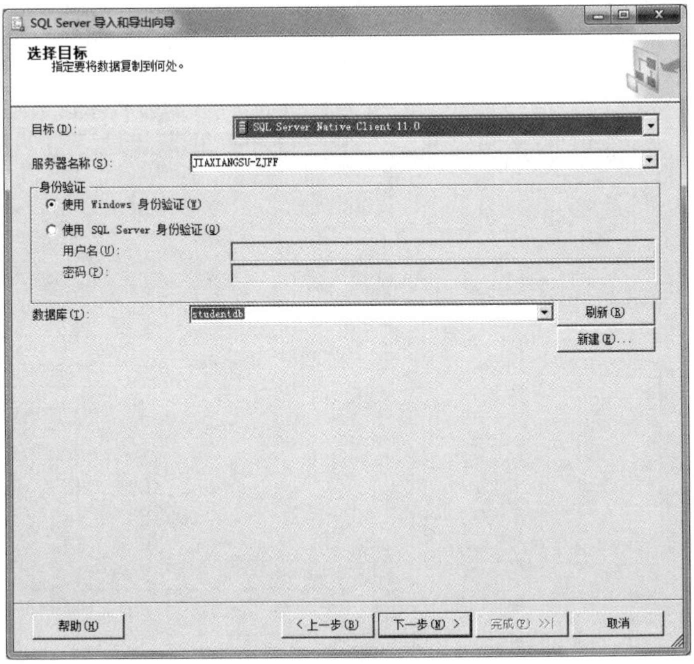

图 5-86 将 Excel 文件导入 Contact 表界面 3

【**步骤4**】 单击【下一步】按钮,选中【复制一个或多个表或视图的数据】单选按钮,如图 5-87 所示。

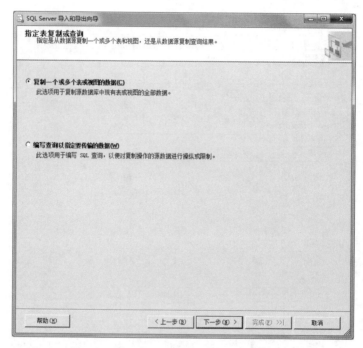

图 5-87　将 Excel 文件导入 Contact 表界面 4

【**步骤5**】 单击【下一步】按钮,选中'Sheet1＄'复选框(因为要导入的数据放在这个数据表中),在【目标】处选择[dbo].[Contact],如图 5-88 所示。

图 5-88　将 Excel 文件导入 Contact 表界面 5

【**步骤6**】 单击【下一步】按钮,如图 5-89 所示。

图 5-89 将 Excel 文件导入 Contact 表界面 6

【**步骤7**】 单击【下一步】按钮,选中【立即运行】复选框,如图 5-90 所示。

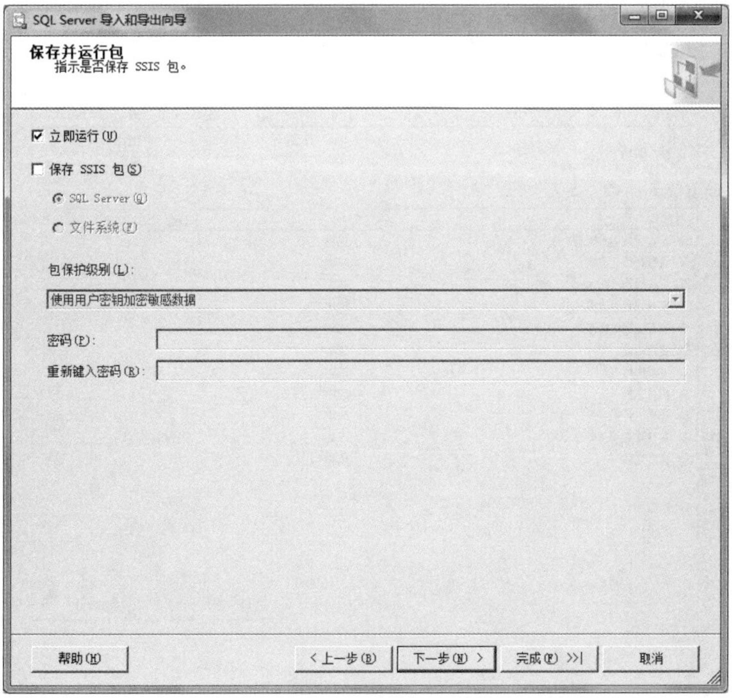

图 5-90 将 Excel 文件导入 Contact 表界面 7

【步骤8】　单击【下一步】按钮,如图 5-91 所示。

图 5-91　将 Excel 文件导入 Contact 表界面 8

【步骤9】　单击【完成】按钮,执行导入操作,导入成功后的界面如图 5-92 所示。

图 5-92　将 Excel 文件导入 Contact 表界面 9

【步骤 10】 查看 Contact 表中数据，成功将 Excel 中的数据导入数据库，如图 5-93 所示。

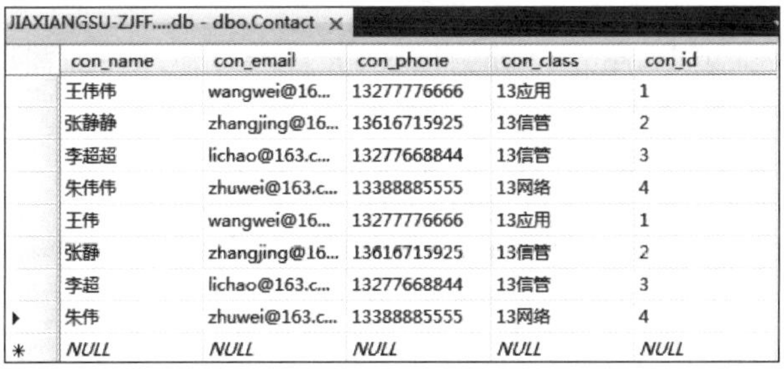

JIAXIANGSU-ZJFF....db - dbo.Contact

con_name	con_email	con_phone	con_class	con_id
王伟伟	wangwei@16...	13277776666	13应用	1
张静静	zhangjing@16...	13616715925	13信管	2
李超超	lichao@163.c...	13277668844	13信管	3
朱伟伟	zhuwei@163.c...	13388885555	13网络	4
王伟	wangwei@16...	13277776666	13应用	1
张静	zhangjing@16...	13616715925	13信管	2
李超	lichao@163.c...	13277668844	13信管	3
朱伟	zhuwei@163.c...	13388885555	13网络	4
NULL	NULL	NULL	NULL	NULL

图 5-93 将 Excel 文件导入 Contact 表界面 10

5.6 本章总结

1. SQL Server 中对数据的管理包括插入、更新和删除。
2. 对数据的管理有两种方式：使用 SSMS 图形界面和使用 T-SQL 语句。
3. 使用 INSERT 语句插入数据。
4. 使用 UPDATE 语句更新数据。
5. 使用 DELETE 语句删除数据。
6. 使用 SSMS 图形界面进行数据导入和导出。

习题 5

一、选择题

1. 在 T-SQL 语法中，用来插入数据的命令是(　　)。
   (A) DELETE　　(B) INSERT
   (C) UPDATE　　(D) SELECT
2. 在 T-SQL 语法中，用来更新数据的命令是(　　)。
   (A) DELETE　　(B) INSERT
   (C) UPDATE　　(D) SELECT
3. 在 T-SQL 语法中，用来删除数据的命令是(　　)。
   (A) DELETE　　(B) INSERT
   (C) UPDATE　　(D) SELECT
4. 运行如下 T-SQL 语句：

```
TRUNCATE TABLE Student
```

   其运行结果是(　　)。
   (A) 删除 Student 表

（B）删除 Student 表中数据，不会删除表结构及表的约束

（C）删除 Student 表中数据，表的约束也被删除

（D）删除 Student 表中数据，同时删除表结构

5. 假设 Employee 表中，emp_id 列为主键，并且为自动增长的标识列（其中，标识种子为 2，标识递增量为 1），同时还有 emp_name，emp_age 列，其中 emp_name 为文本类型，另外两个为整型，目前数据表中还没有数据，则执行如下 T-SQL 语句：

```
INSERT INTO Employee(emp_id,emp_name,emp_age) VALUES (1,'李明',30)
```

其运行结果是（　　）。

（A）插入数据成功，emp_id 的值为 1

（B）插入数据成功，emp_id 的值为 2

（C）插入数据成功，emp_id 的值为 3

（D）插入数据失败

6. 假设 Student 表中 stu_age 列存放学生年龄，stu_age 列为整型，Student 表中目前有 10 条记录，则执行如下 T-SQL 语句：

```
UPDATE Student SET stu_age = 17
```

其运行结果是（　　）。

（A）将 Student 表中第一个学生的年龄修改为 17

（B）将 Student 表中部分学生的年龄修改为 17

（C）将 Student 表中 10 个学生的年龄都修改为 17

（D）更新数据失败

7. 假设 Student 表中共有 3 个字段，stu_name，stu_email，stu_address，这 3 个字段均为文本类型，都允许为空，其中 stu_email 的默认值为 zjff@163.com，则执行如下 T-SQL 语句：

```
INSERT Student(stu_name,stu_address) VALUES ('张三','北京')
```

其运行结果是（　　）。

（A）INSERT 语法错误

（B）stu_email 列的值为 zjff@163.com

（C）stu_email 列的值为 NULL

（D）stu_email 列的值为"北京"

8. 表 A 中的列 B 是标识列，属于自动增长数据类型，标识种子是 3，标识递增量是 2，首先插入四行记录，然后删除一行记录，再次向表 A 中添加记录时，标识列的值是（　　）。

（A）11　　　　　　　　　　　　　　（B）9

（C）13　　　　　　　　　　　　　　（D）7

9. 要创建一个 INSERT 语句，插入取自另一个表的值，使用（　　）语句或子句代替 VALUES 子句从另一个表中提取数据。

（A）DELETE　　　　　　　　　　　（B）INSERT

（C）UPDATE　　　　　　　　　　　（D）SELECT

二、操作题

使用 T-SQL 语句管理图书出版管理系统数据库(Book)。

图书出版管理系统中有两个表,分别如下:

(1) 图书表(书号,书名,作者编号,出版社,出版日期)。

(2) 作者表(作者编号,作者姓名,年龄,地址,作者手机号码)。

每张表详细的字段信息、约束详见习题 4 操作题。

1. 使用 INSERT 插入单行数据。

要求:分别向两张表中插入一条记录。

1) 作者表

作者编号:a01;作者姓名:张强;年龄:40;地址:浙江金华;作者手机号码:13222223333。

2) 图书表

书号:b01;书名:网页设计;作者编号:a01;出版社:出版社1;出版日期:2013-1-1。

2. 使用 INSERT…SELECT…UNION 语句向数据表中插入多行数据。

要求:分别向两张表中插入五条记录。

1) 作者表

(1) 作者编号:a02;作者姓名:张燕;年龄:37;地址:浙江宁波;作者手机号码:15755556666。

(2) 作者编号:a03;作者姓名:周静;年龄:39;地址:浙江杭州;作者手机号码:13899990000。

(3) 作者编号:a04;作者姓名:杨丽;年龄:49;地址:北京;作者手机号码:13755557777。

(4) 作者编号:a05;作者姓名:胡星;年龄:52;地址:上海;作者手机号码:13688886666。

(5) 作者编号:a06;作者姓名:李明;年龄:31;地址:上海;作者手机号码:13233335555。

2) 图书表

(1) 书号:b02;书名:SQL Server 教程;作者编号:a01;出版社:出版社1;出版日期:2014-1-1。

(2) 书号:b03;书名:大学语文;作者编号:a02;出版社:出版社2;出版日期:2013-10-11。

(3) 书号:b04;书名:大学英语;作者编号:a05;出版社:出版社3;出版日期:2013-9-21。

(4) 书号:b05;书名:计算机网络教程;作者编号:a03;出版社:出版社1;出版日期:2013-8-15。

(5) 书号:b06;书名:高等数学;作者编号:a04;出版社:出版社1;出版日期:2014-1-1。

3. 使用 UPDATE 语句更新数据。

要求:分别更新两张表中部分记录。

1) 作者表-修改作者姓名

将作者编号为 a01 的作者姓名修改为"张小强"。

2) 作者表-年龄加 1

将作者表中所有作者的年龄加 1。

3) 图书表

将书号为 b01 的出版时间修改为 2013-2-1。

4. 使用 DELETE 语句删除数据。

要求：分别删除两张表中部分记录。

1) 作者表

删除作者姓名为"李明"的记录。

2) 图书表

删除书名为"大学语文"的记录。

上机 5

本次上机任务：

(1) 使用 INSERT 插入数据。

(2) 使用 UPDATE 更新数据。

(3) 使用 DELETE 删除数据。

要求：本章上机用到的数据库为员工工资数据库(empSalary)，该数据库中有三张表格。

分别如下：

(1) 员工信息表(员工编号,员工姓名,性别,年龄,所属部门编号,毕业院校,健康情况,手机号码)。

(2) 部门表(部门编号,部门名称)。

(3) 工资信息表(工资编号,员工编号,应发工资,实发工资)。

每张表详细的字段信息、约束详见上机 4。

任务 1：使用 INSERT 插入单行数据。

要求：分别向三张表中插入一条记录。

1) 部门表

部门编号：caiwu01；部门名称：财务部。

2) 员工信息表

员工编号：201301；员工姓名：段杰；性别：男；年龄：25；所属部门编号：caiwu01；毕业院校：北京大学；健康情况：良好；手机号码：13377778888。

3) 工资表

工资编号：gz01；员工编号：201301；应发工资：3900；实发工资：3100。

任务 2：使用 INSERT…SELECT…UNION 语句向数据表中插入多行数据。

要求：分别向三张表中插入四条记录。

1）部门表

（1）部门编号：renli01；部门名称：人力部。

（2）部门编号：shichang01；部门名称：市场部。

（3）部门编号：xinxi01；部门名称：信息部。

（4）部门编号：zonghe01；部门名称：综合部。

2）员工信息表

（1）员工编号：200001；员工姓名：李文；性别：男；年龄：32；所属部门编号：caiwu01；毕业院校：浙江大学；健康情况：良好。

（2）员工编号：200002；员工姓名：江晓丽；性别：女；年龄：35；所属部门编号：renli01；毕业院校：宁波大学；健康情况：良好。

（3）员工编号：200003；员工姓名：李悦；性别：女；年龄：37；所属部门编号：renli 01；毕业院校：北京大学；健康情况：良好。

（4）员工编号：200004；员工姓名：李强；性别：男；年龄：61；所属部门编号：renli 01；毕业院校：西安交大；健康情况：一般。

3）工资表

（1）工资编号：gz02；员工编号：200001；应发工资：4600；实发工资：3850。

（2）工资编号：gz03；员工编号：200002；应发工资：4800；实发工资：4000。

（3）工资编号：gz04；员工编号：200003；应发工资：5100；实发工资：4200。

（4）工资编号：gz05；员工编号：200004；应发工资：4700；实发工资：3900。

任务3：新建一个表EmpInfo2（员工姓名e_name，员工年龄e_age）使用INSERT…SELECT语句将EmpInfo表中的姓名和年龄信息添加到EmpInfo2中。

要求：EmpInfo2表中的员工姓名为文本类型，员工年龄为整型。

任务4：使用UPDATE语句更新数据。

要求：分别更新三张表中部分记录。

1）部门表

将"信息部"修改为"信息中心"。

2）员工信息表

将员工姓名为"李悦"的部门编号修改为shichang01。

3）工资表

将实发工资小于4000元的实发工资增加50元。

任务5：使用DELETE语句删除数据。

要求：分别删除三张表中部分记录。

1）部门表

删除部门名称为"综合部"的记录。

2）工资表

删除员工编号为200004的记录。

3）员工信息表

删除年龄大于60的记录。

第 6 章
数据查询基础

本章要点:

(1) 简单查询

(2) 条件查询

(3) 查询排序

(4) 聚合函数

(5) 分组查询

(6) 多表连接查询

6.1 使用 SELECT 语句进行数据查询

6.1.1 SELECT 语句

数据查询是执行频率较高的操作,数据库中信息的读取就要用到数据查询。T-SQL 中使用 SELECT 语句进行数据查询。

使用 SELECT 语句查询数据的语法格式如下:

```
SELECT [ALL | DISTINCT] [TOP n[PERCENT]] { * |<字段列表>}
FROM 表名 | 视图名
[WHERE <查询条件表达式>]
[GROUP BY <字段名>] [HAVING <表达式>]
[ORDER BY <字段名>] [ASC | DESC]
```

其中,"[]"表示可选部分;"{}"表示必须部分。各参数含义说明如下。

(1) ALL:查询出的结果中可以包含重复行,如果未指定值,默认为 ALL。

(2) DISTINCT:查询结果中,如果有值相同的行,则只显示其中一行。

(3) TOP n[PERCENT]:返回查询结果的前 n 行数据。加上 PERCENT 表示返回查询结果的前百分之 n 行数据。

(4) { * |<字段列表>}: * 表示查询所有字段;<字段列表>表示查询指定的字段。如果查询多个字段,则多个字段之间用逗号分隔。

(5) FROM 表名 | 视图名:指出从哪里查询数据,即指定数据来源,可以是表,也可以是视图。

(6) [WHERE <查询条件表达式>]:指定查询结果需要满足的条件。

（7）［GROUP BY ＜字段名＞］［HAVING ＜表达式＞］：用来对数据进行汇总，GROUP BY用来指定查询的结果按照哪个字段进行分组，将数据分组后，用HAVING子句过滤这些数据。HAVING通常与GROUP BY子句一起使用。

（8）［ORDER BY ＜字段名＞］［ASC | DESC］：对查询的结果进行排序。其中，ASC表示升序；DESC表示降序。默认为ASC。

6.1.2　简单查询

1. 查询表中全部列

查询表中全部列的信息可以用 * 表示，也可以依次列出数据表中所有字段信息，各字段名称之间用逗号分隔。

任务一：查询Student表中所有学生的所有字段信息。

【步骤1】　单击工具栏中的 新建查询(N)，打开一个空白的 .sql 文件，在查询编辑器窗口中输入如下T-SQL语句。

```
SELECT * FROM Student
```

【步骤2】　单击 ✓ ，执行语法检查，语法检查通过后，单击 执行(X) ，执行T-SQL命令。

【步骤3】　在【结果】处将会显示查询结果，如图6-1所示。

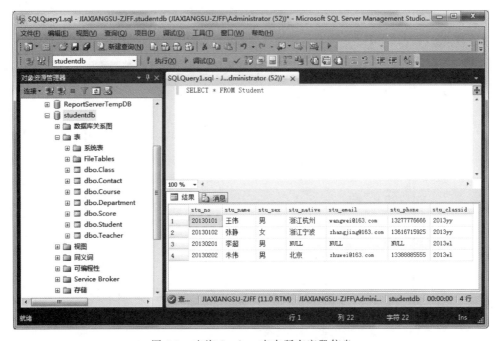

图6-1　查询Student表中所有字段信息

说明：

可以通过使用 * 这种方式获取数据表中所有列的信息，而不必指明各列的列名，显示的查询结果顺序与表中各列的顺序相同，这在用户不清楚表中各列的列名时非常有用。

任务一中的 T-SQL 语句等价于：

SELECT stu_no,stu_name,stu_sex,stu_native,stu_email,stu_phone,stu_classid FROM Student

练习：

(1) 查询 Class 表中所有字段信息。

(2) 查询 Course 表中所有字段信息。

(3) 查询 Department 表中所有字段信息。

(4) 查询 Score 表中所有字段信息。

(5) 查询 Teacher 表中所有字段信息。

2. 查询表中指定列

数据库中的数据表包含若干列信息。但是，用户在查询表中记录时，大多数情况下只关心表中某一列或者某几列的信息，这时可以指定查询某几列的信息，列名之间用逗号分隔。

任务二：查询 Student 表中学生的 stu_name、stu_sex、stu_email 信息。

【步骤1】 单击工具栏中的 新建查询(N)，打开一个空白的 .sql 文件，在查询编辑器窗口中输入如下 T-SQL 语句：

SELECT stu_name,stu_sex,stu_email
FROM Student

【步骤2】 单击 ✓，执行语法检查，语法检查通过后，单击 执行(X)，执行 T-SQL 命令。

【步骤3】 在【结果】处将会显示查询结果，如图 6-2 所示。

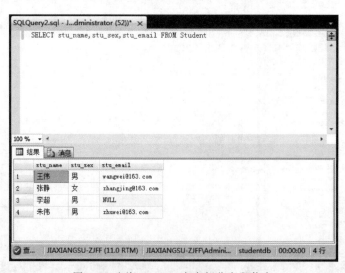

图 6-2　查询 Student 表中部分字段信息

练习：

(1) 查询 Class 表中部分字段信息(要查询的字段请自定)。

(2) 查询 Course 表中部分字段信息(要查询的字段请自定)。

(3) 查询 Department 表中部分字段信息(要查询的字段请自定)。

（4）查询 Score 表中部分字段信息（要查询的字段请自定）。

（5）查询 Teacher 表中部分字段信息（要查询的字段请自定）。

3．改变查询结果中的列名

任务二查询的信息都是数据表中的字段名称，如 stu_name，有时可能需要给查询的字段指定一个新的名称，例如学生姓名，这样更容易让用户看懂。因此，可以使用 AS 关键字改变查询结果中列的名称。除了给数据库中字段重新指定名字让标题列的信息更易懂之外，还可以为组合或者计算出的列指定名称。

任务三：查询 Student 表中学生的 stu_name、stu_sex、stu_email、stu_phone 信息，但是要求显示的列名分别为学生姓名、性别、电子邮箱、手机号码。

【步骤 1】　单击工具栏中的 新建查询(N)，打开一个空白的 .sql 文件，在查询编辑器窗口中输入如下 T-SQL 语句：

```
SELECT stu_name AS 学生姓名,stu_sex AS 性别,stu_email AS 电子邮箱,stu_phone AS 手机号码
FROM Student
```

【步骤 2】　单击 ✔，执行语法检查，语法检查通过后，单击 ❗ 执行(X)，执行 T-SQL 命令。

【步骤 3】　在【结果】处将会显示查询结果，如图 6-3 所示。

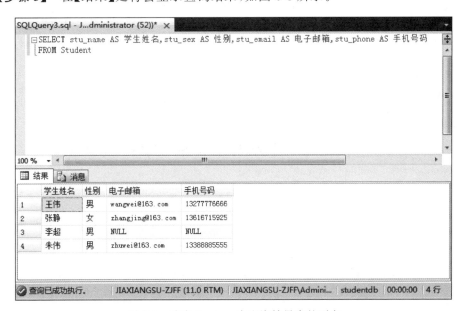

图 6-3　改变 Student 表查询结果中的列名

说明：

AS 关键字的作用如下。

（1）用来改变结果集列的名称。

（2）为组合或者计算出的列指定名称。

注意：使用 SELECT ＊ 查询时，不可以为列指定别名。

练习:

(1) 查询 Class 表中部分字段信息,并给字段重新起名(新字段名称:班级名称、专业名称)。

(2) 查询 Course 表中部分字段信息,并给字段重新起名(新字段名称:课程名称、学分)。

(3) 查询 Department 表中部分字段信息,并给字段重新起名(新字段名称:部门名称)。

(4) 查询 Score 表中部分字段信息,并给字段重新起名(新字段名称:学生学号,课程编号,总评成绩)。

(5) 查询 Teacher 表中部分字段信息,并给字段重新起名(新字段名称:教师姓名)。

4. TOP 关键字限制返回行数

随着数据库中数据量的增长,数据库表中可能会存在成千上万条记录,但是在使用时不需要所有数据,而只是其中很少一部分(如 10 条或者 20 条),这时就要使用 TOP 关键字来限制返回行数。TOP 关键字后面有两个参数,分别指定查询记录的行数或者百分比。

任务四:查询 Student 表中前两位学生所有字段信息。

【步骤 1】 单击工具栏中的 新建查询(N) ,打开一个空白的.sql 文件,在查询编辑器窗口中输入如下 T-SQL 语句:

```
SELECT TOP 2  *
FROM Student
```

【步骤 2】 单击 ,执行语法检查,语法检查通过后,单击 执行(X) ,执行 T-SQL 命令。

【步骤 3】 在【结果】处将会显示查询结果,如图 6-4 所示。

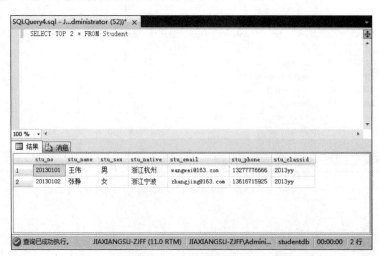

图 6-4　查询 Student 表中前两位学生所有字段信息

任务五:查询 Student 表中前三位学生的 stu_name、stu_sex、stu_native 字段信息。

【步骤 1】 单击工具栏中的 新建查询(N) ,打开一个空白的.sql 文件,在查询编辑器窗口中

输入如下 T-SQL 语句：

```
SELECT TOP 3 stu_name,stu_sex,stu_native
FROM Student
```

【步骤 2】　单击 ✔，执行语法检查，语法检查通过后，单击 ⚠ 执行(X)，执行 T-SQL 命令。

【步骤 3】　在【结果】处将会显示查询结果，如图 6-5 所示。

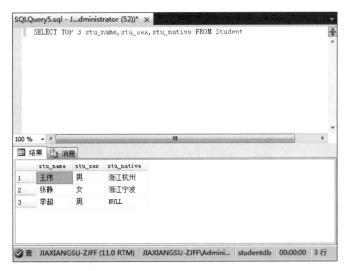

图 6-5　查询 Student 表中前三位学生的部分字段信息

任务六：查询 Student 表中前 20％的学生所有字段信息。

【步骤 1】　单击工具栏中的 🔲 新建查询(N)，打开一个空白的 .sql 文件，在查询编辑器窗口中输入如下 T-SQL 语句：

```
SELECT TOP 20 PERCENT *
FROM Student
```

【步骤 2】　单击 ✔，执行语法检查，语法检查通过后，单击 ⚠ 执行(X)，执行 T-SQL 命令。

【步骤 3】　在【结果】处将会显示查询结果，如图 6-6 所示。

练习：

（1）查询 Class 表中前 2 条记录。

（2）查询 Course 表中前 2 条记录的部分字段信息。

（3）查询 Department 表中前 3 条记录的部分字段信息，并给字段重新起名。

（4）查询 Score 表中前 40％条记录的部分字段信息。

（5）查询 Teacher 表中前 50％条记录的部分字段信息，并给字段重新起名。

5．消除重复的数据行

在从数据表中查询信息时，经常会出现重复行的现象，这些重复的信息是不希望被看到的，如何消除重复的数据行呢？可以使用 DISTINCT 关键字从返回的结果集中删除重复的数据行，使查询的结果更加简洁、清晰。

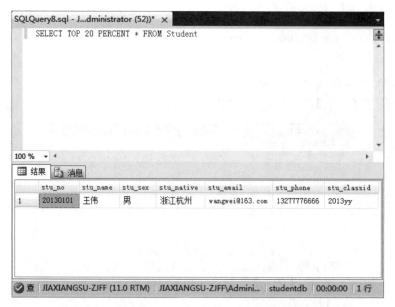

图 6-6　查询 Student 表中前 20％的学生所有字段信息

任务七：查询 Student 表中的 stu_classid 字段，并给字段重新起名为"学生所属班级编号"(消除重复行)。

【步骤 1】　单击工具栏中的 新建查询(N) ，打开一个空白的.sql 文件，在查询编辑器窗口中输入如下 T-SQL 语句：

```
SELECT stu_classid AS 学生所属班级编号
FROM Student
```

【步骤 2】　单击 ✔ ，执行语法检查，语法检查通过后，单击 ！ 执行(X) ，执行 T-SQL 命令。

【步骤 3】　在【结果】处将会显示查询结果，如图 6-7 所示。

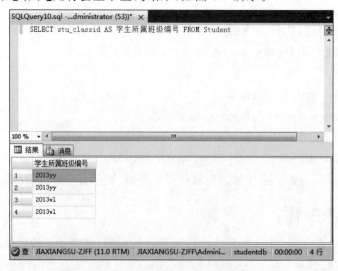

图 6-7　查询 Student 表中学生所属班级编号

根据表 6-7 查询的结果发现有重复的学生编号,如何消除重复的行呢? 可以通过 DISTINCT 关键字来实现。

在查询编辑器窗口中输入如下 T-SQL 语句:

```
SELECT DISTINCT stu_classid AS 学生所属班级编号
FROM Student
```

运行效果如图 6-8 所示。

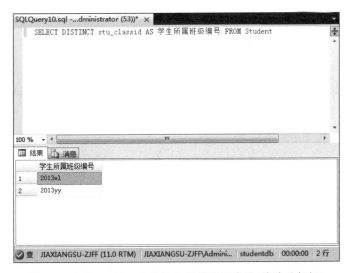

图 6-8 查询 Student 表中学生所属班级编号(消除重复行)

练习:

(1) 查询 Course 表中 cou_teano 字段信息(消除重复行)。

(2) 查询 Score 表中 sco_stuno 字段信息(消除重复行)。

(3) 查询 Teacher 表中 tea_departmentid,并给字段重新起名为"教师所属部门编号"(消除重复行)。

6. 在查询中使用常量列

有时需要将一些常量的默认信息添加到查询输出中,使用户的结果更符合要求。例如,查询学生信息时可以添加"学校名称"列,学校名称的值统一都是"纺校",则可以在查询中使用常量列。

任务八:在 Student 表中查询部分列,并添加常量列(学校名称统一为"纺校")。

【步骤 1】 单击工具栏中的 新建查询(N),打开一个空白的 .sql 文件,在查询编辑器窗口中输入如下 T-SQL 语句:

```
SELECT stu_no AS 学生学号,stu_name AS 学生姓名,'纺校'AS 学校名称
FROM Student
```

【步骤 2】 单击 ✓,执行语法检查,语法检查通过后,单击 ! 执行(X),执行 T-SQL 命令。

【步骤 3】 在【结果】处将会显示查询结果,如图 6-9 所示。

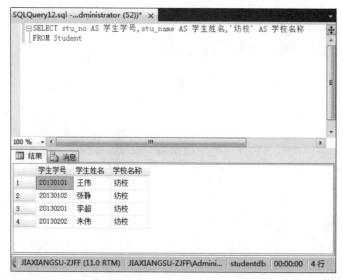

图 6-9　查询 Student 表中部分列,并添加常量列

6.2　条件查询

数据表中存储大量的数据信息,在实际使用时,一般只需要其中满足条件的部分数据,这时就要用到 WHERE 子句。WHERE 子句可以限制查询的范围,提高查询效率。

WHERE 子句中可以使用的条件运算符有比较运算符、空值判断符、模式匹配符、范围运算符、列表运算符和逻辑运算符,如表 6-1 所示。

表 6-1　常用的条件运算符类型

条件运算符类型	运算符或逻辑谓词	说　　明
比较运算符	=、>、>=、<、<=、< >(或!=)	比较两个表达式的大小
空值判断符	IS NULL、IS NOT NULL	判断表达式是否为空
模式匹配符	LIKE、NOT LIKE	判断是否与指定的字符通配格式相等
范围运算符	BETWEEN…AND、NOT BETWEEN…AND	判断表达式值是否在指定的范围内
列表运算符	IN( )、NOT IN( )	判断表达式是否为列表中的值
逻辑运算符	AND、OR、NOT	用于多条件的逻辑连接

6.2.1　比较运算符

比较运算符用来比较两个表达式的大小,系统会根据查询条件的真假决定某一条记录是否满足查询条件,只有满足查询条件的记录才会出现在最终的结果集中。

任务一:查询 Student 表中性别是"男"的学生所有字段信息。

【步骤 1】　单击工具栏中的 ，打开一个空白的 .sql 文件,在查询编辑器窗口中输入如下 T-SQL 语句:

```
SELECT *
FROM Student
WHERE stu_sex = '男'
```

【步骤 2】　单击✓,执行语法检查,语法检查通过后,单击 ！ 执行(X) ,执行 T-SQL 命令。

【步骤 3】　在【结果】处将会显示查询结果,如图 6-10 所示。

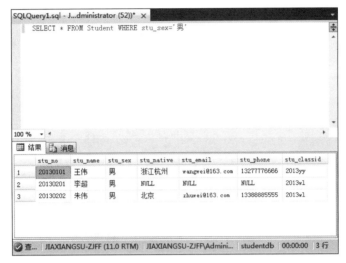

图 6-10　查询 Student 表中性别是"男"的学生所有字段信息

任务二:查询 Score 表中总评成绩(sco_overall)大于 80 分的学生 sco_stuno、sco_courseid 及 sco_overall 字段信息。

【步骤 1】　单击工具栏中的 新建查询(N),打开一个空白的.sql 文件,在查询编辑器窗口中输入如下 T-SQL 语句:

```
SELECT sco_stuno, sco_courseid, sco_overall
FROM Score
WHERE sco_overall > 80
```

【步骤 2】　单击✓,执行语法检查,语法检查通过后,单击 ！ 执行(X) ,执行 T-SQL 命令。

【步骤 3】　在【结果】处将会显示查询结果,如图 6-11 所示。

任务三:查询 Score 表中期末成绩(sco_final)不等于 100 分的学生所有字段信息。

【步骤 1】　单击工具栏中的 新建查询(N),打开一个空白的.sql 文件,在查询编辑器窗口中输入如下 T-SQL 语句:

```
SELECT *
FROM Score
WHERE sco_final < > 100
```

【步骤 2】　单击✓,执行语法检查,语法检查通过后,单击 ！ 执行(X) ,执行 T-SQL 命令。

【步骤 3】　在【结果】处将会显示查询结果,如图 6-12 所示。

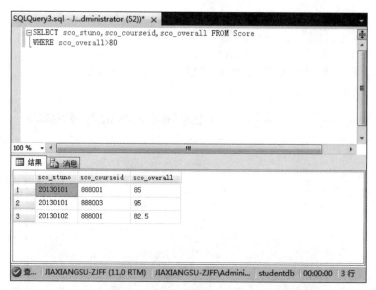

图 6-11　查询 Score 表中总评成绩大于 80 分的学生

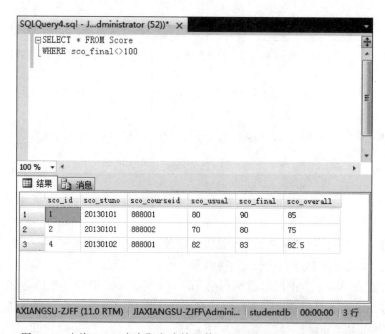

图 6-12　查询 Score 表中期末成绩不等于 100 分的学生所有字段信息

说明：

如有条件查询是"不等于"，则可以使用"＜＞"或者使用"!＝"。

任务三的 T-SQL 语句等价于：

```
SELECT * FROM Score
WHERE sco_final != 100
```

练习：

（1）查询 Class 表中班级名称是"13 信管"的班级所有字段信息。

（2）查询 Course 表中学分是 2 的课程所有字段信息。

（3）查询 Department 表中部门编号是 jsj02 的部门名称。

（4）查询 Teacher 表中教师编号是 200603 的教师编号、教师姓名信息（而且显示的列名也为"教师编号""教师姓名"）。

6.2.2 空值判断符

空值（NULL）在数据库中有特殊的定义，它并不等同于 0 或空格，暂时是个不确定的值。在查询语句中，判断某列的值是否为空，不能使用比较运算符"＝"或"＜＞"，而要采用 IS NULL 或者 IS NOT NULL 来判断。

1. 使用 IS NULL 关键字判断是空值

任务一：查询 Student 表中没有填写籍贯（stu_native）信息的 stu_name 字段信息。

【步骤 1】 单击工具栏中的 新建查询(N)，打开一个空白的 .sql 文件，在查询编辑器窗口中输入如下 T-SQL 语句：

```
SELECT stu_name
FROM Student
WHERE stu_native IS NULL
```

【步骤 2】 单击 ✓，执行语法检查，语法检查通过后，单击 ！执行(X)，执行 T-SQL 命令。

【步骤 3】 在【结果】处将会显示查询结果，如图 6-13 所示。

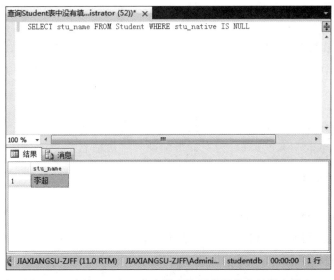

图 6-13 查询 Student 表中没有填写籍贯信息的学生姓名

2. 使用 IS NOT NULL 判断非空

任务二：查询 Student 表中手机号码(stu_phone)不为空的 stu_name、stu_phone 字段信息。

【**步骤 1**】　单击工具栏中的 ![新建查询(N)]，打开一个空白的.sql 文件，在查询编辑器窗口中输入如下 T-SQL 语句：

```
SELECT stu_name,stu_phone
FROM Student
WHERE stu_phone IS NOT NULL
```

【**步骤 2**】　单击 ✔，执行语法检查，语法检查通过后，单击 ！执行(X)，执行 T-SQL 命令。

【**步骤 3**】　在【结果】处将会显示查询结果，如图 6-14 所示。

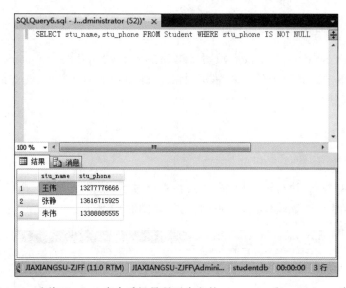

图 6-14　查询 Student 表中手机号码不为空的 stu_name 和 stu_phone 字段

练习：

(1) 查询 Student 表中 stu_email 为空的学生所有字段信息。

(2) 查询 Score 表中 sco_usual 为空的成绩部分字段信息。

6.2.3　模式匹配符

在实际查询时，有时不确定查询条件，需要模糊查询需要的信息。例如，查询学生表中姓"张"的学生信息，可以在 WHERE 子句中使用 LIKE 关键字实现数据库的模糊查询。LIKE 运算符检验一个包含字符串数据的字段值是否匹配指定模式。

LIKE 关键字用于查询并返回与指定的字符串、日期、时间等表达式模糊匹配的数据。LIKE 关键字后面的表达式必须用单引号引起来。进行模糊匹配时，使用通配符在字符串内查找指定的模式。其中，包含 4 个通配符，如表 6-2 所示。

表 6-2 LIKE 关键字中通配符及含义

通 配 符	含 义
%	任意多个字符(包括 0 个)
_	任何单个字符
[]	指定范围内的单个字符。
	例如,[abcd]表示匹配 a、b、c、d 中的任何一个;
	例如,[a-z]表示匹配 a 到 z 之间的任意一个字符
[^]	不在指定范围内的单个字符。
	例如,[^abcd]表示匹配 a、b、c、d 之外的任意一个字符;
	例如,[^a-z]表示匹配 a 到 z 之外的任意一个字符

为了让大家更好地理解通配符的含义,分别进行举例,如表 6-3 所示。

表 6-3 LIKE 关键字中通配符的示例

示 例	说 明
LIKE 'ab%'	返回以 ab 开始的任意字符串
LIKE '%ab'	返回以 ab 结束的任意字符串
LIKE '%ab%'	返回包含 ab 的任意字符串
LIKE '_ab'	返回以 ab 结束的包含三个字符的字符串
LIKE '_[abc]'	返回第二个字符是 a、b 或 c 的包含两个字符的字符串
LIKE '[abc]%'	返回首字符是 a、b 或 c 的任意字符串
LIKE '[a-z]_a'	返回首字符范围为 a~z,第三个字符是 a 的包含三个字符的字符串
LIKE 'a[^b]'	返回首字符是 a,第二个字符不是 b 的包含两个字符的字符串

1. LIKE 关键字的使用

任务一:查询 Student 表中姓"李"的 stu_name 和 stu_sex 字段信息。

【步骤 1】 单击工具栏中的 新建查询(N),打开一个空白的. sql 文件,在查询编辑器窗口中输入如下 T-SQL 语句:

```
SELECT stu_name,stu_sex
FROM Student
WHERE stu_name LIKE '李%'
```

【步骤 2】 单击 ✓,执行语法检查,语法检查通过后,单击 ! 执行(X),执行 T-SQL 命令。

【步骤 3】 在【结果】处将会显示查询结果,如图 6-15 所示。

任务二:查询 Student 表中姓"李"、姓"王"或姓"朱"的 stu_name 字段信息,显示列名为"学生姓名"。

【步骤 1】 单击工具栏中的 新建查询(N),打开一个空白的. sql 文件,在查询编辑器窗口中输入如下 T-SQL 语句:

```
SELECT stu_name AS '学生姓名'
FROM Student
WHERE stu_name LIKE '[李王朱]%'
```

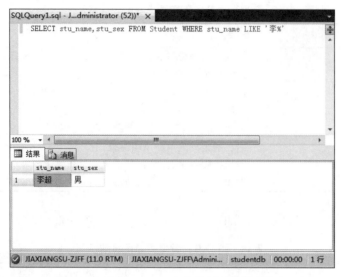

图 6-15   查询 Student 表中姓"李"的学生信息

【步骤 2】   单击 ✓ ，执行语法检查，语法检查通过后，单击 ! 执行(X) ，执行 T-SQL 命令。

【步骤 3】   在【结果】处将会显示查询结果，如图 6-16 所示。

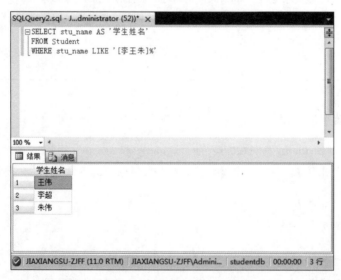

图 6-16   查询 Student 表中姓"李"、姓"王"或姓"朱"的学生信息

任务三：查询 Student 表中籍贯(stu_native)字段包含"浙江"的学生所有字段信息。

【步骤 1】   单击工具栏中的 新建查询(N)，打开一个空白的 .sql 文件，在查询编辑器窗口中输入如下 T-SQL 语句：

```
SELECT *
FROM Student
WHERE stu_native LIKE '%浙江%'
```

【步骤 2】 单击 ✓,执行语法检查,语法检查通过后,单击 ❗ 执行(X),执行 T-SQL 命令。

【步骤 3】 在【结果】处将会显示查询结果,如图 6-17 所示。

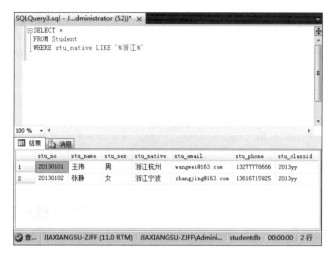

图 6-17 查询 Student 表中籍贯字段包含"浙江"的学生信息

任务四: 查询 Class 表中班级所属专业(cla_specialty)第二个字为"算"的所有字段信息。

【步骤 1】 单击工具栏中的 🔍 新建查询(N),打开一个空白的.sql 文件,在查询编辑器窗口中输入如下 T-SQL 语句:

```
SELECT *
FROM Class
WHERE cla_specialty LIKE '_算%'
```

【步骤 2】 单击 ✓,执行语法检查,语法检查通过后,单击 ❗ 执行(X),执行 T-SQL 命令。

【步骤 3】 在【结果】处将会显示查询结果,如图 6-18 所示。

图 6-18 查询 Class 表中班级所属专业第二个字为"算"的班级所有信息

2. NOT LIKE 关键字的使用

任务五：查询 Student 表中既不姓"李"也不姓"朱"的学生的 stu_name 和 stu_native 字段信息，显示列名分别为"学生姓名""学生籍贯"。

【步骤 1】　单击工具栏中的 <kbd>新建查询(N)</kbd>，打开一个空白的.sql 文件，在查询编辑器窗口中输入如下 T-SQL 语句：

```
SELECT stu_name AS '学生姓名',stu_native AS '学生籍贯'
FROM Student
WHERE stu_name NOT LIKE '[李朱]%'
```

【步骤 2】　单击 ✔，执行语法检查，语法检查通过后，单击 <kbd>执行(X)</kbd>，执行 T-SQL 命令。

【步骤 3】　在【结果】处将会显示查询结果，如图 6-19 所示。

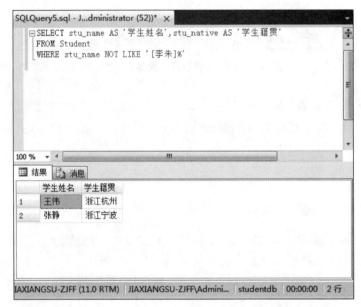

图 6-19　查询 Student 表中既不姓"李"也不姓"朱"的学生信息

练习：

(1) 查询 Class 表中班级所属专业(cla_specialty)以"计算机"开头的班级 cla_name 和 cla_specialty 字段信息，显示列名分别为"班级名称""班级所属专业"。

(2) 查询 Course 表中课程名称(cou_name)中第三、四个字符为"设计"的课程所有字段信息。

(3) 查询 Department 表中部门名称(dep_name)中包含"网络"的 dep_name 字段信息，显示列名为"部门名称"。

(4) 查询 Teacher 表中教师姓名(tea_name)中最后一个字为"军"的 tea_name 字段信息，显示列名为"教师姓名"。

6.2.4　范围运算符

可以使用 BETWEEN⋯AND 语句查询某个范围内的值。该语句一般用于比较数值类型的数据，BETWEEN 后面是范围的下限，AND 后面是范围的上限，下限值不能大于上限值。BETWEEN⋯AND 指定了要搜索的一个闭区间（即包括边界）。

1．BETWEEN⋯AND 语句的使用

任务一：查询 Score 表中总评成绩（sco_overall）在 85 分到 95 分之间的 sco_stuno、sco_courseid 和 sco_overall 字段信息。

【步骤 1】　单击工具栏中的 <u>新建查询(N)</u>，打开一个空白的 .sql 文件，在查询编辑器窗口中输入如下 T-SQL 语句：

```
SELECT sco_stuno,sco_courseid,sco_overall
FROM Score
WHERE sco_overall BETWEEN 85 AND 95
```

【步骤 2】　单击 ✓，执行语法检查，语法检查通过后，单击 ！执行(X)，执行 T-SQL 命令。

【步骤 3】　在【结果】处将会显示查询结果，如图 6-20 所示。

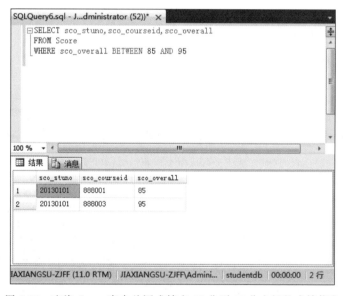

图 6-20　查询 Score 表中总评成绩在 85 分到 95 分之间的成绩信息

说明：

大家可以将任务一中的 85 和 95 的顺序换一下，查看运行结果。

交换之后的 T-SQL 语句如下：

```
SELECT sco_stuno,sco_courseid,sco_overall
FROM Score
WHERE sco_overall BETWEEN 95 AND 85
```

2. NOT BETWEEN…AND 语句的使用

任务二：查询 Score 表中平时成绩(sco_usual)不在 80 分到 100 分之间的 sco_stuno、sco_courseid 和 sco_usual 字段信息，显示列名分别为"学生学号""课程编号""平时成绩"。

【步骤 1】　单击工具栏中的 ![新建查询(N)]，打开一个空白的.sql 文件，在查询编辑器窗口中输入如下 T-SQL 语句：

```
SELECT sco_stuno AS '学生学号',sco_courseid AS '课程编号',sco_usual AS '平时成绩'
FROM Score
WHERE sco_usual NOT BETWEEN 80 AND 100
```

【步骤 2】　单击 ✔，执行语法检查，语法检查通过后，单击 ![执行(X)]，执行 T-SQL 命令。

【步骤 3】　在【结果】处将会显示查询结果，如图 6-21 所示。

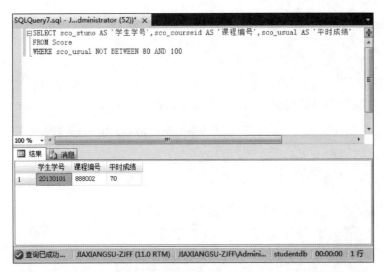

图 6-21　查询 Score 表中平时成绩不在 80 分到 100 分之间的成绩信息

练习：

(1) 查询 Score 表中期末成绩(sco_final)在 80 分到 100 分之间的 sco_stuno、sco_courseid 和 sco_final 字段信息，显示列名分别为"学生学号""课程编号""期末成绩"。

(2) 查询 Course 表中课程学分(cou_credit)不在 3 到 4 之间的课程所有字段信息。

6.2.5　列表运算符

IN 运算符用来匹配列表中的任何一个值。列表中的多个值之间用逗号分隔。IN 子句可以代替用 OR 子句连接的一连串的条件。

1. IN 的使用

任务一：查询 Student 表中学生籍贯(stu_native)是北京、浙江宁波或浙江杭州的学生所有字段信息。

【步骤 1】　单击工具栏中的 ![新建查询(N)]，打开一个空白的.sql 文件，在查询编辑器窗口中

输入如下 T-SQL 语句：

```
SELECT *
FROM Student
WHERE stu_native IN('北京','浙江宁波','浙江杭州')
```

【步骤2】 单击 ✓，执行语法检查，语法检查通过后，单击 ❗ 执行(X)，执行 T-SQL 命令。

【步骤3】 在【结果】处将会显示查询结果，如图 6-22 所示。

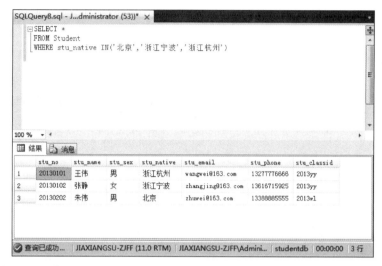

图 6-22 查询 Student 表中籍贯是"北京"、"浙江宁波"或"浙江杭州"的学生信息

2. NOT IN 的使用

任务二：查询 Score 表中学生平时成绩（sco_usual）不是 70 分也不是 80 分的成绩所有字段信息。

【步骤1】 单击工具栏中的 🔲 新建查询(N)，打开一个空白的.sql 文件，在查询编辑器窗口中输入如下 T-SQL 语句：

```
SELECT *
FROM Score
WHERE sco_usual NOT IN(70,80)
```

【步骤2】 单击 ✓，执行语法检查，语法检查通过后，单击 ❗ 执行(X)，执行 T-SQL 命令。

【步骤3】 在【结果】处将会显示查询结果，如图 6-23 所示。

练习：

（1）查询 Class 表中班级名称（cla_name）是"13 信管"或"13 应用"的 cla_name 和 cla_id 字段信息。

（2）查询 Teacher 表中教师编号（tea_no）不是 200601，不是 200602，也不是 200603 的 tea_name 字段信息，显示列名是"教师姓名"。

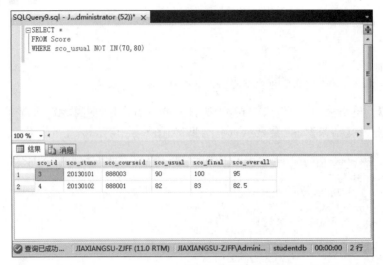

图 6-23　查询 Score 表中学生平时成绩不是 70 分也不是 80 分的成绩信息

6.2.6　逻辑运算符

可以使用逻辑运算符 AND、OR、NOT 连接多个查询条件,实现多重条件查询。对于非常复杂的条件表达式,可以综合利用三个逻辑运算符,借助括号来实现优先级。

AND 运算符表示逻辑"与",OR 运算符表示逻辑"或",NOT 运算符表示逻辑"非"。

1. AND 运算符的使用

任务一:查询 Student 表中性别(stu_sex)是"男",籍贯(stu_native)是"北京"的学生所有字段信息。

【步骤 1】　单击工具栏中的 新建查询(N) ,打开一个空白的 .sql 文件,在查询编辑器窗口中输入如下 T-SQL 语句:

```
SELECT *
FROM Student
WHERE stu_sex = '男' AND stu_native = '北京'
```

【步骤 2】　单击 ✓ ,执行语法检查,语法检查通过后,单击 ! 执行(X) ,执行 T-SQL 命令。

【步骤 3】　在【结果】处将会显示查询结果,如图 6-24 所示。

2. OR 运算符的使用

任务二:查询 Score 表中总评成绩(sco_overall)大于 85 分或期末成绩(sco_final)大于 85 分的所有字段信息。

【步骤 1】　单击工具栏中的 新建查询(N) ,打开一个空白的 .sql 文件,在查询编辑器窗口中输入如下 T-SQL 语句:

```
SELECT *
FROM Score
WHERE sco_overall > 85 OR sco_final > 85
```

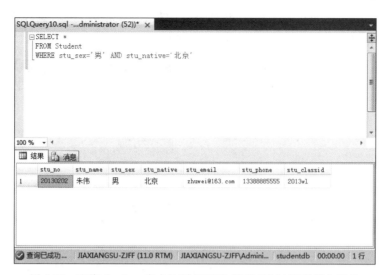

图 6-24　查询 Student 表中性别是"男",籍贯是"北京"的学生信息

【步骤 2】　单击 ✔,执行语法检查,语法检查通过后,单击 ❗ 执行(X) ,执行 T-SQL 命令。

【步骤 3】　在【结果】处将会显示查询结果,如图 6-25 所示。

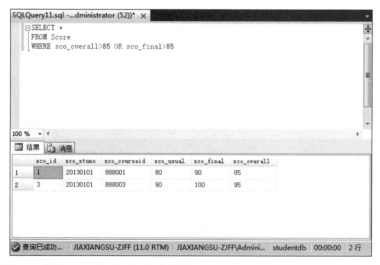

图 6-25　查询 Score 表中总评成绩大于 85 分或期末成绩大于 85 分的成绩信息

3. NOT 运算符的使用

任务三：查询 Score 表中学号(sco_stuno)不是 20130101 的所有字段信息。

【步骤 1】　单击工具栏中的 🗐 新建查询(N) ,打开一个空白的.sql 文件,在查询编辑器窗口中输入如下 T-SQL 语句：

```
SELECT *
FROM Score
WHERE NOT sco_stuno = '20130101'
```

【步骤 2】 单击✓,执行语法检查,语法检查通过后,单击 执行(X),执行 T-SQL 命令。

【步骤 3】 在【结果】处将会显示查询结果,如图 6-26 所示。

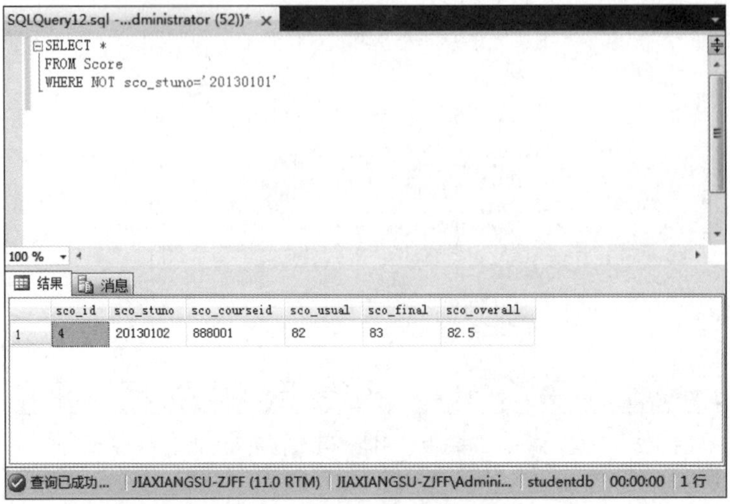

图 6-26 查询 Score 表中学号不是“20130101”的成绩信息

4. AND、OR、NOT 运算符的综合使用

任务四:查询 Student 表中性别(stu_sex)不是“男”而且籍贯(stu_native)不是“北京”的学生所有字段信息。

【步骤 1】 单击工具栏中的 新建查询(N),打开一个空白的.sql 文件,在查询编辑器窗口中输入如下 T-SQL 语句:

```
SELECT *
FROM Student
WHERE NOT (stu_sex = '男' OR stu_native = '北京')
```

【步骤 2】 单击✓,执行语法检查,语法检查通过后,单击 执行(X),执行 T-SQL 命令。

【步骤 3】 在【结果】处将会显示查询结果,如图 6-27 所示。

任务五:查询 Student 表中班级编号(stu_classid)是 2013yy 而且籍贯(stu_native)不是“浙江杭州”的学生所有字段信息。

【步骤 1】 单击工具栏中的 新建查询(N),打开一个空白的.sql 文件,在查询编辑器窗口中输入如下 T-SQL 语句:

```
SELECT *
FROM Student
WHERE stu_classid = '2013yy' AND(NOT stu_native = '浙江杭州')
```

【步骤 2】 单击✓,执行语法检查,语法检查通过后,单击 执行(X),执行 T-SQL 命令。

【步骤 3】 在【结果】处将会显示查询结果,如图 6-28 所示。

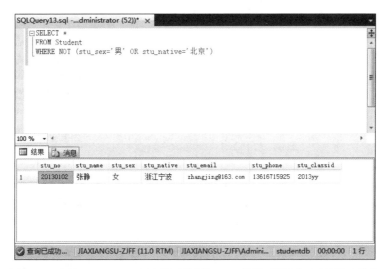

图 6-27　查询 Student 表中性别不是"男"而且籍贯不是"北京"的学生信息

图 6-28　查询 Student 表中班级编号是 2013yy 而且籍贯不是"浙江杭州"的学生信息

练习：

（1）查询 Score 表中课程编号（sco_courseid）是 888001 而且总评成绩大于或等于 85 分的成绩所有字段信息。

（2）查询 Student 表中学生性别（stu_sex）是"男"，学生姓名（stu_name）不是"朱伟"的 stu_name 和 stu_sex 字段信息，显示列名分别是"学生姓名""性别"。

6.3　查询排序

使用 ORDER BY 子句对查询返回的结果按一列或多列排序，可以升序（ASC）也可以降序（DESC），默认为升序。如果对多列进行排序，则多列之间用逗号分隔，先按照前面的列排序,值相同再按照后面的列排序。

1. 对一列进行排序

任务一:查询 Score 表中所有成绩信息,并按总评成绩(sco_overall)升序排列。

【步骤 1】 单击工具栏中的 新建查询(N) ,打开一个空白的.sql 文件,在查询编辑器窗口中输入如下 T-SQL 语句:

```
SELECT *
FROM Score
ORDER BY sco_overall ASC
```

【步骤 2】 单击 ✓ ,执行语法检查,语法检查通过后,单击 执行(X) ,执行 T-SQL 命令。

【步骤 3】 在【结果】处将会显示查询结果,如图 6-29 所示。

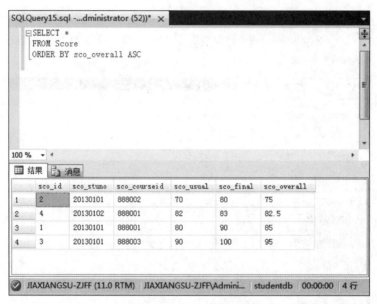

图 6-29　查询 Score 表中所有成绩信息,并按总评成绩升序排列

任务二:查询 Score 表中所有成绩信息,并按平时成绩(sco_usual)降序排列。

【步骤 1】 单击工具栏中的 新建查询(N) ,打开一个空白的.sql 文件,在查询编辑器窗口中输入如下 T-SQL 语句:

```
SELECT *
FROM Score
ORDER BY sco_usual DESC
```

【步骤 2】 单击 ✓ ,执行语法检查,语法检查通过后,单击 执行(X) ,执行 T-SQL 命令。

【步骤 3】 在【结果】处将会显示查询结果,如图 6-30 所示。

任务三:查询 Score 表中课程编号(sco_courseid)为 888001 的成绩信息,并按总评成绩(sco_overall)升序排列。

【步骤 1】 单击工具栏中的 新建查询(N) ,打开一个空白的.sql 文件,在查询编辑器窗口中

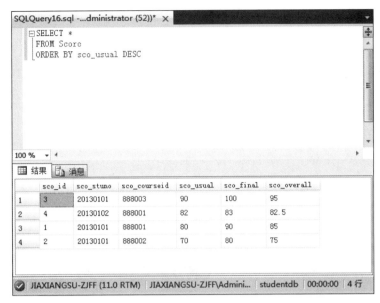

图 6-30　查询 Score 表中所有成绩信息，并按平时成绩降序排列

输入如下 T-SQL 语句：

```
SELECT  *
FROM Score
WHERE sco_courseid = '888001'
ORDER BY sco_overall
```

【步骤 2】　单击☑，执行语法检查，语法检查通过后，单击 ▼ 执行(X)，执行 T-SQL 命令。

【步骤 3】　在【结果】处将会显示查询结果，如图 6-31 所示。

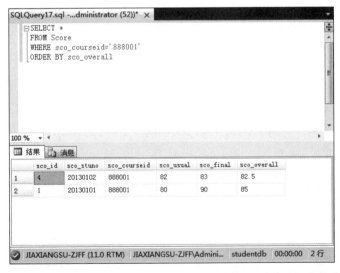

图 6-31　查询 Score 表中课程编号为 888001 的成绩信息，并按总评成绩升序排列

2. 对多列进行排序

任务四：查询 Score 表中所有成绩信息,先按总评成绩(sco_overall)降序排列,再按平时成绩(sco_usual)降序排列(说明：为了演示该效果,修改 sco_id 为 3 的总评成绩,由 95 分改为 85 分)。

【步骤 1】　单击工具栏中的 新建查询(N) ,打开一个空白的.sql 文件,在查询编辑器窗口中输入如下 T-SQL 语句：

```
SELECT *
FROM Score
ORDER BY sco_overall DESC,sco_usual DESC
```

【步骤 2】　单击 ✓ ,执行语法检查,语法检查通过后,单击 ! 执行(X) ,执行 T-SQL 命令。

【步骤 3】　在【结果】处将会显示查询结果,如图 6-32 所示。

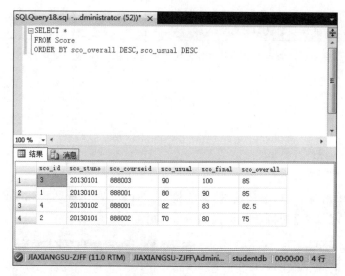

图 6-32　查询 Score 表中所有成绩信息,先按总评成绩降序排列,再按平时成绩降序排列

练习：

(1) 查询 Course 表中所有课程信息,并按照学分(cou_credit)升序排列。

(2) 查询 Score 表中学号(sco_stuno)是 20130101 的学生成绩,然后按照总评成绩降序排列,期末成绩降序排列。

6.4　聚合函数

查询时经常会碰到求和、平均值、最大值、最小值,有时还要统计究竟查询到多少条记录,这时可以使用 SQL Server 提供的聚合函数实现这些功能。聚合函数能够基于列进行计算,并返回单个数值,常用的聚合函数有 SUM()、AVG()、MAX()、MIN()、COUNT()。具体说明如表 6-4 所示。

表 6-4　常用的聚合函数

函　数　名	说　　明
SUM()	计算列值的总和(此列必须是数值型)
AVG()	计算列值的平均值(此列必须是数值型)
MAX()	计算列值中的最大值
MIN()	计算列值中的最小值
COUNT()	统计记录个数

聚合函数主要用于对一组值进行计算并返回一个单一的值,除了 COUNT()函数之外,其他的聚合函数忽略空值(NULL)。

1. SUM()函数

SUM()是一个求总和的函数,它只能用于数值类型的列。

任务一:查询 Score 表中总评成绩(sco_overall)的总分。

【步骤1】 单击工具栏中的 [新建查询(N)] ,打开一个空白的.sql 文件,在查询编辑器窗口中输入如下 T-SQL 语句:

```
SELECT SUM(sco_overall)
FROM Score
```

【步骤2】 单击 ✔ ,执行语法检查,语法检查通过后,单击 [❗执行(X)] ,执行 T-SQL 命令。

【步骤3】 在【结果】处将会显示查询结果,如图 6-33 所示。

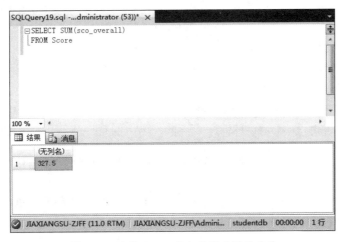

图 6-33　查询 Score 表中总评成绩的总分

2. AVG()函数

AVG()函数返回表达式中所有数值的平均值,它也只能用于数值类型的列。

任务二:查询 Score 表中总评成绩(sco_overall)的平均分,且显示的列名为“总评成绩平均分”。

【步骤1】 单击工具栏中的 [新建查询(N)] ,打开一个空白的.sql 文件,在查询编辑器窗口中

输入如下 T-SQL 语句：

```
SELECT AVG(sco_overall) AS '总评成绩平均分'
FROM Score
```

【步骤2】 单击 ✔，执行语法检查，语法检查通过后，单击 ❗执行(X)，执行 T-SQL 命令。

【步骤3】 在【结果】处将会显示查询结果，如图 6-34 所示。

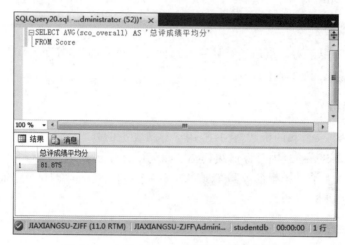

图 6-34　查询 Score 表中总评成绩的平均分

3. MAX()函数和 MIN()函数

MAX()函数返回表达式中的最大值，MIN()函数返回表达式中的最小值。这两个函数不仅可以用于数值类型数据，还可以用于字符型及日期/时间类型的值。

任务三：查询 Score 表中总评成绩(sco_overall)的最高分、最低分，且显示的列名分别为"总评成绩最高分""总评成绩最低分"。

【步骤1】 单击工具栏中的 新建查询(N)，打开一个空白的 .sql 文件，在查询编辑器窗口中输入如下 T-SQL 语句：

```
SELECT MAX(sco_overall) AS '总评成绩最高分',MIN(sco_overall) AS '总评成绩最低分'
FROM Score
```

【步骤2】 单击 ✔，执行语法检查，语法检查通过后，单击 ❗执行(X)，执行 T-SQL 命令。

【步骤3】 在【结果】处将会显示查询结果，如图 6-35 所示。

4. COUNT()函数

COUNT()函数统计数据表中包含的记录行的总数，或者根据查询结果返回列中包含的数据行数。使用方法有如下两种。

(1) COUNT(*)：计算表中总的行数，不管某列有数值或者为空值。

(2) COUNT(字段名)：计算指定列下总的行数，计算时忽略字段值为空值的行。

任务四：查询 Score 表中总评成绩(sco_overall)及格的记录条数，且显示的列名为"总评及格的记录条数"。

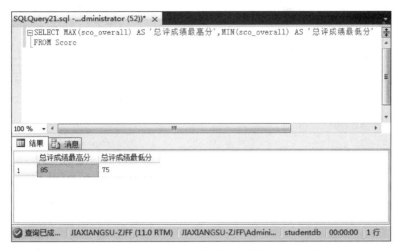

图 6-35　查询 Score 表中总评成绩的最高分、最低分

【**步骤 1**】　单击工具栏中的 <img 新建查询(N)>，打开一个空白的 .sql 文件，在查询编辑器窗口中输入如下 T-SQL 语句：

```
SELECT COUNT( * ) AS '总评及格的记录条数'
FROM Score
WHERE sco_overall > = 60
```

【**步骤 2**】　单击 <img ✓>，执行语法检查，语法检查通过后，单击 <img ! 执行(X)>，执行 T-SQL 命令。

【**步骤 3**】　在【结果】处将会显示查询结果，如图 6-36 所示。

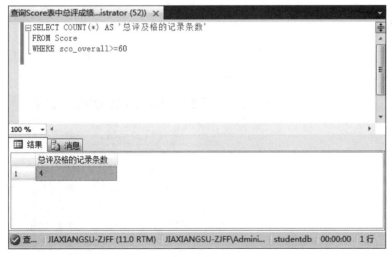

图 6-36　查询 Score 表中总评成绩及格的记录条数

任务五：查询 Student 表中存放几个学生记录，显示列名为"学生人数"。

【**步骤 1**】　单击工具栏中的 <img 新建查询(N)>，打开一个空白的 .sql 文件，在查询编辑器窗口中输入如下 T-SQL 语句：

```
SELECT COUNT( * ) AS '学生人数'
FROM Student
```

【步骤2】 单击 ✓ ，执行语法检查，语法检查通过后，单击 ！ 执行(X) ，执行 T-SQL 命令。

【步骤3】 在【结果】处将会显示查询结果，如图 6-37 所示。

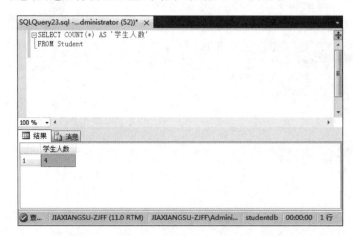

图 6-37 查询 Student 表中存放几条学生记录

任务六：查询 Student 表中有手机号码的学生人数，显示列名为"有手机号码的学生人数"。

【步骤1】 单击工具栏中的 📄 新建查询(N) ，打开一个空白的 .sql 文件，在查询编辑器窗口中输入如下 T-SQL 语句：

```
SELECT COUNT(stu_phone) AS '有手机号码的学生人数'
FROM Student
```

【步骤2】 单击 ✓ ，执行语法检查，语法检查通过后，单击 ！ 执行(X) ，执行 T-SQL 命令。

【步骤3】 在【结果】处将会显示查询结果，如图 6-38 所示。

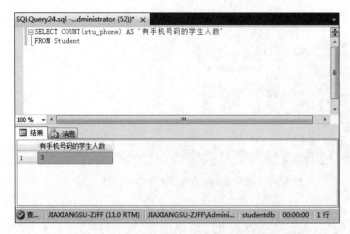

图 6-38 查询 Student 表中有手机号码的学生人数

练习：

（1）查询 Score 表中平时成绩（sco_usual）的总分。

（2）查询 Score 表中期末成绩（sco_final）的平均分。

（3）查询 Score 表中期末成绩（sco_final）的平均分、最高分、最低分。

（4）查询 Score 表中平时成绩（sco_usual）大于 80 分的记录条数。

6.5 分组查询

6.5.1 GROUP BY 子句分组

在成绩表（Score）中存放学生每门课程的成绩，经常需要统计每门课程的平均分及每位学生所有课程的平均分，也就是需要进行分组查询。可以使用 GROUP BY 进行分组查询，GROUP BY 子句将查询结果按照某一列或多列值分组，分组列值相等的为一组，并对每组进行统计。例如，统计课程的平均分，首先把课程编号（sco_courseid）相同的都分为一组，然后计算每组的平均分，从而得到每门课程的平均分。而在统计每位学生所有课程的平均分时，首先把学号（sco_stuno）相同的都分为一组，然后计算每组的平均分，从而得到每位学生课程的平均分。

注意：如果一个查询语句中使用了 GROUP BY 子句，查询结果列表中要么是分组依据的列名，要么是计算函数。

为了演示分组查询，向 Score 表中添加一些记录，添加好记录之后 Score 表中数据如图 6-39 所示。

sco_id	sco_stuno	sco_courseid	sco_usual	sco_final	sco_overall
1	20130101	888001	80	90	85
2	20130101	888002	70	80	75
3	20130101	888003	90	100	85
4	20130102	888001	82	83	82.5
5	20130102	888002	56	58	57
6	20130102	888003	92	88	90
7	20130201	888001	40	55	47.5
8	20130201	888002	58	60	59
9	20130201	888003	60	66	63
10	20130202	888001	70	74	72
11	20130202	888002	82	88	85
12	20130202	888003	78	80	79
NULL	NULL	NULL	NULL	NULL	NULL

图 6-39 添加记录后 Score 表中数据

任务一：查询 Score 表中每门课程总评成绩（sco_overall）的平均分。

【步骤 1】 单击工具栏中的 新建查询(N)，打开一个空白的 .sql 文件，在查询编辑器窗口中输入如下 T-SQL 语句：

```
SELECT sco_courseid,AVG(sco_overall)
FROM Score
GROUP BY sco_courseid
```

【步骤2】   单击 ✓ ,执行语法检查,语法检查通过后,单击 ❗执行(X) ,执行 T-SQL 命令。

【步骤3】   在【结果】处将会显示查询结果,如图 6-40 所示。

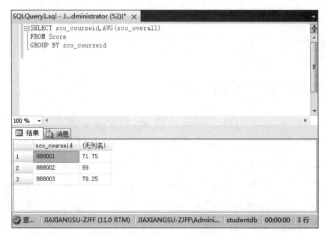

图 6-40   查询 Score 表中每门课程总评成绩的平均分

任务二:查询 Score 表中每位学生所有课程总评成绩(sco_overall)的平均分。

【步骤1】   单击工具栏中的 新建查询(N) ,打开一个空白的.sql 文件,在查询编辑器窗口中输入如下 T-SQL 语句:

```
SELECT sco_stuno,AVG(sco_overall)
FROM Score
GROUP BY sco_stuno
```

【步骤2】   单击 ✓ ,执行语法检查,语法检查通过后,单击 ❗执行(X) ,执行 T-SQL 命令。

【步骤3】   在【结果】处将会显示查询结果,如图 6-41 所示。

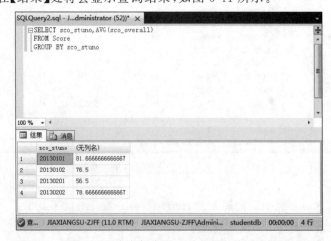

图 6-41   查询 Score 表中每位学生所有课程总评成绩的平均分

任务三：查询 Teacher 表中每个部门的教师人数。

【步骤 1】　单击工具栏中的 新建查询(N)，打开一个空白的 .sql 文件，在查询编辑器窗口中输入如下 T-SQL 语句：

```
SELECT tea_departmentid AS '部门编号',COUNT( * ) AS '教师人数'
FROM Teacher
GROUP BY tea_departmentid
```

【步骤 2】　单击 ✓，执行语法检查，语法检查通过后，单击 ! 执行(X)，执行 T-SQL 命令。

【步骤 3】　在【结果】处将会显示查询结果，如图 6-42 所示。

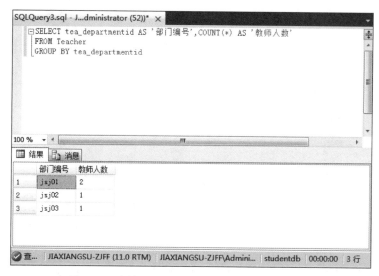

图 6-42　查询 Teacher 表中每个部门的教师人数

6.5.2　HAVING 子句进行分组筛选

使用 GROUP BY 子句可以返回按某一列值分组的查询结果，有时不需要返回全部数据，只需返回其中几行数据信息，那么可以使用 HAVING 子句对指定的 GROUP BY 子句限定搜索条件。

HAVING 子句与 SELECT 查询中的 WHERE 子句的功能有些类似。WHERE 子句检查每条记录是否满足条件，而 HAVING 子句则检查分组后的各组是否满足条件。两者的异同如下。

（1）在 WHERE 子句中使用的条件在 HAVING 子句中都能使用。

（2）HAVING 子句的条件中可以包含聚合函数，而 WHERE 子句不可以。

（3）WHERE 子句的条件在分组之前应用，HAVING 子句的条件在分组之后应用。

任务一：查询 Score 表中每门课程总评成绩（sco_overall）的平均分大于 70 分的课程编号及课程平均分。

【步骤 1】　单击工具栏中的 新建查询(N)，打开一个空白的 .sql 文件，在查询编辑器窗口中输入如下 T-SQL 语句：

```
SELECT sco_courseid AS '课程编号',AVG(sco_overall) AS '总评成绩平均分'
FROM Score
GROUP BY sco_courseid
HAVING AVG(sco_overall)>70
```

【**步骤2**】 单击 ✓ ,执行语法检查,语法检查通过后,单击 ❗执行(X) ,执行 T-SQL 命令。

【**步骤3**】 在【结果】处将会显示查询结果,如图 6-43 所示。

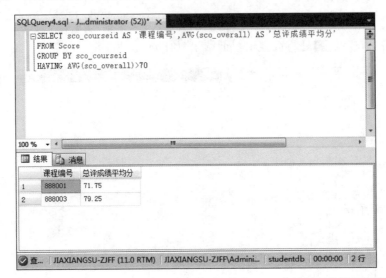

图 6-43　查询 Score 表中每门课程总评成绩的平均分大于 70 分的课程编号及课程平均分

任务二：查询 Score 表中每位学生所有课程总评成绩的平均分大于 80 分的学生学号及所有课程平均分。

【**步骤1**】 单击工具栏中的 ⊡新建查询(N) ,打开一个空白的.sql 文件,在查询编辑器窗口中输入如下 T-SQL 语句：

```
SELECT sco_stuno,AVG(sco_overall)
FROM Score
GROUP BY sco_stuno
HAVING AVG(sco_overall)>80
```

【**步骤2**】 单击 ✓ ,执行语法检查,语法检查通过后,单击 ❗执行(X) ,执行 T-SQL 命令。

【**步骤3**】 在【结果】处将会显示查询结果,如图 6-44 所示。

任务三：查询 Teacher 表中每个部门教师人数多于 1 人的部门编号及教师人数。

【**步骤1**】 单击工具栏中的 ⊡新建查询(N) ,打开一个空白的.sql 文件,在查询编辑器窗口中输入如下 T-SQL 语句：

```
SELECT tea_departmentid AS '部门编号',COUNT( * ) AS '教师人数'
FROM Teacher
GROUP BY tea_departmentid
HAVING COUNT( * )>1
```

【**步骤2**】 单击 ✓ ,执行语法检查,语法检查通过后,单击 ❗执行(X) ,执行 T-SQL 命令。

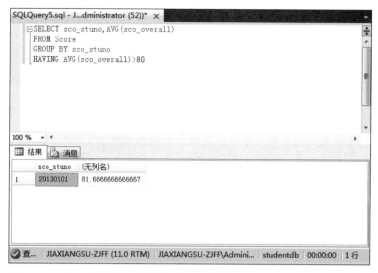

图 6-44　查询 Score 表中每位学生所有课程总评成绩的平均分大于 80 分的所有课程平均分

【步骤 3】　在【结果】处将会显示查询结果，如图 6-45 所示。

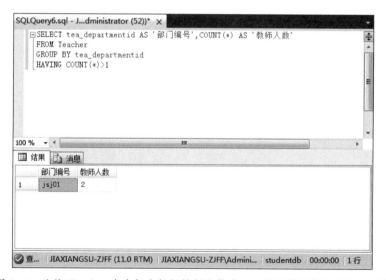

图 6-45　查询 Teacher 表中每个部门教师人数多于 1 人的部门编号及教师人数

练习：

（1）查询 Score 表中每门课程的最高分。

（2）查询 Student 表中每个班级现有学生人数。

（3）查询 Student 表中男女生学生人数。

（4）查询 Course 表中每位老师教授课程的门数 1 门以上的教师编号及教授课程的门数。

6.6 多表连接查询

前面讲到的查询都是基于一张表,有时需要将两张表或者多张表的数据显示在一个查询结果中,这就需要用到多表连接查询。当两个或多个表中存在相同意义的字段时,便可以通过这些字段对不同的表进行连接查询。例如,在学生表中存放的是学生所在班级的编号,如果想得到学生所在班级的名称,就需要用到学生表和班级表。

连接查询分为内连接、外连接和交叉连接查询。

6.6.1 内连接

内连接是最常用的一种连接,两个表的内连接查询是指从两个表中的相关字段中提取信息作为查询条件,如果满足条件,就从两个表中选择相应信息,置于查询结果集中。

内连接分为3种:等值连接、不等值连接和自然连接。

(1)等值连接:在连接条件中使用等于号(=)比较被连接列的列值,其查询结果中列出被连接表中的所有列,包括其中的重复列。

(2)不等值连接:在连接条件中使用除了等于号之外的其他比较运算符比较被连接的列的列值。这些运算符包括>、>=、<=、<、!>、!<、<>。

(3)自然连接:在连接条件中使用等于号比较被连接列的列值,但它使用选择列表指出查询结果集合中包括的列,并删除连接表中的重复列。

内连接的语法格式如下(其中 INNER 可以省略):

SELECT 列名列表
FROM 表1 [INNER] JOIN 表2 ON 连接条件表达式

1. 等值连接

任务一:用等值连接方法查询 Student 表和 Class 表,条件是两表中的班级编号相同。

【步骤1】 单击工具栏中的 新建查询(N),打开一个空白的 .sql 文件,在查询编辑器窗口中输入如下 T-SQL 语句:

```
SELECT *
FROM Student INNER JOIN Class
ON Student.stu_classid = Class.cla_id
```

【步骤2】 单击 ✓,执行语法检查,语法检查通过后,单击 ❗执行(X),执行 T-SQL 命令。

【步骤3】 在【结果】处将会显示查询结果,如图 6-46 所示。

2. 自然连接

任务二:用自然连接方法查询 Student 表和 Class 表,条件是两表中的班级编号相同,显示 Student 表中的所有字段信息和 Class 表中的班级名称。

【步骤1】 单击工具栏中的 新建查询(N),打开一个空白的 .sql 文件,在查询编辑器窗口中输入如下 T-SQL 语句:

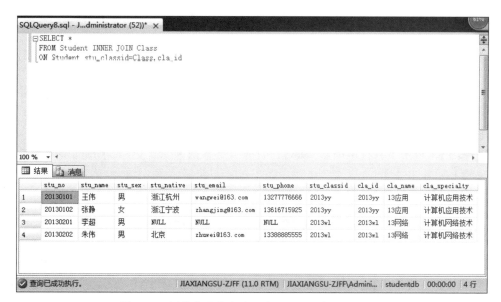

图 6-46　用等值连接方法查询 Student 表和 Class 表

SELECT Student. * ,Class.cla_name
FROM Student INNER JOIN Class
ON Student. stu_classid = Class.cla_id

【步骤 2】　单击 ✓，执行语法检查，语法检查通过后，单击 ❗ 执行(X) ，执行 T-SQL 命令。

【步骤 3】　在【结果】处将会显示查询结果，如图 6-47 所示。

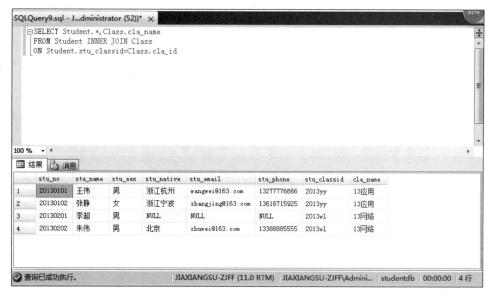

图 6-47　用自然连接方法查询 Student 表和 Class 表

3. 使用表的别名

可以为连接查询的表指定别名,以简化语句的书写,为表取别名的语法格式如下(其中的 AS 可以省略):

原表名 [AS] 别名

任务三：查询教师姓名和教师所属部门名称。

【**步骤 1**】　单击工具栏中的 ,打开一个空白的.sql 文件,在查询编辑器窗口中输入如下 T-SQL 语句:

```
SELECT t.tea_name,d.dep_name
FROM Teacher AS t INNER JOIN Department AS d
ON t.tea_departmentid = d.dep_id
```

【**步骤 2**】　单击 ✓ ,执行语法检查,语法检查通过后,单击 ❗执行(X) ,执行 T-SQL 命令。

【**步骤 3**】　在【结果】处将会显示查询结果,如图 6-48 所示。

图 6-48　查询教师姓名和教师所属部门名称

4. 多表内连接

如果需要用到多张表,则每增加一张表,就增加一个[INNER] JOIN 子句和 ON 连接条件。

任务四：查询学生姓名、课程名称、课程总评成绩。

【**步骤 1**】　单击工具栏中的 新建查询(N) ,打开一个空白的.sql 文件,在查询编辑器窗口中输入如下 T-SQL 语句:

```
SELECT Student.stu_name,Course.cou_name,Score.sco_overall
```

```
FROM Score INNER JOIN Student ON Score.sco_stuno = Student.stu_no
INNER JOIN Course ON Score.sco_courseid = Course.cou_id
```

【步骤 2】　单击✔,执行语法检查,语法检查通过后,单击 ! 执行(X) ,执行 T-SQL 命令。

【步骤 3】　在【结果】处将会显示查询结果,如图 6-49 所示。

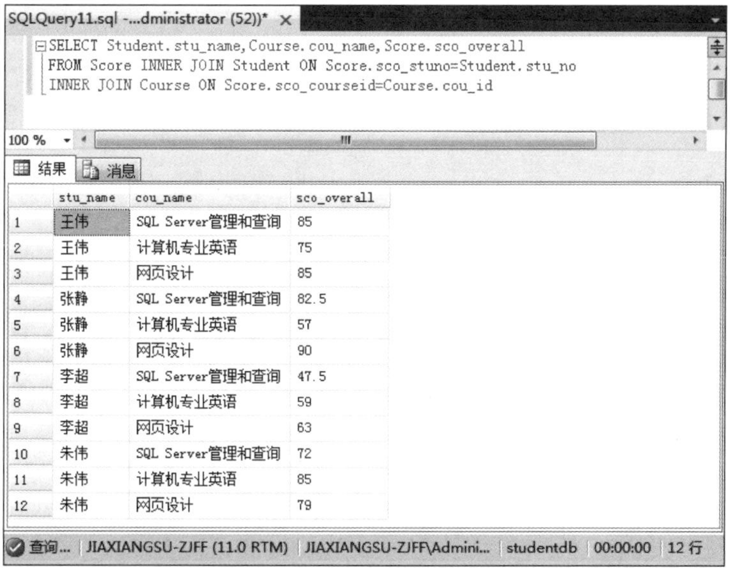

	stu_name	cou_name	sco_overall
1	王伟	SQL Server管理和查询	85
2	王伟	计算机专业英语	75
3	王伟	网页设计	85
4	张静	SQL Server管理和查询	82.5
5	张静	计算机专业英语	57
6	张静	网页设计	90
7	李超	SQL Server管理和查询	47.5
8	李超	计算机专业英语	59
9	李超	网页设计	63
10	朱伟	SQL Server管理和查询	72
11	朱伟	计算机专业英语	85
12	朱伟	网页设计	79

图 6-49　查询学生姓名、课程名称、课程总评成绩

练习:

(1) 查询学生姓名、课程编号及总评成绩。

(2) 查询学生学号、课程名称及总评成绩。

(3) 查询课程名称及授课教师姓名。

6.6.2　外连接

内连接返回查询结果集中的仅是符合查询条件(WHERE 条件或 HAVING 条件)和连接条件的行。而采用外连接时,不仅会返回上面的结果,还会包含左表(左外连接)、右表(右外连接)或两个表(全外连接)中的所有数据行。

外连接分为三种:左外连接、右外连接、全外连接。

(1) 左外连接(LEFT JOIN 或 LEFT OUTER JOIN):左外连接查询的结果集包括 LEFT JOIN 子句中指定的左表的所有行,而不仅是连接列所匹配的行。如果左表中的某行在右表中没有匹配行,则在相关联的结果集行中右表的所有选择列均为空值。

(2) 右外连接(RIGHT JOIN 或 RIGHT OUTER JOIN):右外连接是左外连接的反向连接,将返回右表的所有行。如果右表的某行在左表中没有匹配行,则将为左表返回空值。

(3) 全外连接(FULL JOIN 或 FULL OUTER JOIN):全外连接查询结果除了包含满足连接条件的记录外,还包含两个表中不满足条件的记录。如果某行在另一个表中没有匹配行,则另一个表的选择列均为空值。

左外连接的语法格式如下（其中 OUTER 可以省略）：

SELECT 列名列表
FROM 表 1 LEFT [OUTER] JOIN 表 2 ON 连接条件表达式

右外连接的语法格式如下（其中 OUTER 可以省略）：

SELECT 列名列表
FROM 表 1 RIGHT [OUTER] JOIN 表 2 ON 连接条件表达式

全外连接的语法格式如下（其中 OUTER 可以省略）：

SELECT 列名列表
FROM 表 1 FULL [OUTER] JOIN 表 2 ON 连接条件表达式

1．左外连接

任务一：查询班级名称和该班级学生姓名（班级下没有学生的班级名称也要求显示出来）。

【**步骤 1**】　单击工具栏中的 新建查询(N)，打开一个空白的 .sql 文件，在查询编辑器窗口中输入如下 T-SQL 语句：

```
SELECT Class.cla_name,Student.stu_name
FROM Class LEFT OUTER JOIN Student
ON Class.cla_id = Student.stu_classid
```

【**步骤 2**】　单击 ✓，执行语法检查，语法检查通过后，单击 执行(X)，执行 T-SQL 命令。

【**步骤 3**】　在【结果】处将会显示查询结果，如图 6-50 所示。

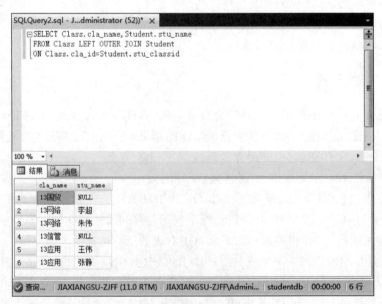

图 6-50　左外连接查询

2. 右外连接

任务二：查询课程名称和授课教师姓名（没有授课教师的教师姓名也要求显示出来）。

【步骤 1】 单击工具栏中的 新建查询(N)，打开一个空白的 .sql 文件，在查询编辑器窗口中输入如下 T-SQL 语句：

```
SELECT Course.cou_name,Teacher.tea_name
FROM Course RIGHT OUTER JOIN Teacher
ON Course.cou_teano = Teacher.tea_no
```

【步骤 2】 单击 ✓，执行语法检查，语法检查通过后，单击 ！ 执行(X)，执行 T-SQL 命令。

【步骤 3】 在【结果】处将会显示查询结果，如图 6-51 所示。

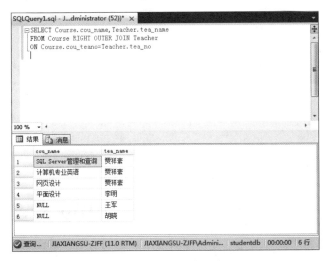

图 6-51 右外连接查询

6.6.3 交叉连接

交叉连接就是将连接的两个表的所有行进行组合，形成一个结果集。返回左表中的所有行，然后左表中的每行再与右表中的所有行一一组合，相当于两个表"相乘"。该结果集的列数为两个表属性列的和，行数为两个表行数的乘积。

交叉连接查询的语法格式如下：

```
SELECT 列名列表
FROM 表 1 CROSS JOIN 表 2
```

任务：交叉连接查询教师表和部门表。

【步骤 1】 单击工具栏中的 新建查询(N)，打开一个空白的 .sql 文件，在查询编辑器窗口中输入如下 T-SQL 语句：

```
SELECT *
FROM Teacher CROSS JOIN Department
```

【步骤2】 单击 ✓,执行语法检查,语法检查通过后,单击 ❗ 执行(X),执行 T-SQL 命令。

【步骤3】 在【结果】处将会显示查询结果,如图 6-52 所示。

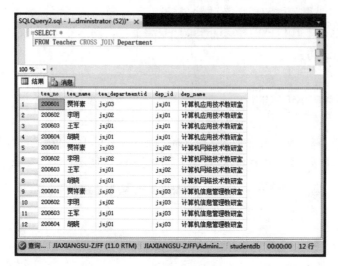

图 6-52　交叉连接查询

 本章总结

1. 数据查询是执行频率较高的操作,数据库中信息的读取就要用到数据查询。T-SQL 语法中使用 SELECT 语句进行数据查询。

2. WHERE 子句中可以使用的条件运算符有比较运算符、空值判断符、模式匹配符、范围运算符、列表运算符和逻辑运算符。

3. 使用 ORDER BY 子句对查询返回的结果按一列或多列排序,可以升序(ASC)也可以降序(DESC),默认为升序。

4. 聚合函数能够基于列进行计算,并返回单个数值,常用的聚合函数有 SUM()、AVG()、MAX()、MIN()、COUNT()。

5. GROUP BY 子句将查询结果按照某一列或多列值分组,分组列值相等的为一组,并对每组进行统计;HAVING 子句能够在分组的基础上,再次进行筛选。

6. 连接查询分为内连接查询、外连接查询和交叉连接查询,使用较多的是内连接,通常会在相关表之间提取引用列的数据项。

习题 6

一、选择题

1. 执行以下 SQL 语句:

```
SELECT TOP 20 PERCENT * FROM Student
```

其结果返回了 10 行数据,则 Student 表中有(　　)行数据。

    (A) 10   (B) 20   (C) 50   (D) 100

2. Student 表中已经存储了数据,Nation 列的数据存储了学员的民族信息,默认值应该为"汉族"。可是在设计表时这个默认的特征没有被考虑,现在已经输入了大量的数据。对于少数民族学员,民族的信息已经输入。对于"汉族"学员,数据都为空值。此时,比较好的解决方法是(　　)。

    (A) 在表中为该列添加 NOT NULL 约束

    (B) 手动输入所有的"汉族"信息

    (C) 使用 UPDATE Student SET Nation='汉族'语句进行数据更新

    (D) 使用 UPDATE Student SET Nation='汉族'WHERE Nation IS NULL 语句进行数据更新

3. 一个小组正在开发一个大型的银行存款系统,系统中包含上百万行客户的信息。现在正在调试 SQL 语句,以进行查询的优化。可是,他们每次执行查询时,都返回好几百万个数据,返回结果显示非常耗时。此时,比较好的解决方法是(　　)。

    (A) 删除这些数据,只保留几行

    (B) 把这些数据转换到文本文件中,再在文本文件中执行查找命令

    (C) 在查询语句中使用 TOP 子句限制返回行

    (D) 在查询语句中使用 ORDER BY 子句进行排序

4. 以下(　　)函数不属于聚合函数。

    (A) SUM()   (B) IN()

    (C) COUNT()   (D) MIN()

5. Score 表中有两列,分别是学号(sco_stuno)和成绩(sco_score),下面哪条查询语句能够按照 sco_stuno 列进行分组,并在每组中取 sco_score 的平均值(　　)。

    (A) SELECT AVG(sco_score) FROM Score

    (B) SELECT AVG(sco_score) FROM Score ORDER BY sco_stuno

    (C) SELECT AVG(sco_score) FROM Score GROUP BY sco_stuno

    (D) SELECT AVG(sco_score) FROM Score HAVING sco_stuno

6. 假设 Sales 表用于存储销售信息,sal_name 列为销售人员姓名,sal_money 列为销售金额。现在要查询每个销售人员的销售次数、销售总金额,下面的哪条语句可以实现这些功能(　　)。

    (A) SELECT sal_name,SUM(sal_money),COUNT(sal_name)
        FROM Sales GROUP BY sal_name

    (B) SELECT sal_name,SUM(sal_money),COUNT(sal_name)
        FROM Sales ORDER BY sal_name

    (C) SELECT sal_name,AVG(sal_money),COUNT(sal_name)
        FROM Sales

    (D) SELECT sal_name,SUM(sal_money)

```
FROM Sales GROUP BY sal_name ORDER BY sal_name
```

7. 如果要查询成绩表中所有成绩的平均值,则应该使用的聚合函数是(　　)。

(A) SUM()　　(B) IN()

(C) COUNT()　　(D) AVG()

8. 假设表A有5行数据,表B有4行数据,则执行交叉连接查询(无限制条件)将返回数据行数为(　　)。

(A) 20　　(B) 4　　(C) 5　　(D) 1

二、操作题

使用T-SQL语句对图书出版管理系统数据库(Book)进行查询。

图书出版管理系统中有两个表,分别如下:

(1) 图书表(书号,书名,作者编号,出版社,出版日期)

(2) 作者表(作者编号,作者姓名,年龄,地址,作者手机号码)

每张表详细的字段信息、约束详见习题4操作题。

此时,BookInfo表中数据如图6-53所示。

JIAXIANGSU-ZJFF....k - dbo.BookInfo

	book_id	book_name	book_authorid	book_publis...	book_time
▶	b01	网页设计	a01	出版社1	2013-02-01 0...
	b02	SQL Server教程	a01	出版社1	2014-01-01 0...
	b04	大学英语	a05	出版社3	2013-09-21 0...
	b05	计算机网络教...	a03	出版社1	2013-08-15 0...
	b06	高等数学	a04	出版社1	2014-01-01 0...
*	NULL	NULL	NULL	NULL	NULL

图6-53　BookInfo表中数据

Author表中数据如图6-54所示。

JIAXIANGSU-ZJFF.Book - dbo.Author

	author_id	author_name	author_age	author_addr...	author_phone
▶	a01	张小强	41	浙江金华	13222223333
	a02	张燕	38	浙江宁波	15755556666
	a03	周静	40	浙江杭州	13899990000
	a04	杨丽	50	北京	13755557777
	a05	胡星	53	上海	13688886666
*	NULL	NULL	NULL	NULL	NULL

图6-54　Author表中数据

1. 查询Author表中所有作者信息。

2. 查询Author表中姓"张"的作者的author_id,author_name,author_address字段信息。

3. 查询Author表中年龄在30岁到40岁之间的作者信息。

4. 查询Author表中名字字段包含"静"字的作者author_name和author_age字段信息,并且查询显示列名分别为"作者姓名"和"作者年龄"。

5. 查询Author表中手机号码为13222223333、13899990000或13688886666的作者所有字段信息(用IN列表运算符)。

6. 查询 Author 表中地址是"北京"或者"上海"的 author_name 和 author_address 字段信息,并且查询显示列名分别为"作者姓名"和"作者地址"(用逻辑运算符)。

7. 查询 Author 表中信息,要求按照作者年龄升序排列。

8. 查询 BookInfo 表书名中包含"教程"两字的 book_name 和 book_publishing 字段信息。

9. 查询 BookInfo 表中出版社是"出版社 1"的 book_name 和 book_publishing 字段信息。

10. 查询 BookInfo 表中出版时间为 2013-09-01—2014-09-01 的所有字段信息。

11. 查询 BookInfo 表中信息,要求按照出版时间降序排列。

12. 查询 BookInfo 表中每个作者出版书籍的数目。

13. 使用多表连接查询,查询书籍名称、作者姓名、出版社、作者手机号码信息。

上机 6

本次上机任务:

(1) 简单查询。

(2) 条件查询。

(3) 查询排序。

(4) 聚合函数的使用。

(5) 分组查询。

(6) 多表连接查询。

要求:本章上机用到的数据库为员工工资数据库(empSalary),该数据库中有三张表格(后来建的 EmpInfo2 已不再使用,主要对另外三张表进行查询),分别如下。

(1) 员工信息表(员工编号,员工姓名,性别,年龄,所属部门编号,毕业院校,健康情况,手机号码)。

(2) 部门表(部门编号,部门名称)。

(3) 工资信息表(工资编号,员工编号,应发工资,实发工资)。

每张表详细的字段信息、约束详见上机 4。

此时,Department 表中数据如图 6-55 所示。EmpInfo 表中数据如图 6-56 所示。Salary 表中数据如图 6-57 所示。

JIAXIANGSU-ZJFF...dbo.Department ×	
dep_id	dep_name
caiwu01	财务部
renli01	人力部
shichang01	市场部
xinxi01	信息中心
NULL	*NULL*

图 6-55 Department 表中数据

任务 1:查询 Department 表中 dep_name 字段信息,显示列名为"部门名称"。

任务 2:查询 Department 表中部门名称以"中心"结尾的所有字段信息。

任务 3:查询 EmpInfo 表中毕业学校是"宁波大学"的所有字段信息。

任务 4:查询 EmpInfo 表中年龄大于 30 岁的 emp_name、emp_sex 和 emp_age 字段信息,显示列名分为"员工姓名""性别""年龄"。

图 6-56　EmpInfo 表中数据

图 6-57　Salary 表中数据

　　任务 5：查询 EmpInfo 表中名字的第二个字为"晓"的员工所有字段信息。

　　任务 6：查询 EmpInfo 表中年龄是 25,35,45,55 岁的员工 emp_name 和 emp_age 字段信息。

　　任务 7：查询 EmpInfo 表中 emp_department 列值为 renli01 或 emp_graduated 列值为"北京大学"的员工所有字段信息。

　　任务 8：查询 EmpInfo 表中员工信息，并按照员工年龄升序排列。

　　任务 9：统计 EmpInfo 表中男生和女生的人数。

　　任务 10：查询 Salary 表中实发工资(sal_real)在 3500 元到 4000 元之间的工资信息。

　　任务 11：查询 Salary 表中实发工资(sal_real)的平均值、最高值和最低值。

　　任务 12：查询员工姓名、性别、部门名称。

　　任务 13：查询员工姓名、实发工资。

第7章 T-SQL 语句

本章要点：

（1）T-SQL 语句分类

（2）局部变量和全局变量

（3）输出语句

（4）流程控制语句

（5）批处理语句

7.1 T-SQL 基础

结构化查询语言（Structured Query Language，SQL）是一种数据库查询和程序设计语言，用于存取数据以及查询、更新和管理关系数据库系统。Transact-SQL（T-SQL）从 SQL 语言标准扩展而来。T-SQL 是微软公司在关系数据库管理系统 SQL Server 中以 SQL-3 标准实现的，是微软公司对 SQL 的扩展，具有 SQL 的主要特点，同时增加了变量、运算符、函数、流程控制和注释等语言元素，使其功能更加强大。SQL Server 中使用图形界面能够完成的所有功能，都可以利用 T-SQL 来实现。其实，前面内容一直在使用 T-SQL 语句，只是在这一章做个归类总结，使读者对 T-SQL 有更加全面的认识。

7.1.1 T-SQL 语句分类

根据完成功能的不同，可以将 T-SQL 语句分为四类，分别是数据定义语句（DDL）、数据操作语句（DML）、数据控制语句（DCL）和一些附加的语言元素。

（1）数据定义语句：CREATE TABLE，DROP TABLE，ALTER TABLE，CREATE VIEW，DROP VIEW，CREATE INDEX，DROP INDEX，CREATE PROCEDURE，DROP PROCEDURE，ALTER PROCEDURE，CREATE TRIGGER，DROP TRIGGER，ALTER TRIGGER。

（2）数据操作语句：SELECT，INSERT，DELETE，UPDATE。

（3）数据控制语句：GRANT，DENY，REVOKE。

（4）附加的语言元素：BEGIN TRANSACTION/COMMIT，ROLLBACK，SET TRANSACTION，DECLARE，OPEN，FETCH，CLOSE，EXECUTE。

7.1.2　注释

注释用于对代码进行说明,是程序代码中不执行的文本字符串。使用注释可以使程序代码易于阅读和维护。注释内容不被系统编译,也不被程序执行。

使用注释的作用有如下两个。

(1) 说明代码的含义,以增强代码的可读性。

(2) 把暂时不用的语句注释掉,可暂时不被执行,等需要时再去掉注释。

T-SQL 的注释分为单行注释和多行注释。

(1) 单行注释:格式为"--",注释从"--"开始到行尾结束。

(2) 多行注释:格式为"/＊注释内容＊/"。其中,"/＊"是注释的开始标志;"＊/"是注释的结束标志。

7.2　变量

变量是存储数据值的对象。T-SQL 语句中的变量分为局部变量和全局变量。

(1) 局部变量:先声明、再赋值。

(2) 全局变量:由系统定义和维护,用户可以直接使用。

7.2.1　局部变量

局部变量通常用来存储从表中查询到的数据,或当作程序执行过程中的暂存变量,可以用于在上下语句中传递数据。局部变量的作用范围仅限于程序内部。

局部变量在使用之前必须先声明,声明了局部变量之后,系统将初始值设置为 NULL,可以使用 SET 或 SELECT 语句进行局部变量的赋值。

1. 局部变量的声明

局部变量名称必须以@作为前缀,其声明的语法格式如下:

DECLARE @变量名 数据类型

例如:

```
DECLARE @stu_name VARCHAR(10)     -- 声明一个文本类型的变量,变量名为 stu_name
DECLARE @stu_age INT              -- 声明一个整型变量,变量名为 stu_age
```

2. 局部变量的赋值

局部变量的赋值有两种方法:使用 SET 语句和使用 SELECT 语句。SET 赋值语句一般用于赋给变量指定的数据常量;SELECT 赋值语句一般用于从表中查询数据,然后再赋值给变量。

(1) 使用 SET 语句: SET @变量名=值

(2) 使用 SELECT 语句: SELECT @变量名=值

注意：SELECT赋值语句要确保查询的记录不多于一条。如果多于一条，则把最后一条记录的值赋给变量。

任务一：查询Student表中姓名为"王伟"的学生信息（将"王伟"存放到变量里）。

【步骤1】　单击工具栏中的 <u>新建查询(N)</u>，打开一个空白的.sql文件，在查询编辑器窗口中输入如下T-SQL语句：

```
DECLARE @name VARCHAR(10)
SET @name = '王伟'
SELECT * FROM Student WHERE stu_name = @name
```

【步骤2】　单击 ✓ ，执行语法检查，语法检查通过后，单击 <u>！执行(X)</u>，执行T-SQL命令。

【步骤3】　在【结果】处将会显示查询结果，如图7-1所示。

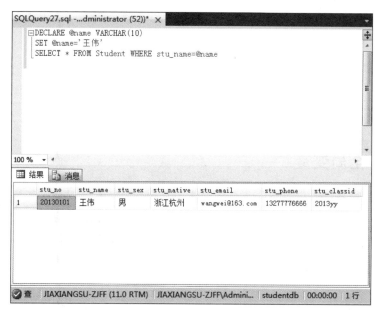

图7-1　查询Student表中姓名为"王伟"的学生信息（将"王伟"存放到变量里）

任务二：查询Student表中与"王伟"在一个班级的学生信息。

【步骤1】　单击工具栏中的 <u>新建查询(N)</u>，打开一个空白的.sql文件，在查询编辑器窗口中输入如下T-SQL语句：

```
DECLARE @name VARCHAR(10)
SET @name = '王伟'
DECLARE @classid VARCHAR(10)          -- @classid存放王伟所在班级编号
SELECT @classid = stu_classid FROM Student WHERE stu_name = @name       -- 为@classid赋值
SELECT * FROM Student WHERE stu_classid = @classid
```

【步骤2】　单击 ✓ ，执行语法检查，语法检查通过后，单击 <u>！执行(X)</u>，执行T-SQL命令。

【步骤3】　在【结果】处将会显示查询结果，如图7-2所示。

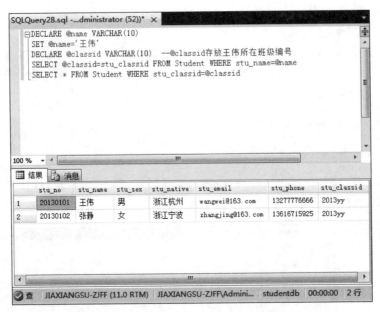

图 7-2　查询 Student 表中与"王伟"在一个班级的学生信息

7.2.2　全局变量

全局变量是由系统提供且预先声明的变量,以"@@"为前缀。全局变量的作用范围是任何程序,用户只能使用,不能对其值进行修改。用户可以在程序中使用全局变量来测试系统的设定值或 SQL 命令执行后的状态。常用的全局变量如表 7-1 所示。

表 7-1　全局变量

变　　量	说　　明
@@CONNECTIONS	返回自上次启动 SQL Server 以来的连接或试图连接的次数
@@ERROR	返回最后一个 T-SQL 错误的错误号。如果前一个 T-SQL 语句执行没有错误,则返回 0
@@IDENTITY	返回最后插入行的标识列的列值
@@LANGUAGE	返回当前使用的语言的名称
@@MAX_CONNECTIONS	返回 SQL Server 实例允许同时进行的最大用户连接数
@@REMSERVER	返回登录记录中记载的远程 SQL Server 服务器的名称
@@ROWCOUNT	返回受上一个 SQL 语句影响的行数
@@SERVERNAME	返回本地服务器的名称
@@SERVICENAME	返回该计算机上的 SQL 服务的名称。若当前实例为默认实例,则返回 MSSQLSERVER
@@TRANCOUNT	返回当前连接的活动事务数
@@VERSION	返回 SQL Server 的版本信息

任务:查询当前使用语言的名称、计算机上 SQL 服务的名称。

【步骤 1】　单击工具栏中的 新建查询(N),打开一个空白的 .sql 文件,在查询编辑器窗口中

输入如下 T-SQL 语句：

```
SELECT @@LANGUAGE AS '使用语言',@@SERVICENAME AS 'SQL服务名称'
```

【步骤2】　单击 ✓，执行语法检查，语法检查通过后，单击 ▌执行(X)，执行 T-SQL 命令。

【步骤3】　在【结果】处将会显示查询结果，如图 7-3 所示。

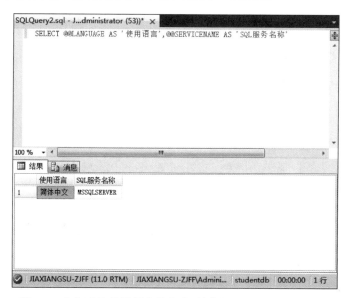

图 7-3　查询当前使用语言的名称、计算机上 SQL 服务的名称

练习：

（1）查询 Teacher 表中教师姓名是"王军"的教师所有字段信息（使用局部变量）。

（2）查询 Teacher 表中与"王军"在同一个部门的教师姓名（使用局部变量）。

（3）查询 SQL Server 的版本信息（使用全局变量）。

7.3　输出语句

T-SQL 语句中支持输出语句，用于输出显示处理的数据结果。

常用的输出语句有两种，语法分别如下。

（1）PRINT 变量或字符串。

（2）SELECT 变量 AS 自定义列名。

任务一：使用两种输出语句，输出当前使用的语言。

【步骤1】　单击工具栏中的 🔍新建查询(N)，打开一个空白的 .sql 文件，在查询编辑器窗口中输入如下 T-SQL 语句：

```
PRINT '当前使用的语言是：' + @@LANGUAGE
SELECT @@LANGUAGE AS '当前使用的语言'
```

【步骤2】　单击 ✓，执行语法检查，语法检查通过后，单击 ▌执行(X)，执行 T-SQL 命令。

【步骤3】　在【结果】和【消息】处将会显示输出结果，如图 7-4 和图 7-5 所示。

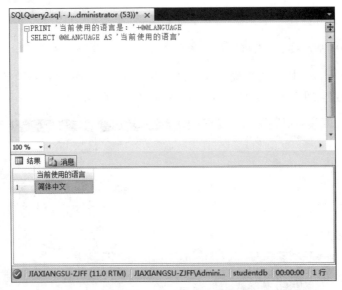

图 7-4　使用 SELECT 语句显示的表格结果

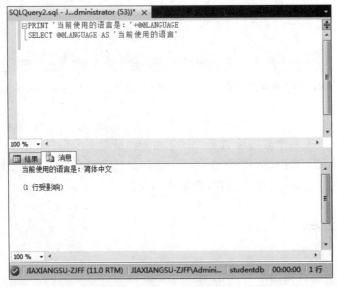

图 7-5　使用 PRINT 语句显示的文本结果

说明:

(1) 用 PRINT 语句输出的结果将在消息窗口中以文本方式显示。

(2) 用 SELECT 语句输出的结果将在结果窗口中以表格方式显示。

任务二: 使用 PRINT 输出语句,输出当前错误号。

【步骤 1】　单击工具栏中的 新建查询(N) ,打开一个空白的.sql 文件,在查询编辑器窗口中输入如下 T-SQL 语句:

```
PRINT '当前错误号是:' + @@ERROR
```

【步骤 2】　单击 ,执行语法检查,语法检查通过后,单击 执行(X) ,执行 T-SQL 命令。

【步骤3】 在【消息】处显示出错信息,如图 7-6 所示。

图 7-6 查看错误号,因类型不一致导致错误

分析:

出错的原因是@@ERROR 返回的是整型数据,而'当前错误号是:'是文本类型,两种类型用加号连接在一起会出错,需要使用转换函数 CONVERT( ),将整型数据转换为文本类型。

【步骤4】 在查询编辑器窗口中修改步骤 1 的 T-SQL 语句,修改后的 T-SQL 语句如下:

```
PRINT '当前错误号是:' + CONVERT(VARCHAR(10),@@ERROR)
```

【步骤5】 单击 ✓ ,执行语法检查,语法检查通过后,单击 ！执行(X) ,执行 T-SQL 命令。

【步骤6】 在【消息】处将会显示输出结果,如图 7-7 所示。

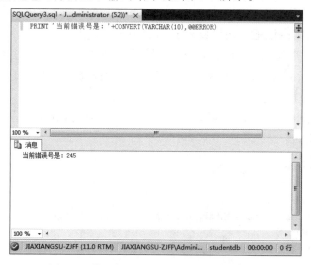

图 7-7 使用 PRINT 语句输出当前错误号

7.4 流程控制语句

流程控制语句是用来控制程序执行和流程分支的命令,通过 T-SQL 中的流程控制语句,可以根据业务的需要改变代码的执行顺序。在没有流程控制语句的情况下,T-SQL 语句是按照从上到下的顺序逐条执行的,使用流程控制语句可以让开发人员基于某些逻辑进行选择性地跳转。常用的流程控制语句块包括 BETIN…END 语句、IF…ELSE 条件语句、CASE 多分支语句、WHILE 循环语句。

7.4.1 BETIN…END 语句

BETIN…END 语句是流程控制语句用到的最基本的关键字,能够将多个 T-SQL 语句组合成一个语句块。

BETIN…END 语句语法格式如下:

```
BETIN
    T-SQL 语句
END
```

7.4.2 IF…ELSE 条件语句

IF…ELSE 是条件判断语句,其语法格式如下:

```
IF(条件)
    语句或语句块 1
[ELSE
    语句或语句块 2]
```

满足条件则执行语句或语句块 1,不满足条件则执行语句或语句块 2。其中,ELSE 语句块不是必需的,为可选项。

如果是语句块,则应该把语句块放到 BETIN…END 中。

任务一:声明两个变量,一个存放学生姓名(通过 SET 赋值),一个存放班级编号(通过 SELECT 赋值),然后判断,如果班级编号是 2013yy,则输出"该生是 13 应用班学生",否则输出"该生不是 13 应用班学生"。

【步骤 1】 单击工具栏中的 ,打开一个空白的.sql 文件,在查询编辑器窗口中输入如下 T-SQL 语句:

```
DECLARE @name VARCHAR(10)
SET @name = '李超'
DECLARE @class VARCHAR(10)
SELECT @class = stu_classid FROM Student WHERE stu_name = @name
IF @class = '2013yy'
    PRINT @name + '是 2013 应用班级的学生'
ELSE
    PRINT @name + '不是 2013 应用班级的学生'
```

【步骤2】 单击 ✓ ,执行语法检查,语法检查通过后,单击 ❗ 执行(X) ,执行 T-SQL 命令。

【步骤3】 在【结果】处将会显示输出结果,如图 7-8 所示。

图 7-8 IF…ELSE 条件语句 1

任务二:计算课程编号为 888001 的总评平均成绩,并使用 PRINT 语句输出。然后做如下判断:如果计算出来的总评平均成绩大于 80 分,则显示"成绩较好"的提示信息,并显示该门课程总评成绩最好的两个成绩信息;否则显示"成绩不理想"的提示信息,并显示该门课程总评成绩最差的两个成绩信息。

【步骤1】 单击工具栏中的 🔲 新建查询(N) ,打开一个空白的 .sql 文件,在查询编辑器窗口中输入如下 T-SQL 语句:

```
DECLARE @avgscore FLOAT
SELECT @avgscore = AVG(sco_overall) FROM Score WHERE sco_courseid = '888001'
PRINT '课程编号是 888001 的总评平均成绩为:' + CONVERT(VARCHAR(6),@avgscore)
IF @avgscore > 80
  BEGIN
     PRINT '课程编号是 888001 的总评平均成绩较好,前两名的成绩信息为:'
     SELECT TOP 2 * FROM Score WHERE sco_courseid = '888001' ORDER BY sco_overall DESC
  END
ELSE
  BEGIN
    PRINT '课程编号是 888001 的总评平均成绩不理想,后两名的成绩信息为:'
    SELECT TOP 2 * FROM Score WHERE sco_courseid = '888001' ORDER BY sco_overall ASC
  END
```

【步骤2】 单击 ✓ ,执行语法检查,语法检查通过后,单击 ❗ 执行(X) ,执行 T-SQL 命令。

【步骤3】 在【结果】处将会显示输出结果,如图 7-9 所示。

说明:

上面的输出结果把表格数据和文本消息显示在同一个窗口中,可以通过以下设置来

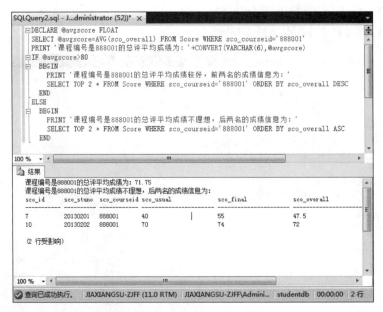

图 7-9　IF…ELSE 条件语句 2

实现。

单击 SSMS 菜单栏【工具】,依次选择【选项】→【查询结果】,将【查询结果的默认方式】由原先的"以网格显示结果"修改为"以文本格式显示结果"即可。

7.4.3　CASE 多分支语句

CASE 是多条件分支语句,与 IF…ELSE 条件语句功能类似,使用 CASE 语句可以使代码更加清晰,易于理解。CASE 语句有两种格式:简单 CASE 函数和 CASE 搜索函数。

简单 CASE 函数的语法格式如下:

```
CASE 表达式
    WHEN 值 1 THEN 结果 1
    WHEN 值 2 THEN 结果 2
    …
    [ELSE 其他结果]
END
```

CASE 搜索函数的语法格式如下:

```
CASE
    WHEN 条件 1 THEN 结果 1
    WHEN 条件 2 THEN 结果 2
    …
    [ELSE 其他结果]
END
```

1. 简单 CASE 函数

任务一:查询输出教师姓名和教师所在部门名称(使用简单 CASE 函数)。

【步骤 1】 单击工具栏中的 ，打开一个空白的 .sql 文件，在查询编辑器窗口中输入如下 T-SQL 语句：

```
SELECT tea_name AS '教师姓名',
CASE tea_departmentid
    WHEN 'jsj01' THEN '计算机应用技术教研室'
    WHEN 'jsj02' THEN '计算机网络技术教研室'
    WHEN 'jsj03' THEN '计算机信息管理教研室'
END
AS '部门名称'
FROM Teacher
```

【步骤 2】 单击 ✓，执行语法检查，语法检查通过后，单击 ❗执行(X)，执行 T-SQL 命令。

【步骤 3】 在【结果】处将会显示输出结果，如图 7-10 所示。

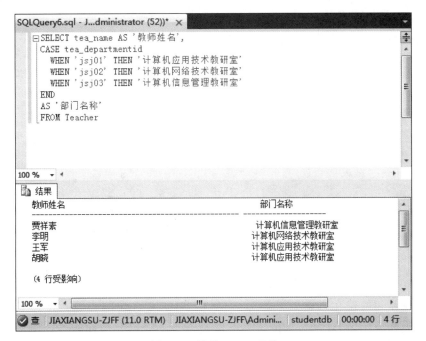

图 7-10 简单 CASE 函数

2. CASE 搜索函数

任务二：按照五级制输出总评成绩（使用 CASE 搜索函数）。

【步骤 1】 单击工具栏中的 ，打开一个空白的 .sql 文件，在查询编辑器窗口中输入如下 T-SQL 语句：

```
SELECT *,
CASE
    WHEN sco_overall >= 90 THEN '优秀'
    WHEN sco_overall >= 80 THEN '良好'
    WHEN sco_overall >= 70 THEN '中等'
    WHEN sco_overall >= 60 THEN '及格'
```

```
    ELSE '不及格'
END
AS '对应的五级制成绩'
FROM Score
```

【步骤2】　单击 ✓，执行语法检查，语法检查通过后，单击 ❗执行(X)，执行 T-SQL 命令。

【步骤3】　在【结果】处将会显示输出结果，如图 7-11 所示。

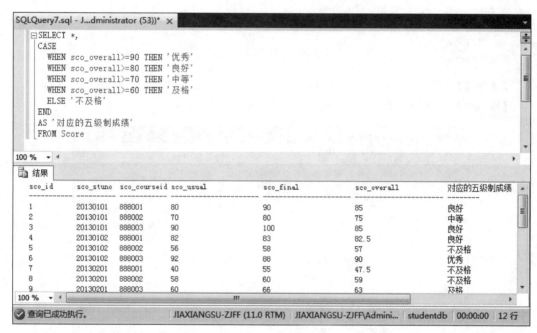

图 7-11　CASE 搜索函数

比较：

(1) 简单 CASE 函数：CASE 关键字后面有表达式，在执行时，将 CASE 后表达式的值与各 WHEN 子句的值比较。如果相等，则执行 THEN 后面的表达式或语句，然后跳出CASE 语句；如果与 WHEN 后面的值都不相等，则执行 ELSE 后面的表达式或语句。

(2) CASE 搜索函数：CASE 关键字后面没有表达式，多个 WHEN 子句中的表达式依次执行。如果表达式结果为真，则执行相应 THEN 后面的表达式或语句，执行完毕后即跳出 CASE 语句；如果所有 WHEN 语句都为 FALSE，则执行 ELSE 子句中的语句。

7.4.4　WHILE 循环语句

　　WHILE 循环语句可以根据某些条件重复执行一条 SQL 语句或一个语句块，只要条件表达式为真，就会重复执行语句。可以在 WHILE 循环中使用 BREAK 和 CONTINUE 关键字来控制语句的执行。使用 BREAK 关键字从最内层的 WHILE 循环中退出；使用CONTINUE 关键字使 WHILE 循环重新开始执行，忽略 CONTINUE 关键字后面的所有语句。

使用 WHILE 循环语句的语法格式如下：

```
WHILE(条件)
    语句或语句块
    [BREAK | CONTINUE]
```

任务：为确保成绩表中所有学生的总评成绩大于 50 分，要对学生成绩普遍加分，每次加 1 分，直到所有总评成绩都大于 50 分为止(使用 WHILE 循环语句)。

加分之前成绩表中的成绩如图 7-12 所示。

JIAXIANGSU-ZJFF....ntdb - dbo.Score ×

	sco_id	sco_stuno	sco_courseid	sco_usual	sco_final	sco_overall
	1	20130101	888001	80	90	85
	2	20130101	888002	70	80	75
	3	20130101	888003	90	100	85
	4	20130102	888001	82	83	82.5
	5	20130102	888002	56	58	57
	6	20130102	888003	92	88	90
	7	20130201	888001	40	55	47.5
	8	20130201	888002	58	60	59
	9	20130201	888003	60	66	63
	10	20130202	888001	70	74	72
	11	20130202	888002	82	88	85
	12	20130202	888003	78	80	79
▸*	NULL	NULL	NULL	NULL	NULL	NULL

图 7-12　加分之前成绩表中的成绩

【步骤 1】　单击工具栏中的 新建查询(N)，打开一个空白的. sql 文件，在查询编辑器窗口中输入如下 T-SQL 语句：

```
PRINT '加分前的总评成绩如下:'
SELECT sco_stuno, sco_courseid, sco_overall FROM Score
DECLARE @num int
WHILE(1 = 1)      -- 条件永远成立
  BEGIN
    SELECT @num = COUNT( * ) FROM Score WHERE sco_overall <= 50    -- 统计成绩不大于 50 的记录数目
    IF(@num > 0)
      UPDATE Score SET sco_overall = sco_overall + 1    -- 如果有总评成绩不大于 50,则每次加 1 分
    ELSE
      BREAK   -- 退出循环
  END
PRINT '加分后的总评成绩如下:'
SELECT sco_stuno, sco_courseid, sco_overall FROM Score
```

【步骤 2】　单击 ✓，执行语法检查，语法检查通过后，单击 ! 执行(X)，执行 T-SQL 命令。

【步骤 3】　在【结果】处将会显示输出结果，如图 7-13 所示。

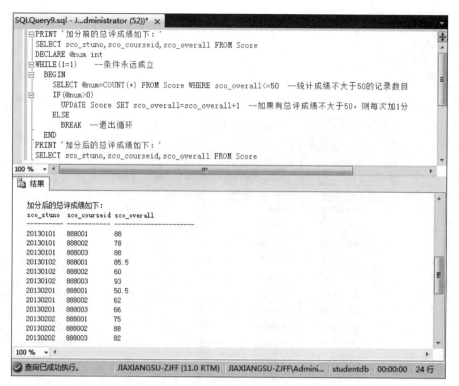

图 7-13　WHILE 循环语句

7.5　批处理语句

批处理是一条或多条 T-SQL 语句的集合,这些语句为完成一个整体的目标而同时执行。GO 是批处理的结束标志。SQL Server 将批处理编译成一个可执行单元,称为执行计划。如果一个批处理中的某条语句包含了语法错误,则整个批处理都不能被编译和执行。批处理的好处是能够简化数据库的管理。

前面内容中包含批处理的例子如下:

```
USE studentdb
GO
```

这就是一个简单的批处理的例子,USE 语句用来设置当前使用的数据库。如果后面有对数据表的增、删、改、查,则是对 studentdb 数据库中的表进行操作。

一般将一些逻辑相关的业务操作语句放置在同一批中。

但是 SQL Server 规定:如果是创建库、创建表、创建存储过程、创建视图等,则必须在语句末尾添加 GO 批处理标志。

在进行 T-SQL 编写过程中的说明:

(1) 大小写不敏感。

(2) T-SQL 语句中出现的所有符号(单引号、逗号等)必须为半角字符。

（3）字符常量要用引号引起来，数字常量不用加引号。

7.6 本章总结

1. T-SQL 语句分为四类，分别是数据定义语句（DDL）、数据操作语句（DML）、数据控制语句（DCL）和一些附加的语言元素。

2. T-SQL 语言的注释分为单行注释（--）和多行注释（/ * 注释内容 * /）。

3. 变量分为局部变量和全局变量，局部变量必须以@作为前缀，全局变量必须以@@作为前缀。

4. 局部变量的使用是先声明，后赋值。

5. 变量赋值的方法有两种方式：使用 SET 语句或 SELECT 语句。

6. 输出结果有两种方式：PRINT 语句和 SELECT 语句。

7. 常用的流程控制语句块包括 BETIN…END 语句、IF…ELSE 条件语句、CASE 多分支语句、WHILE 语句。

8. 批处理可以提高语句执行的效率，批处理结束的标志是 GO。

习题 7

一、选择题

1. CREATE TABLE 属于（　　）。
   （A）数据定义语句　　　　　　　（B）数据操作语句
   （C）数据控制语句　　　　　　　（D）附加的语言元素

2. SELECT 属于（　　）。
   （A）数据定义语句　　　　　　　（B）数据操作语句
   （C）数据控制语句　　　　　　　（D）附加的语言元素

3. 属于数据操作语句的是（　　）。
   （A）DROP TABLE　　　　　　　（B）ALTER TABLE
   （C）BEGIN TRANSACTION　　　（D）INSERT

4. 注释单行语句的符号是（　　）。
   （A）@　　　　　　　　　　　　（B）--
   （C）/ *　 * /　　　　　　　　　（D）♯

5. 局部变量的前缀是（　　）。
   （A）♯　　　　　　　　　　　　（B）--
   （C）@　　　　　　　　　　　　（D）@@

6. 如果要查看 SQL Server 的版本信息，则需要（　　）。
   （A）@@VERSION　　　　　　　　（B）@@ERROR
   （C）@@LANGUAGE　　　　　　　（D）@@SERVERNAME

7. 以下不是流程控制语句中的语句块的是（　　）。

(A) IF…ELSE　　(B) CASE

(C) WHILE　　(D) CREATE

8. 循环结构中,用于跳出循环的语句是(　　)。

(A) IF…ELSE　　(B) WHILE

(C) BREAK　　(D) CONTINUE

9. 使用(　　)关键字使 WHILE 循环重新开始执行,并忽略该关键字后面的所有语句。

(A) WHILE　　(B) BREAK

(C) CASE　　(D) CONTINUE

10. 批处理是一条或多条 T-SQL 语句的集合,这些语句为完成一个整体的目标而同时执行。批处理的结束标志为(　　)。

(A) GO　　(B) BEGIN

(C) END　　(D) BREAK

二、操作题

使用 T-SQL 语句对图书出版管理系统数据库(Book)进行查询。

图书出版管理系统中有两个表,分别如下:

(1) 图书表(书号,书名,作者编号,出版社,出版日期)

(2) 作者表(作者编号,作者姓名,年龄,地址,作者手机号码)

每张表详细的字段信息、约束详见习题 4 操作题。

此时,BookInfo 表中数据如图 7-14 所示。

JIAXIANGSU-ZJFF....k - dbo.BookInfo ×

	book_id	book_name	book_authorid	book_publis...	book_time
▸	b01	网页设计	a01	出版社1	2013-02-01 0...
	b02	SQL Server教程	a01	出版社1	2014-01-01 0...
	b04	大学英语	a05	出版社3	2013-09-21 0...
	b05	计算机网络教...	a03	出版社1	2013-08-15 0...
	b06	高等数学	a04	出版社1	2014-01-01 0...
*	NULL	NULL	NULL	NULL	NULL

图 7-14　BookInfo 表中数据

Author 表中数据如图 7-15 所示。

JIAXIANGSU-ZJFF.Book - dbo.Author ×

	author_id	author_name	author_age	author_addr...	author_phone
▸	a01	张小强	41	浙江金华	13222223333
	a02	张燕	38	浙江宁波	15755556666
	a03	周静	40	浙江杭州	13899990000
	a04	杨丽	50	北京	13755557777
	a05	胡星	53	上海	13688886666
*	NULL	NULL	NULL	NULL	NULL

图 7-15　Author 表中数据

1. 查询 Author 表中姓名为“张燕”的作者信息(将“张燕”存放到变量里)。

2. 查询 Author 表中比"周静"年龄大的作者信息（将"周静"存放到变量里,然后使用 SELECT 求出周静的年龄,最后查询输出结果）。

3. 查询 Author 表。声明两个变量,一个存放作者姓名（通过 SET 赋值）,一个存放作者地址（通过 SELECT 赋值）,然后判断。如果地址是"北京",则使用 PRINT 输出"该作者地址是北京";否则输出"该作者地址不是北京"。

4. 查询 Author 表中作者姓名、年龄,增加一列判断作者所属年龄阶段（青年、中年、壮年或老年）。

5. 查询 BookInfo 表中书籍编号是 b02 的书籍信息（将 b02 存放到变量里）。

6. 查询 BookInfo 表中与书名"网页设计"属于同一个出版社的书籍名称（将"网页设计"存放到变量里,然后使用 SELECT 求出该书的出版社,最后查询输出结果）。

7. 查询 BookInfo 表中所有字段信息,并且增加一列,是否与"网页设计"的作者是同一作者。要求：声明两个变量,一个存放书籍名称"网页设计"（通过 SET 赋值）,一个存放作者编号（通过 SELECT 赋值）,然后判断。如果作者编号与刚才求出的编号相同,则显示"与网页设计是同一作者";否则显示"与网页设计不是同一作者"。

上机 7

本次上机任务：

(1) 使用局部变量。

(2) 使用全局变量。

(3) 输出语句。

(4) 使用 BETIN…END 语句。

(5) 使用 IF…ELSE 条件语句。

(6) 使用 CASE 多分支语句。

(7) 使用 WHILE 循环语句。

要求：本章上机用到的数据库为员工工资数据库（empSalary）,该数据库中有三张表格（后来建的 EmpInfo2 已不再使用,主要对另外三张表进行查询）。

分别如下：

(1)员工信息表（员工编号,员工姓名,性别,年龄,所属部门编号,毕业院校,健康情况,手机号码）。

(2) 部门表（部门编号,部门名称）。

(3) 工资信息表（工资编号,员工编号,应发工资,实发工资）。

每张表详细的字段信息、约束详见上机 4。

此时,Department 表中数据如图 7-16 所示。

EmpInfo 表中数据如图 7-17 所示。

Salary 表中数据如图 7-18 所示。

任务 1：已知 Department 表中部门名称为"市场

JIAXIANGSU-ZJFF…dbo.Department ×	
dep_id	dep_name
caiwu01	财务部
renli01	人力部
shichang01	市场部
xinxi01	信息中心
NULL	*NULL*

图 7-16　Department 表中数据

部",请用 PRINT 输出语句输出该部门的部门编号。

	emp_id	emp_name	emp_sex	emp_age	emp_depart...	emp_graduat...	emp_health	emp_phone
▶	200001	李文	男	32	caiwu01	浙江大学	良好	13233334444
	200002	江晓丽	女	35	renli01	宁波大学	良好	13566667777
	200003	李悦	女	37	shichang01	宁波大学	良好	13655556666
	201301	段杰	男	25	caiwu01	北京大学	良好	13377778888
*	NULL	NULL	NULL	NULL	NULL	NULL	NULL	NULL

图 7-17 EmpInfo 表中数据

	sal_id	sal_empid	sal_accrued	sal_real
▶	gz01	201301	3900	3150
	gz02	200001	4600	3900
	gz03	200002	4800	4000
	gz04	200003	5100	4200
*	NULL	NULL	NULL	NULL

图 7-18 Salary 表中数据

要求:将部门名称存放到变量里,然后通过 SELECT 语句求出该部门编号,最后用 PRINT 输出语句输出部门编号。

任务 2:查询 EmpInfo 表中与"李文"属于同一个部门的员工姓名。

要求:将"李文"存放到变量里,然后通过 SELECT 语句求出李文所在部门编号,最后查询与这个部门编号相同的员工的姓名。

任务 3:已知 EmpInfo 表中员工编号为 200002,请查询出与该位员工的毕业院校相同的员工所有字段信息。

要求:将员工编号存放到变量里,然后通过 SELECT 语句求出该员工的毕业院校,最后查询与该员工毕业院校相同的员工信息。

任务 4:查询 EmpInfo 表中员工姓名、员工所在部门名称(使用 CASE 多分支条件)。

要求:使用 CASE 多分支条件实现,显示的是部门名称(财务部、人力部、市场部或信息中心等)。

任务 5:已知 Salary 表中员工编号为 200002,求出其实发工资。如果大于 3500 元,则 PRINT 输出"工资编号是 200002 的实发工资大于 3500 元";否则输出"工资编号是 200002 的实发工资不大于 3500 元"(使用 IF…ELSE 条件语句)。

要求:将员工编号存放到变量里,然后通过 SELECT 语句求出该员工的实发工资,通过 IF…ELSE 条件语句进行判断。

任务 6:现在要求 Salary 表中每位员工的实发工资至少为 3500 元,如果有低于 3500 元的,则要给所有人加工资,每次增加 50 元,直到所有人的工资大于或等于 3500 元为止(使用 WHILE 循环语句)。

要求:使用 WHILE 循环实现该功能,并且显示增加工资之后 Salary 表中所有员工的工资信息。

第 8 章
数据查询进阶

本章要点：

（1）嵌套查询

（2）使用比较运算符的子查询

（3）使用 IN 和 NOT IN 子查询

（4）使用 EXISTS 和 NOT EXISTS 子查询

8.1 嵌套查询概述

在一个查询语句中包含另一个(或多个)查询语句的查询称为嵌套查询。嵌套查询又叫子查询，外层的查询语句为主查询语句，内层的查询语句为子查询语句，子查询语句用括号括起来。在嵌套查询中先计算子查询，子查询的结果作为主查询的过滤条件，查询可以基于一个表或多个表。

SQL 语句允许多层嵌套查询，但是子查询的 SELECT 语句中不能使用 ORDER BY 子句。ORDER BY 子句只能对最终查询结果进行排序。

子查询中可以使用比较运算法，还可以使用 IN 和 EXISTS 关键字。因为子查询作为 WHERE 条件的一部分，所以除了可以用在 SELECT 语句主查询之外，还可以将其添加到 UPDATE、DELETE 语句中，而且可以进行多层嵌套。本章讲解在 SELECT 语句中嵌套子查询。

8.2 使用比较运算符的子查询

当确认一个子查询语句的查询结果是单一值时，可以将该子查询放置到比较运算符的条件表达式的一端，构成一个条件表达式。常用的比较运算符是 = 、>、>=、<、<=、<>、!=。

任务一：查询 Student 表中与"王伟"性别相同的学生姓名(使用嵌套查询)。

【步骤 1】 单击工具栏中的 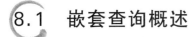 ，打开一个空白的 .sql 文件，在查询编辑器窗口中输入如下 T-SQL 语句：

```
SELECT stu_name
FROM Student
WHERE stu_sex = (SELECT stu_sex FROM Student WHERE stu_name = '王伟')
```

【步骤2】 单击 ✓,执行语法检查,语法检查通过后,单击 ! 执行(X) ,执行 T-SQL 命令。

【步骤3】 在【结果】处将会显示查询结果,如图 8-1 所示。

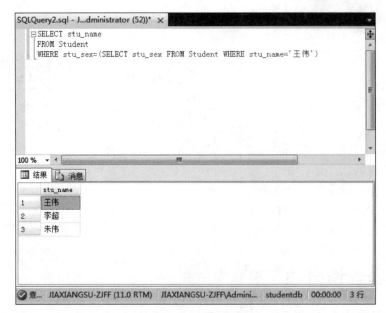

图 8-1 查询 Student 表中与"王伟"性别相同的学生姓名(使用嵌套查询)

任务二:查询 Course 表中比"网页设计"学分高的课程名称(使用嵌套查询)。

【步骤1】 单击工具栏中的 新建查询(N),打开一个空白的.sql 文件,在查询编辑器窗口中输入如下 T-SQL 语句:

```
SELECT cou_name
FROM Course
WHERE cou_credit >(SELECT cou_credit FROM Course WHERE cou_name = '网页设计')
```

【步骤2】 单击 ✓,执行语法检查,语法检查通过后,单击 ! 执行(X) ,执行 T-SQL 命令。

【步骤3】 在【结果】处将会显示查询结果,如图 8-2 所示。

任务三:查询部门名称不是"计算机应用技术教研室"的教师姓名(使用嵌套查询)。

说明:

该查询涉及两张表,Teacher 表和 Department 表,可以用前面学过的多表连接查询实现,也可以用嵌套查询实现。一般情况下,表连接都可以用子查询替换,但是并不是所有的子查询都可以用表连接替换。子查询比较灵活、方便,形式多样,适合作为查询的筛选条件,而表连接更适合查看多表的数据。

使用多表连接实现任务三的 T-SQL 语句如下:

```
SELECT Teacher.tea_name
FROM Teacher INNER JOIN Department
ON Teacher.tea_departmentid = Department.dep_id WHERE dep_name <>'计算机应用技术教研室'
```

【步骤1】 单击工具栏中的 新建查询(N),打开一个空白的.sql 文件,在查询编辑器窗口中输入如下 T-SQL 语句:

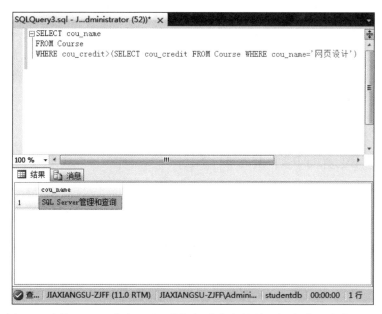

图 8-2　查询 Course 表中比"网页设计"学分高的课程名称(使用嵌套查询)

SELECT tea_name

FROM Teacher

WHERE tea_departmentid<>(SELECT dep_id FROM Department WHERE dep_name = '计算机应用技术教研室')

【步骤 2】　单击 ✔,执行语法检查,语法检查通过后,单击 ❗ 执行(X) ,执行 T-SQL 命令。

【步骤 3】　在【结果】处将会显示查询结果,如图 8-3 所示。

图 8-3　查询部门名称不是"计算机应用技术教研室"的教师姓名(使用嵌套查询)

说明:

子查询和比较运算符联合使用,必须保证子查询返回的值不能多于一个。

练习：

（1）查询 Student 表中与"李超"在同一个班级的学生所有字段信息（使用嵌套查询）。

（2）查询 Teacher 表中与"王军"的部门编号不相同的教师姓名（使用嵌套查询）。

（3）查询 Score 表中与学号为 20130101，课程编号为 888001 的总评成绩不同的成绩所有字段信息（使用嵌套查询）。

（4）查询班级名称是"13 应用"的学生姓名（使用嵌套查询）。

8.3 使用 IN 和 NOT IN 子查询

使用比较运算符的子查询要求子查询只能返回一条记录或空的记录。如果子查询语句的结果集中值的个数大于一个，则只能使用 IN 或 NOT IN 子查询。

任务一：查询 Teacher 表中与"王军"或"李明"在同一个部门的教师姓名（使用嵌套查询）。

【步骤 1】 单击工具栏中的 新建查询(N)，打开一个空白的 .sql 文件，在查询编辑器窗口中输入如下 T-SQL 语句：

```
SELECT tea_name
FROM Teacher
WHERE tea_departmentid IN
(SELECT tea_departmentid FROM Teacher WHERE tea_name = '王军' OR tea_name = '李明')
```

【步骤 2】 单击 ✓，执行语法检查，语法检查通过后，单击 ! 执行(X)，执行 T-SQL 命令。

【步骤 3】 在【结果】处将会显示查询结果，如图 8-4 所示。

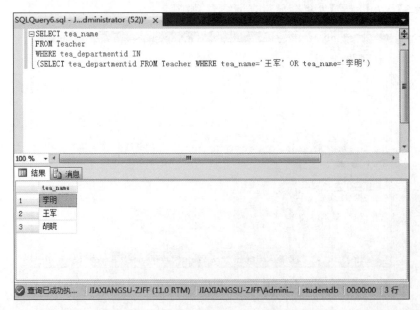

图 8-4 查询 Teacher 表中与"王军"或"李明"在同一个部门的教师姓名（使用嵌套查询）

任务二：查询班级下面没有学生的班级名称（使用嵌套查询）。

【步骤 1】 单击工具栏中的 新建查询(N)，打开一个空白的 .sql 文件，在查询编辑器窗口中输入如下 T-SQL 语句：

```
SELECT cla_name
FROM Class
WHERE cla_id NOT IN
(SELECT stu_classid FROM Student)
```

【步骤 2】 单击 ✔，执行语法检查，语法检查通过后，单击 ❗ 执行(X)，执行 T-SQL 命令。

【步骤 3】 在【结果】处将会显示查询结果，如图 8-5 所示。

图 8-5 查询班级下面没有学生的班级名称（使用嵌套查询）

练习：

（1）查询 Student 表中与"李超"或"张静"在同一个班级的学生姓名（使用嵌套查询）。

（2）查询成绩表中没有成绩的课程名称（使用嵌套查询）。

8.4 使用 EXISTS 和 NOT EXISTS 子查询

EXISTS 后面的参数是一个子查询，系统对子查询进行运算以判断它是否返回行。如果至少返回一行，则 EXISTS 的结果为 TRUE；否则返回 FALSE。如果外层有查询语句，当 EXISTS 的结果是 TRUE 时才会执行外层的主查询。

由于 EXISTS 的子查询只能返回真值或假值，因此在子查询中指定列名是没有意义的。一般情况下，在有 EXISTS 的子查询中，列名通常使用 *。

任务一： 如果 Score 表中有学生期末成绩是 100 分，则显示学号、课程编号、期末成绩（使用嵌套查询）。

【步骤 1】 单击工具栏中的 新建查询(N)，打开一个空白的 .sql 文件，在查询编辑器窗口中

输入如下 T-SQL 语句：

```
SELECT sco_stuno,sco_courseid,sco_final
FROM Score
WHERE EXISTS(SELECT * FROM Score WHERE sco_final = 100)
```

【步骤 2】　单击 ✓，执行语法检查，语法检查通过后，单击 ❗执行(X)，执行 T-SQL 命令。

【步骤 3】　在【结果】处将会显示查询结果，如图 8-6 所示。

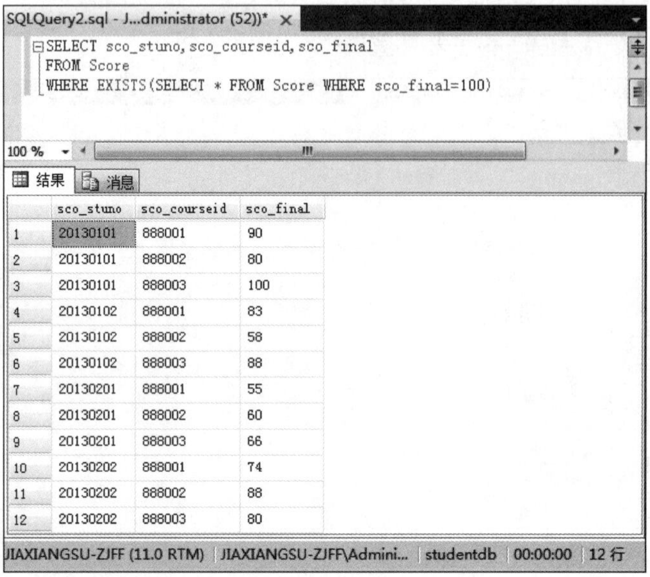

图 8-6　如果 Score 表中有学生期末成绩是 100 分，则显示成绩信息

任务二：Score 表中如果有人的总评成绩大于 90 分，则学生总评成绩不变；否则，给每个学生总评成绩加 10 分(使用嵌套查询)。

【步骤 1】　单击工具栏中的 🗔 新建查询(N)，打开一个空白的 .sql 文件，在查询编辑器窗口中输入如下 T-SQL 语句：

```
IF EXISTS(SELECT * FROM Score WHERE sco_overall > 90)
  BEGIN
    PRINT '有人成绩大于 90 分,所有学生成绩不变。'
    SELECT * FROM Score
  END
ELSE
  BEGIN
    PRINT '没有人成绩大于 90 分,所有学生成绩加 10 分。'
    UPDATE Score SET sco_overall = sco_overall + 10
    SELECT * FROM Score
  END
```

【步骤 2】　单击 ✓，执行语法检查，语法检查通过后，单击 ❗执行(X)，执行 T-SQL 命令。

【步骤 3】　在【消息】处将会显示输出结果，如图 8-7 所示。

图 8-7　Score 表中如果有人的成绩大于 90 分,则成绩不变;否则加 10 分

练习:

(1) 如果 Student 表中有学生的籍贯是空,则只显示 Student 表中的学生姓名、性别信息(使用嵌套查询)。

(2) Score 表中如果有人的平时成绩大于 90 分,则学生平时成绩不变;否则,给每个学生平时成绩加 10 分(使用嵌套查询)。

8.5　本章总结

1. 在一个查询语句中包含另一个(或多个)查询语句的查询称为嵌套查询。嵌套查询又叫子查询,外层的查询语句为主查询语句,内层的查询语句为子查询语句。

2. 子查询和比较运算符联合使用,必须保证子查询返回的值不能多于一个。

3. IN 子查询后面可以跟随返回多条记录的子查询,用于检测某列的值是否存在某个范围中。

4. 在子查询中使用 EXISTS 子句,可以对子查询中的行是否存在进行检查。如果至少返回一行,则 EXISTS 的结果为 TRUE;否则返回 FALSE。

习题 8

一、选择题

1. SELECT * FROM Student WHERE stu_no(　　)(SELECT stu_no FROM Student),括号中应该填写哪个比较合理。

(A) >　　(B) =

(C) IN　　(D) EXISTS

2. 下列(　　)子句可以与子查询一起使用以检查行或列是否存在。

(A) IN　　(B) COUNT

(C) DISTINCT　　(D) EXISTS

3. 下列有关子查询和连接的说法,错误的是(　　)。

(A) 子查询一般可以代替连接

(B) 连接能代替所有的子查询

(C) 如果需要显示多表数据,则优先考虑连接

(D) 如果只是作为查询的条件部分,一般考虑子查询

二、操作题

使用 T-SQL 语句对图书出版管理系统数据库(Book)进行查询。

图书出版管理系统中有两个表,分别如下:

(1) 图书表(书号,书名,作者编号,出版社,出版日期)

(2) 作者表(作者编号,作者姓名,年龄,地址,作者手机号码)

每张表详细的字段信息、约束详见习题 4 操作题。

此时,BookInfo 表中数据如图 8-8 所示。

JIAXIANGSU-ZJFF....k - dbo.BookInfo

	book_id	book_name	book_authorid	book_publis...	book_time
▸	b01	网页设计	a01	出版社1	2013-02-01 0...
	b02	SQL Server教程	a01	出版社1	2014-01-01 0...
	b04	大学英语	a05	出版社3	2013-09-21 0...
	b05	计算机网络教...	a03	出版社1	2013-08-15 0...
	b06	高等数学	a04	出版社1	2014-01-01 0...
*	NULL	NULL	NULL	NULL	NULL

图 8-8　BookInfo 表中数据

Author 表中数据如图 8-9 所示。

JIAXIANGSU-ZJFF.Book - dbo.Author

	author_id	author_name	author_age	author_addr...	author_phone
▸	a01	张小强	41	浙江金华	13222223333
	a02	张燕	38	浙江宁波	15755556666
	a03	周静	40	浙江杭州	13899990000
	a04	杨丽	50	北京	13755557777
	a05	胡星	53	上海	13688886666
*	NULL	NULL	NULL	NULL	NULL

图 8-9　Author 表中数据

1. 查询 Author 表中比“杨丽”年龄大的作者信息(使用嵌套查询)。
2. 查询 BookInfo 表中与“网页设计”是同一出版社的书籍名称(使用嵌套查询)。
3. 查询在 BookInfo 表中出现过的作者姓名(使用嵌套查询)。

本次上机任务：

（1）使用比较运算符的子查询。

（2）使用 IN 和 NOT IN 子查询。

（3）使用 EXISTS 和 NOT EXISTS 子查询。

要求：本章上机用到的数据库为员工工资数据库（empSalary），该数据库中有三张表格（后来建的 EmpInfo2 已不再使用，主要对另外三张表进行查询）。其信息分别如下。

（1）员工信息表（员工编号，员工姓名，性别，年龄，所属部门编号，毕业院校，健康情况，手机号码）。

（2）部门表（部门编号，部门名称）。

（3）工资信息表（工资编号，员工编号，应发工资，实发工资）。

每张表详细的字段信息、约束详见上机 4。

此时，Department 表中数据如图 8-10 所示。

EmpInfo 表中数据如图 8-11 所示。

Salary 表中数据如图 8-12 所示。

dep_id	dep_name
caiwu01	财务部
renli01	人力部
shichang01	市场部
xinxi01	信息中心
NULL	NULL

图 8-10　Department 表中数据

emp_id	emp_name	emp_sex	emp_age	emp_depart...	emp_graduat...	emp_health	emp_phone
200001	李文	男	32	caiwu01	浙江大学	良好	13233334444
200002	江晓丽	女	35	renli01	宁波大学	良好	13566667777
200003	李悦	女	37	shichang01	宁波大学	良好	13655556666
201301	段杰	男	25	caiwu01	北京大学	良好	13377778888
NULL	NULL	NULL	NULL	NULL	NULL	NULL	NULL

图 8-11　EmpInfo 表中数据

sal_id	sal_empid	sal_accrued	sal_real
gz01	201301	3900	3500
gz02	200001	4600	4250
gz03	200002	4800	4350
gz04	200003	5100	4550
NULL	NULL	NULL	NULL

图 8-12　Salary 表中数据

任务 1：查询 EmpInfo 表中与姓名为"李悦"的员工毕业院校相同的员工姓名、毕业院校。

要求：使用嵌套查询实现。

任务 2：查询 EmpInfo 表中与姓名为"李文"的员工年龄不相同的员工姓名、性别、年龄。

要求：使用嵌套查询实现。

任务 3：部门中有员工的部门名称。

要求：使用嵌套查询实现。

任务 4：查询比员工编号为 200001 的实发工资高的员工姓名。

要求：使用嵌套查询实现，而且需要两层嵌套。

第9章

索引和视图

本章要点：

（1）索引的概念

（2）索引的创建与管理

（3）视图的概念

（4）视图的创建与管理

 ## 9.1　索引的基本概念

　　数据库索引是对数据表中的一列或多列的值进行排序的结构,就像一本书的目录一样,索引提供了在行中快速查询特定行的能力。索引是加快检索表中数据的方法。数据库的索引类似于书籍的索引,书籍中的索引允许用户不必翻阅完整的一本书就能迅速找到所需要的信息;数据库中的索引也允许数据库程序迅速找到表中的数据,而不必扫描整个数据库。

9.1.1　索引的优缺点

1. 索引的优点

（1）大大加快数据的检索速度。

（2）可以通过创建唯一性索引,保证数据库表中每行数据的唯一性。

（3）加速表和表之间的连接,特别是在实现数据的参照完整性方面比较有意义。

（4）减少查询中分组和排序的时间。

（5）可以在查询的过程中使用优化隐藏器,提高系统的性能。

2. 索引的缺点

（1）创建索引和维护索引要耗费时间,而且时间随数据量的增加而增加。

（2）索引需要占用物理空间,聚集索引占用的空间更大。

（3）当对表中的数据进行增、删、改时,索引也要动态地维护,这样就增加了系统的额外开销,降低了数据的维护速度。

9.1.2　索引的分类

　　索引按照存储结构来分,可以分为聚集索引（clustered index,也称为聚类索引、簇集索引)、非聚集索引(nonclustered index,也称为非聚类索引、非簇集索引)和其他索引。

(1)聚集索引：物理存储顺序与索引顺序完全相同,由上下两层组成,上层为索引页,下层为数据页,只有一种排序方式,因此每个表中只能创建一个聚集索引。

(2)非聚集索引：与书籍的目录类似,数据存储在一个地方,索引存储在另一个地方,索引带有指针指向数据的存储位置。存储的数据顺序一般和表的物理数据的存储结构不同。

(3)其他索引：除了聚集索引和非聚集索引之外,还有以下索引类型。

① 唯一索引：唯一索引可以确保索引键不包括重复的值。聚集索引和非聚集索引都可以是唯一索引。

② 包含列索引：包含列索引是一种非聚集索引,它扩展后不仅包含键列,还包含非键列。

③ 索引视图：在视图上添加索引后能提高视图的查询效率。

④ 全文索引：全文索引是一种特殊类型的基于标记的功能性索引,由 Microsoft SQL Server 全文引擎服务创建和维护,用于在字符串数据中搜索复杂的词。

⑤ XML 索引：XML 索引是与 XML 数据关联的索引形式,XML 索引又可以分为主索引和辅助索引。

下面通过一个例子说明聚集索引和非聚集索引的区别。

现代汉语字典的正文本身就是一个聚集索引。例如,要查"岸"字,一般会翻开字典的前几页,因为"岸"的拼音是 an,而按照拼音排序,汉字的字典以字母 a 开头并以字母 z 结尾,"岸"字排在字典的前面部分。如果翻完了所有以字母 a 开头的部分仍然找不到这个字,那么就说明字典中没有这个字;同样地,如果查"中"字,一般会将字典翻到最后部分,因为"中"的拼音是 zhong,所以排在字典的后面部分。也就是说,字典的正文部分就是本书的一个目录,不需要再去查其他目录来找需要查找的内容。把这种正文内容本身就是按照一定规则排列的目录称为聚集索引。

如果认识某个字,则可以快速地从字典中查到这个字,但是,有时会遇到不认识的字,不知道它的发音,这时就不能按照上面的方法找到要查的字,而需要根据"偏旁部首"来查找,然后根据字后面的页码翻到对应页。使用这种方式找到需要的字需要两步,首先找到目录中的结果,然后再翻到所需要的页码。这种目录纯粹是目录,正文纯粹是正文的排序方式称为非聚集索引。

每个表只能有一个聚集索引,因为目录只能按照一种方法进行排序。

说明：

(1)一个表只能创建一个聚集索引,但可以有多个非聚集索引。

(2)设置某列为主键,该列就默认为聚集索引。

(3)索引要适量,并非越多越好。因为一个表中有大量索引,不仅占用大量的磁盘空间,还会影响增、删、改的性能。

(4)数据量小的表最好不要使用索引,由于数据量少,查询花费的时间可能比遍历索引的时间还要短,索引有可能不会产生优化效果。

9.2　索引的创建

创建索引的方法有两种：使用 SSMS 图形界面和使用 T-SQL 语句。

9.2.1 使用 SSMS 图形界面创建索引

任务： 用 SSMS 图形界面在 studentdb 数据库 Student 表的 stu_name 列创建非聚集索引。

【步骤1】 启动 SSMS，依次选择 SSMS 界面左侧的【对象资源管理器】→【数据库】→studentdb→【表】→Student，右击【索引】，选择【新建索引】→【非聚集索引】，如图 9-1 所示。打开【新建索引】窗口，在【常规】选项卡中可以配置索引的名称，是否是唯一索引等信息，如图 9-2 所示。

图 9-1 使用 SSMS 图形界面创建索引 1

图 9-2 使用 SSMS 图形界面创建索引 2

【步骤2】　单击【索引键列】下方的【添加】按钮,打开选择添加索引的列窗口,可以选择在哪些列添加索引,这里选择在 stu_name 列添加索引,如图9-3所示。

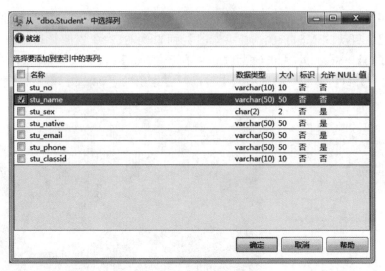

图 9-3　使用 SSMS 图形界面创建索引 3

【步骤3】　单击【确定】按钮,返回【新建索引】窗口,如图9-4所示。

图 9-4　使用 SSMS 图形界面创建索引 4

【步骤4】　单击【确定】按钮,可以在 Student 表下面的索引处看到新创建的非聚集索引,如图9-5所示。

图 9-5 使用 SSMS 图形界面创建索引 5

9.2.2 使用 T-SQL 语句创建索引

使用 T-SQL 创建索引的语法如下：

```
CREATE [UNIQUE] [CLUSTERED｜NONCLUSTERED] INDEX 索引名
ON {表名｜视图} (列名[,列名][,…n])
[WITH
    FILLFACTOR = 数值
]
```

其中，"[ ]"表示可选部分；"{}"表示必须部分。各参数含义说明如下。

（1）UNIQUE：表示在表或视图上创建唯一索引。

（2）CLUSTERED：表示创建聚集索引。

（3）NONCLUSTERED：表示创建非聚集索引。

（4）FILLFACTOR：表示填充因子，指定一个 0～100 的值，该值指示索引页填满的空间所占的百分比。默认值为 0。

1．创建非聚集索引

任务一：用 T-SQL 语句在 studentdb 数据库 Score 表的 sco_overall 列创建非聚集索引，填充因子为 30％。

【步骤 1】 单击工具栏中的 新建查询(N) ，打开一个空白的.sql 文件，在查询编辑器窗口输入如下 T-SQL 语句：

```
CREATE NONCLUSTERED INDEX IX_Score_scooverall
ON Score(sco_overall)
WITH
FILLFACTOR = 30
```

【步骤2】 单击 ✓,执行语法检查,语法检查通过后,单击 ❗ 执行(X),执行 T-SQL 命令。刷新【对象资源管理器】下的 Score 数据表,查看新创建的索引,如图 9-6 所示。

图 9-6 在 Score 表的 sco_overall 列创建非聚集索引

任务二：用 T-SQL 语句在 studentdb 数据库 Student 表的 stu_name 列和 stu_phone 列创建非聚集索引。

【步骤1】 单击工具栏中的 🔲 新建查询(N),打开一个空白的 .sql 文件,在查询编辑器窗口中输入如下 T-SQL 语句：

```
CREATE NONCLUSTERED INDEX IX_Student_namephone
ON Student(stu_name,stu_phone)
```

【步骤2】 单击 ✓,执行语法检查,语法检查通过后,单击 ❗ 执行(X),执行 T-SQL 命令。刷新【对象资源管理器】下的 Student 数据表,查看新创建的索引,如图 9-7 所示。

图 9-7 在 Student 表的 stu_name 列和 stu_phone 列创建非聚集索引

【步骤 3】 右击新建的索引,选择【属性】(或者双击索引),查看索引的属性信息,如图 9-8 所示。

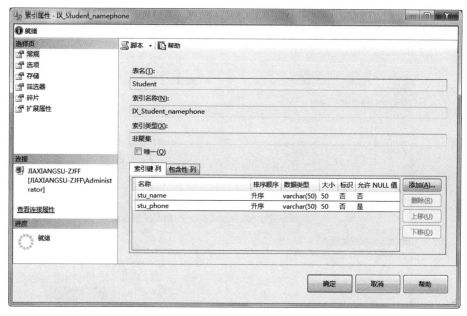

图 9-8 索引 IX_Student_namephone 的属性信息

2. 创建聚集索引

任务三:用 T-SQL 语句在 studentdb 数据库 Contact 表的 con_name 列创建唯一聚集索引。

【步骤 1】 单击工具栏中的 新建查询(N) ,打开一个空白的 .sql 文件,在查询编辑器窗口中输入如下 T-SQL 语句:

```
CREATE UNIQUE CLUSTERED INDEX IX_Contact_name
ON Contact(con_name)
```

【步骤 2】 单击 ✓,执行语法检查,语法检查通过后,单击 ! 执行(X) ,执行 T-SQL 命令。刷新【对象资源管理器】下的 Student 数据表,查看新创建的索引,如图 9-9 所示。

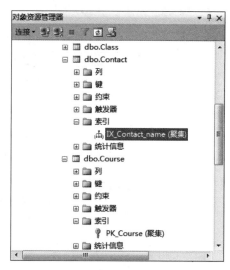

图 9-9 在 Contact 表的 con_name 列创建唯一聚集索引

9.3 索引的管理

9.3.1 查看、修改索引信息

在 SSMS 的【对象资源管理器】中找到要查看的索引,双击(或右击选择【属性】)索引即可打开【索引属性】窗口,可以在该窗口查看索引信息,也可以修改索引信息。

任务: 用 SSMS 图形界面修改 studentdb 数据库 Score 表的名为 IX_Score_scooverall 的索引,将索引建立在 sco_final 列上。

【步骤 1】 双击【对象资源管理器】下 Score 表中名为 IX_Score_scooverall 的索引,打开【索引属性】窗口,选中 sco_overall 列,如图 9-10 所示。

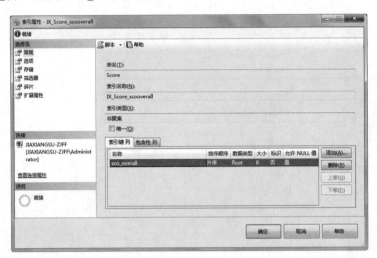

图 9-10　修改索引信息 1

【步骤 2】 单击【删除】按钮,将 sco_overall 列删除,重新添加 sco_final 列,添加好之后的界面如图 9-11 所示。

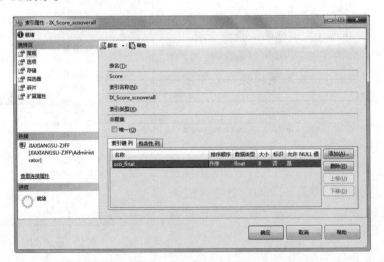

图 9-11　修改索引信息 2

【步骤 3】 单击【确定】按钮,即可完成索引信息的修改。

9.3.2　重命名索引

任务: 用 SSMS 图形界面将 studentdb 数据库 Score 表的名为 IX_Score_scooverall 的

索引重命名为 IX_Score_scofinal。

【步骤1】 右击名为 IX_Score_scooverall 的索引,选择【重命名】,如图 9-12 所示。

图 9-12 重命名索引

【步骤2】 在文本框中输入新的名称即可。

9.3.3 删除索引

任务:用 SSMS 图形界面将 studentdb 数据库 Score 表的名为 IX_Score_scofinal 的索引删除。

【步骤1】 右击名为 IX_Score_scofinal 的索引,在弹出的快捷菜单中选择【删除】选项,如图 9-13 所示。打开【删除对象】窗口,如图 9-14 所示。

图 9-13 删除索引 1

图 9-14　删除索引 2

【步骤 2】　单击【确定】按钮,即可完成索引的删除。

9.4　视图的基本概念

　　视图是一个虚拟表,是从一个或者多个表中导出的,其内容由查询定义。同真实的表一样,视图的作用类似于筛选。

　　视图一经定义便存储在数据库中,与其相对应的数据并没有像表那样又在数据库中再存储一份,通过视图看到的数据只是存放在基本表中的数据。对视图的操作与对表的操作一样,可以对其进行查询、增加、修改、删除。当对通过视图看到的数据进行修改时,相应的基本表的数据也会发生变化。同时,若基本表的数据发生变化,则这种变化也可以自动反映到视图中。因为修改视图有很多限制,所以在实际开发中视图一般仅做查询使用。

　　视图经常用来进行如下操作。

　　(1) 筛选表中的行。

　　(2) 防止未经许可的用户访问敏感数据。

　　(3) 将多个物理数据表抽象为一个逻辑数据表。

　　使用视图可以给用户和开发人员带来很多好处。

1. 对用户的好处

　　(1) 结果更容易理解。创建视图时,可以将列名改为有意义的名称,使用户更容易理解列所代表的内容。在视图中修改列名不会影响基本表的列名。

（2）获得数据更容易。很多人对 SQL 不太了解，因此对他们来说创建对多个表的复杂查询很困难，可以通过创建视图方便用户访问多个表中的数据。

2．对开发人员的好处

（1）限制数据检索更容易。开发人员有时需要隐藏某些行或列中的信息。通过使用视图，用户可以灵活地访问他们需要的数据，同时保证同一个表或其他表中的其他数据的安全性。要实现这一目标，可以在创建视图时将要对用户保密的列排除在外。

（2）维护应用程序更方便。调试视图比调试查询更容易。

9.5 视图的创建

创建视图的方法有两种：使用 SSMS 图形界面和使用 T-SQL 语句。

9.5.1 使用 SSMS 图形界面创建视图

1．在单个表上创建视图

任务一：用 SSMS 图形界面在 studentdb 数据库中创建视图，要求显示学生姓名、学生邮箱、学生手机号码。

【步骤 1】 启动 SSMS，依次选择 SSMS 界面左侧的【对象资源管理器】→【数据库】→studentdb→【视图】，右击【视图】，选择【新建视图】，如图 9-15 所示。打开【添加表】窗口，如图 9-16 所示。

图 9-15　创建视图显示学生姓名、学生邮箱、学生手机号码界面 1

图 9-16　创建视图显示学生姓名、学生邮箱、学生手机号码界面 2

【步骤 2】 【表】中选择 Student，单击【添加】按钮，选中要显示的列，如图 9-17 所示。

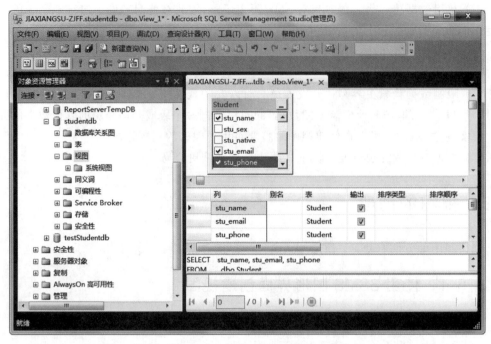

图 9-17　创建视图显示学生姓名、学生邮箱、学生手机号码界面 3

【步骤 3】 保存视图文件名为 View_Student，刷新视图，在【对象资源管理器】中查看新建的视图，如图 9-18 所示。

【步骤 4】 右击新建的视图，选择【编辑前 200 行】，查看视图中的数据，如图 9-19 所示。

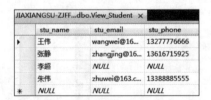

图 9-18　创建视图显示学生姓名、学生　　　　　图 9-19　查看名为 View_Student 的
邮箱、学生手机号码界面 4　　　　　　　　　　　　视图中数据

2. 在多个表上创建视图

任务二：用 SSMS 图形界面在 studentdb 数据库中创建视图,要求显示学生姓名、课程名称、总评成绩。

【步骤1】 启动 SSMS,依次选择 SSMS 界面左侧的【对象资源管理器】→【数据库】→studentdb→【视图】,右击【视图】,选择【新建视图】,打开【添加表】窗口,如图 9-20 所示。

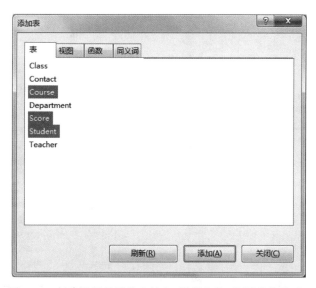

图 9-20 创建视图显示学生姓名、课程名称、总评成绩界面 1

【步骤2】 选择要用到的三张表,单击【添加】按钮,关闭该窗口,选中需要显示的列,在下面的【别名】处分别输入学生姓名、课程名称、总评成绩,如图 9-21 所示。

图 9-21 创建视图显示学生姓名、课程名称、总评成绩界面 2

【**步骤3**】 保存视图,其名称为 View_StudentCourseScore,刷新视图,在【对象资源管理器】中查看新建的视图,如图 9-22 所示。

【**步骤4**】 右击新建的视图,选择【编辑前 200 行】,查看视图中的数据,如图 9-23 所示。

图 9-22 创建视图显示学生姓名、课程 名称、总评成绩界面 3

图 9-23 查看名为 View_StudentCourseScore 的视图中数据

9.5.2 使用 T-SQL 语句创建视图

使用 T-SQL 语句创建视图的语法如下:

```
CREATE VIEW 视图名
AS < select 语句>
```

1. 在单个表上创建视图

任务一:用 T-SQL 语句在 studentdb 数据库中创建视图,显示课程名称、课程学分。

【**步骤1**】 单击工具栏中的 新建查询(N),打开一个空白的 .sql 文件,在查询编辑器窗口中输入如下 T-SQL 语句:

```
CREATE VIEW View_Course
AS SELECT cou_name AS '课程名称',cou_credit AS '学分'
FROM Course
GO
SELECT * FROM View_Course
```

【**步骤2**】 单击 ✓,执行语法检查,语法检查通过后,单击 ❗ **执行(X)**,执行 T-SQL 命令,如图 9-24 所示。

【**步骤3**】 刷新视图,在【对象资源管理器】中查看新建的视图,如图 9-25 所示。

图 9-24 创建视图显示课程名称、课程学分界面　图 9-25 查看名为 View_Course 的视图中数据

2. 在多个表上创建视图

任务二：用 T-SQL 语句在 studentdb 数据库中创建视图,显示教师姓名、教师所属部门名称。

【**步骤1**】 单击工具栏中的 🔲 **新建查询(N)**,打开一个空白的 .sql 文件,在查询编辑器窗口中输入如下 T-SQL 语句：

```
CREATE VIEW View_TeacherDepartment
AS SELECT Teacher.tea_name,Department.dep_name
FROM Teacher LEFT JOIN Department ON Teacher.tea_departmentid = Department.dep_id
GO
SELECT * FROM View_TeacherDepartment
```

【**步骤2**】 单击 ✓,执行语法检查,语法检查通过后,单击 ❗ **执行(X)**,执行 T-SQL 命令,如图 9-26 所示。

图 9-26 创建视图显示教师姓名、教师所属部门名称界面

【步骤3】 刷新视图,在【对象资源管理器】中查看新建的视图,如图 9-27 所示。

tea_name	dep_name
贾祥素	计算机信息管…
李明	计算机网络技…
王军	计算机应用技…
胡晓	计算机应用技…
NULL	NULL

图 9-27   查看名为 View_TeacherDepartment 的视图中数据

9.6   视图的管理

9.6.1   查看视图

本节讲解使用 SSMS 图形界面查看视图。

右击要查看的视图,如 View_Course,选择【属性】,打开【视图属性】窗口,如图 9-28 所示。

图 9-28   查看视图属性

9.6.2   修改视图

任务:修改名称为 View_Course 的视图,添加一个 cou_id 列,列的别名为课程编号。

【步骤 1】 右击名称为 View_Course 的视图,选择【设计】,在设计窗口选中 cou_id 列,别名处输入课程编号,如图 9-29 所示。

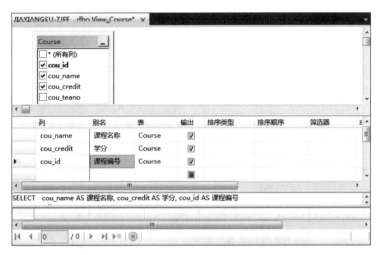

图 9-29 修改视图

【步骤 2】 保存视图,即完成了对视图的修改。此时,视图中的数据也发生了相应的改变,如图 9-30 所示。

课程名称	学分	课程编号
SQL Server管理和查询	3	888001
计算机专业英语	2	888002
网页设计	2	888003
平面设计	2	888004
NULL	*NULL*	*NULL*

图 9-30 查看名为 View_ Course 的视图中数据

9.6.3 删除视图

1. 使用 SSMS 图形界面删除视图

任务一:删除名称为 View_Course 的视图。

【步骤 1】 右击要删除的视图 View_Course,在弹出的快捷菜单中选择【删除】选项,如图 9-31 所示。

【步骤 2】 在打开的【删除视图】窗口中单击【确定】按钮,即可完成对视图的删除。

2. 使用 T-SQL 语句删除视图

任务二:删除名称为 View_Student 的视图。

【步骤 1】 单击工具栏中的 新建查询(N),打开一个空白的.sql 文件,在查询编辑器窗口中输入如下 T-SQL 语句:

```
DROP VIEW View_Student
```

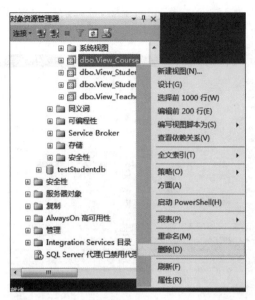

图 9-31   删除名称为 View_Course 的视图

【步骤 2】   单击 ✓,执行语法检查,语法检查通过后,单击 ! 执行(X),执行 T-SQL 命令,如图 9-32 所示。

图 9-32   删除名称为 View_Student 的视图

9.7   本章总结

1. 建立索引有助于提高检索数据的速度,按照存储结构来分,可以分为聚集索引、非聚集索引和其他索引。

2. 一个表只能有一个聚集索引(因为聚集索引决定数据的物理存储顺序),可以有多个非聚集索引(因为非聚集索引指定表的逻辑顺序)。

3. 视图是一种虚拟表,是另一种查看数据库中一个或多个表中数据的方法。

4. 视图经常用来筛选表中的行、防止未经许可的用户访问敏感数据、将多个物理数据表抽象为一个逻辑数据表。

习题 9

一、选择题

1. 有关索引的说法,正确的是( )。
   (A) 当对表中的数据进行增、删、改时,索引不需要变化
   (B) 可以通过创建唯一性索引,保证数据库表中每行数据的唯一性
   (C) 非聚集索引只能有一个,聚集索引可以有多个
   (D) 索引越多越好

2. 创建唯一聚集索引的 T-SQL 语句是( )。
   (A) CREATE CLUSTERED INDEX 列名
   (B) CREATE UNIQUE NONCLUSTERED INDEX 列名
   (C) CREATE NONCLUSTERED INDEX 列名
   (D) CREATE UNIQUE CLUSTERED INDEX 列名

3. 有关视图的说法,错误的是( )。
   (A) 视图是一个虚拟表
   (B) 视图可以使用户只关心其感兴趣的某些特定数据和负责的特定任务
   (C) 视图不能用于连接多个表
   (D) 视图可以让不同的用户以不同的方式看到不同或者相同的数据集

4. 删除视图的语句正确的是( )。
   (A) DELETE VIEW 视图名
   (B) DROP VIEW 视图名
   (C) DROP VIEW 视图名(列名列表)
   (D) 以上都不对

二、操作题

说明:使用的数据库是图书出版管理系统数据库(Book)。

1. 使用 SSMS 图形界面在 Author 表的 author_name 列创建非聚集索引。

2. 使用 T-SQL 语句在 BookInfo 表的 book_name 列创建非聚集索引,填充因子为 20%。

3. 使用 SSMS 图形界面在 Book 数据库中创建视图,要求显示作者姓名、作者年龄、作者手机号码。

4. 使用 SSMS 图形界面在 Book 数据库中创建视图,要求显示书名、作者姓名、出版社。

5. 使用 T-SQL 语句在 Book 数据库中创建视图,要求显示书名、出版社、出版时间。

6. 使用 T-SQL 语句在 Book 数据库中创建视图,要求显示书名、作者姓名、作者地址、出版社、出版时间。

7. 使用 SSMS 图形界面删除在 Author 表中创建的索引。

8. 使用 T-SQL 语句删除显示作者姓名、作者年龄、作者手机号码的视图。

上机 9

说明：使用的数据库是员工工资数据库(empSalary)。

本次上机任务：

(1) 创建索引。

(2) 管理索引。

(3) 创建视图。

(4) 管理视图。

任务 1：使用 SSMS 图形界面在 Department 表的 dep_name 列创建非聚集索引。

任务 2：使用 T-SQL 语句在 EmpInfo 表的 emp_phone 列创建非聚集索引,填充因子为 30%。

任务 3：使用 T-SQL 语句在 EmpInfo2 表的 emp_name 列创建聚集索引。

任务 4：使用 SSMS 图形界面删除在 EmpInfo2 表中创建的聚集索引。

任务 5：使用 SSMS 图形界面在 empSalary 数据库中创建视图,要求显示员工姓名、毕业院校、健康情况。

任务 6：使用 SSMS 图形界面在 empSalary 数据库中创建视图,要求显示员工姓名、员工实发工资、员工部门名称。

任务 7：使用 SSMS 图形界面删除任务 6 创建的视图。

任务 8：使用 T-SQL 语句在 empSalary 数据库中创建视图,要求显示员工编号、员工应发工资、员工实发工资。

任务 9：使用 T-SQL 语句在 empSalary 数据库中创建视图,要求显示员工姓名、员工部门名称、员工手机号码。

任务 10：使用 T-SQL 语句在 empSalary 数据库中创建视图,要求显示员工姓名、员工实发工资、员工部门名称。

任务 11：使用 T-SQL 语句删除任务 10 创建的视图。

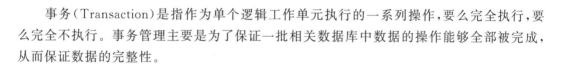

第10章

事务和存储过程

本章要点：

（1）事务的概念、属性

（2）事务管理的常用语句

（3）存储过程的概念

（4）系统存储过程

（5）用户自定义存储过程

10.1 事务

事务（Transaction）是指作为单个逻辑工作单元执行的一系列操作，要么完全执行，要么完全不执行。事务管理主要是为了保证一批相关数据库中数据的操作能够全部被完成，从而保证数据的完整性。

10.1.1 为什么需要事务

本节以银行转账业务为例，假设 A 通过银行账户向 B 转账 100 元，则 A 的账户余额减少 100 元，B 的账户余额增加 100 元，这两个操作要么同时执行，要么同时不执行。不能是 A 账户减少了而 B 账户没有增加，也不能是 A 账户没有减少而 B 账户增加了。

为了模拟这个过程，创建一张表 Bank，表中有两个字段，账户名和账户余额。要求账户的余额不能少于 1 元。向表中添加两条测试数据。使用 T-SQL 语句完成以上功能，代码如下：

```
CREATE TABLE Bank
(
    bank_name VARCHAR(10),
    bank_money MONEY
)
GO
ALTER TABLE Bank
    ADD CONSTRAINT CK_bankmoney CHECK(bank_money >= 1)
GO
INSERT INTO Bank VALUES('王强',100)
INSERT INTO Bank VALUES('张静',200)
```

此时，查看 Bank 表中数据，如图 10-1 所示。

bank_name	bank_money
王强	100.0000
张静	200.0000
NULL	NULL

图 10-1　插入数据后 Bank 表中的数据

接下来模拟转账过程，王强转账 100 元给张静。T-SQL 语句的代码如下：

UPDATE Bank SET bank_money = bank_money − 100 WHERE bank_name = '王强'

UPDATE Bank SET bank_money = bank_money + 100 WHERE bank_name = '张静'

执行 T-SQL 语句，由于 CHECK 约束要求账户余额不能小于 1 元，而王强账户本来有 100 元，如果给张静 100 元，则账户余额为 0，违反了约束，因此会出错，如图 10-2 所示。

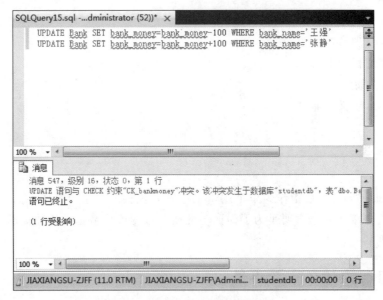

图 10-2　模拟转账出错（未用事务）

此时，Bank 表中数据如图 10-3 所示。

出现这种结果是不希望看到的，那么应该如何解决这个问题呢？这里可以使用事务，将转账的过程看作一个事务，把两条更新语句看成一个整体，要么全都执行，要么全都不执行。

bank_name	bank_money
王强	100.0000
张静	300.0000
NULL	NULL

图 10-3　转账后 Bank 表中的数据

10.1.2　事务属性

一个逻辑工作单元要成为事务，必须满足 ACID 属性。ACID 属性分别是原子性（Atomicity）、一致性（Consistency）、隔离性（Isolation）和持久性（Durability）。DBMS 中事务处理必须保证其 ACID 特性，这样才能保证数据库中数据的安全和正确。

（1）原子性：事务必须是原子工作单元，对于其数据修改，要么全都执行，要么全都不执行。

（2）一致性：事务在完成时，必须使所有的数据都保持一致状态。

（3）隔离性：由并发事务所作的修改必须与任何其他并发事务所作的修改隔离。事务查看数据时数据所处的状态,要么是另一并发事务修改它之前的状态,要么是另一事务修改它之后的状态,事务不会查看中间状态的数据。

（4）持久性：事务完成之后,它对于系统的影响是永久性的。事务一旦提交,它对数据库的更新不再受后续操作或故障的影响。

10.1.3　事务管理的常用语句

SQL Server 中常用的事务管理语句如下。

（1）BEGIN TRANSACTION：开始事务。

（2）COMMIT TRANSACTION：提交事务。

（3）ROLLBACK TRANSACTION：回滚（撤销）事务。

10.1.4　事务的应用案例

这里使用事务来演示转账的过程。首先将上面修改的信息恢复到账户的最初状态,即王强账户为 100 元,张静账户为 200 元。直接通过 SSMS 图形界面修改即可。

任务：使用事务模拟转账过程,王强转账 100 元给张静。

【步骤 1】　单击工具栏中的 ![新建查询(N)] ,打开一个空白的 .sql 文件,在查询编辑器窗口中输入如下 T-SQL 语句：

```
BEGIN TRANSACTION -- 开始事务
DECLARE @errorSum INT  -- 声明变量 errorSum,记录在执行事务的过程中出错的次数
SET @errorSum = 0
/* 王强转账 100 给张静 */
UPDATE Bank SET bank_money = bank_money - 100 WHERE bank_name = '王强'
SET @errorSum = @errorSum + @@ERROR
UPDATE Bank SET bank_money = bank_money + 100 WHERE bank_name = '张静'
SET @errorSum = @errorSum + @@ERROR
IF @errorSum <> 0
    BEGIN
      PRINT '转账失败,回滚事务。'
      ROLLBACK TRANSACTION
    END
ELSE
    BEGIN
      PRINT '转账成功,提交事务。'
      COMMIT TRANSACTION
    END
    SELECT * FROM Bank
```

【步骤 2】　单击 ![✓] ,执行语法检查,语法检查通过后,单击 ![执行(X)] ,执行 T-SQL 命令,如图 10-4 所示。

从执行结果可以看出,当执行事务的过程中发生了错误,则回滚事务,王强和张静的账户余额均未发生变化。

这里大家可以试着修改一下,将转账金额由 100 元改为 50 元,看能否转账成功。

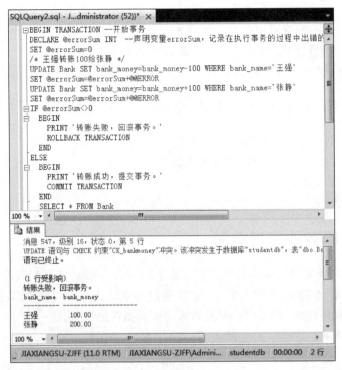

图 10-4　使用事务模拟转账过程,王强转账 100 元给张静

10.2　存储过程

存储过程是一条或者多条 SQL 语句的集合,是数据库服务器端的一段程序。存储过程可以包含逻辑控制语句和数据操作语句,它可以接收参数、输出参数、返回单个或多个结果集以及返回值。

存储过程是为了实现特定任务,而将一些需要多次调用的固定操作语句编写成程序段,这些程序段存储在服务器上,由数据库服务器通过子程序来调用。

存储过程在创建时即在服务器上进行编译,所以执行起来比单个 SQL 语句快。

存储过程分为三类:系统存储过程、用户自定义存储过程和扩展存储过程。

(1) 系统存储过程:以 sp_开头,用来从系统表中获取信息,使用系统存储过程完成数据库服务器的管理工作,为系统管理员提供帮助,为用户查看数据库对象提供方便。

(2) 用户自定义存储过程:用户为了完成某一特定功能而创建的存储过程。

(3) 扩展存储过程:以 xp_开头,是用户可以使用外部程序语言编写的存储过程。

10.3　系统存储过程

系统存储过程是一组预编译的 T-SQL 语句。系统存储过程提供了管理数据库和更新表的机制,并充当从系统表中检索信息的快捷方式。

所有系统存储过程的名称都以 sp_ 开头,并存放在 master 数据库中。系统管理员拥有这些存储过程的使用权限。可以在任何数据库中运行系统存储过程,但执行的结果会反映在当前数据库中。

常用的系统存储过程如表 10-1 所示。

表 10-1　常用的系统存储过程

系统存储过程	说　　明
sp_databases	列出服务器上的所有数据库
sp_helpdb	报告有关指定数据库或所有数据库的信息
sp_renamedb	更改数据库的名称
sp_tables	返回当前环境下可查询对象的列表
sp_columns	返回某个表的列信息
sp_help	返回某个表的所有信息
sp_helpconstraint	查看某个表的约束
sp_helpindex	查看某个表的索引
sp_stored_procedures	列出当前环境中的所有存储过程
sp_password	添加或修改登录账户的密码
sp_helptext	显示默认值,未加密的存储过程、用户定义的存储过程、触发器或视图的实际文本

下面列举一些常用系统存储过程的使用方法:

```
EXEC sp_databases                          -- 列出当前系统中的数据库
EXEC sp_renamedb'A', 'B'                    -- 修改数据库名称
EXEC sp_tables                             -- 当前数据库中可查询对象的列表
EXEC sp_columns Student                    -- 查看 Student 表中列的信息
EXEC sp_help Student                       -- 查看 Student 表的所有信息
EXEC sp_helpconstraint Student             -- 查看 Student 表的约束
EXEC sp_helpindex Student                  -- 查看 Student 表的索引
EXEC sp_helptext'View_StudentCourseScore'  -- 查看视图的语句文本
EXEC sp_stored_procedures                  -- 返回当前数据库中的存储过程列表
```

说明:

EXEC 表示调用存储过程。

任务: 使用系统存储过程查看 Student 表中的约束。

【步骤 1】 单击工具栏中的 [新建查询(N)],打开一个空白的 .sql 文件,在查询编辑器窗口中输入如下 T-SQL 语句:

```
EXEC sp_helpconstraint Student
```

【步骤 2】 单击 ✓,执行语法检查,语法检查通过后,单击 [执行(X)],执行 T-SQL 命令,如图 10-5 所示。

练习:

(1) 查询当前系统中的数据库。

(2) 查看 Teacher 表的所有信息。

(3) 查看名为 View_TeacherDepartment 的视图语句文本。

图 10-5　使用系统存储过程查看 Student 表的约束

10.4　用户自定义存储过程

除了可以使用系统存储过程外,用户还可以自己创建存储过程。存储过程的创建和调用均可以使用两种方式:一种是使用 SSMS 图形界面,另一种是使用 T-SQL 语句。

10.4.1　使用 T-SQL 语句创建存储过程

使用 T-SQL 语句创建存储过程的语法如下:

```
CREATE PROCEDURE 存储过程名
    [{@参数 1 数据类型}[ = 默认值]] [OUTPUT],
    …
    {@参数 n 数据类型}[ = 默认值]] [OUTPUT]
    ]
  AS
    SQL 语句
```

说明:参数部分可选,如果参数后面有 OUTPUT 关键字,则表示此参数为输出参数;否则就视为普通的输入参数,输入参数还可以设置默认值。

有 3 种类型的存储过程,分别是不带参数的存储过程、带输入参数的存储过程和带输出参数的存储过程。

存储过程中的参数有两种:输入参数和输出参数。

(1) 输入参数:可以在调用时向存储过程传递参数,此类参数可用来在存储过程中传入值。

(2) 输出参数:如果想有返回值,则使用输出参数,输出参数后面有 OUTPUT 关键字,执行存储过程后,将把返回值存放在输出参数中,供其他 T-SQL 语句读取访问。

1. 创建不带参数的存储过程

任务一:使用 T-SQL 语句创建存储过程,查看 Student 表中所有字段信息。

【步骤1】　单击工具栏中的 <kbd>新建查询(N)</kbd> ,打开一个空白的. sql 文件,在查询编辑器窗口中输入如下 T-SQL 语句:

```
USE studentdb
GO
CREATE PROCEDURE Proc_SELECT
AS
SELECT * FROM Student
GO
```

【步骤2】　单击 ✓,执行语法检查,语法检查通过后,单击 <kbd>执行(X)</kbd> ,执行 T-SQL 命令。如图 10-6 所示。

【步骤3】　刷新数据库 studentdb,在【可编程性】→【存储过程】节点下可以看到新创建的存储过程 Proc_SELECT,如图 10-7 所示。

图 10-6　创建存储过程,查看 Student 表中所有字段信息

图 10-7　新创建的存储过程
　　　　　Proc_SELECT

2. 创建带输入参数的存储过程

任务二:使用 T-SQL 语句创建存储过程,查看 Student 表中指定学生编号的学生姓名。

【步骤1】　单击工具栏中的 <kbd>新建查询(N)</kbd> ,打开一个空白的. sql 文件,在查询编辑器窗口中输入如下 T-SQL 语句:

```
USE studentdb
GO
CREATE PROCEDURE Proc_SelectByStuno
@stu_no VARCHAR(10)
AS
SELECT stu_name FROM Student WHERE stu_no = @stu_no
GO
```

【步骤2】　单击 ✓ ,执行语法检查,语法检查通过后,单击 ﹗执行(X) ,执行 T-SQL 命令,如图 10-8 所示。

图 10-8　创建存储过程,查看 Student 表中指定学生编号的学生姓名

【步骤3】　刷新数据库 studentdb,在【可编程性】→【存储过程】节点下可以看到新创建的存储过程 Proc_SelectByStuno。

3. 创建带输出参数的存储过程

任务三:使用 T-SQL 语句创建存储过程,查看 Student 表中男生或女生学生人数。

【步骤1】　单击工具栏中的 ᠍ 新建查询(N) ,打开一个空白的 .sql 文件,在查询编辑器窗口中输入如下 T-SQL 语句:

```
USE studentdb
GO
CREATE PROCEDURE Proc_SelectByStusex
@stu_sex CHAR(2) = '男',
@sex_count INT OUTPUT
AS
SELECT @sex_count = COUNT( * ) FROM Student WHERE stu_sex = @stu_sex
GO
```

【步骤2】　单击 ✓ ,执行语法检查,语法检查通过后,单击 ﹗执行(X) ,执行 T-SQL 命令,如图 10-9 所示。

图 10-9   创建存储过程，查看 Student 表中男生或女生学生人数

【步骤 3】   刷新数据库 studentdb，在【可编程性】→【存储过程】节点下可以看到新创建的存储过程 Proc_SelectByStusex。

10.4.2   使用 T-SQL 语句调用存储过程

使用 T-SQL 语句调用存储过程的语法如下：

EXEC 存储过程名[参数名]

任务：使用 T-SQL 语句调用存储过程。

【步骤 1】   单击工具栏中的 新建查询(N) ，打开一个空白的 .sql 文件，在查询编辑器窗口中输入如下 T-SQL 语句：

```
USE studentdb
GO
EXEC Proc_SELECT                    -- 调用不带参数的存储过程
EXEC Proc_SelectByStuno '20130102'  -- 调用带参数的存储过程
/* -- 下面调用带输入参数和输出参数的存储过程 -- */
DECLARE @sex CHAR(2) = '女';
DECLARE @count INT
EXEC Proc_SelectByStusex @sex,@count OUTPUT
SELECT @count AS '人数'
```

【步骤 2】   单击 ✓ ，执行语法检查，语法检查通过后，单击 ! 执行(X) ，执行 T-SQL 命令，如图 10-10 所示。

图 10-10　调用存储过程

说明：

使用输出参数创建存储过程时，在参数后面需要跟随 OUTPUT 关键字，调用时也要在变量后跟随 OUTPUT 关键字。

10.4.3　使用 T-SQL 语句删除存储过程

使用 T-SQL 语句删除存储过程的语法如下：

DROP PROCEDURE 存储过程名

任务： 使用 T-SQL 语句删除存储过程 Proc_SELECT。

【步骤 1】 单击工具栏中的 ，打开一个空白的 .sql 文件，在查询编辑器窗口中输入如下 T-SQL 语句：

DROP PROCEDURE Proc_SELECT

【步骤 2】 单击 ，执行语法检查，语法检查通过后，单击 ，执行 T-SQL 命令。

【步骤 3】 刷新【存储过程】，查看是否删除了 Proc_SELECT 存储过程。

10.4.4　使用 SSMS 图形界面创建存储过程

任务： 使用 SSMS 图形界面创建存储过程，查看 Teacher 表中所有字段信息。

【步骤 1】 依次选择【对象资源管理器】→studentdb→【可编程性】→【存储过程】，右击【存储过程】，如图 10-11 所示。

【**步骤2**】 单击【新建存储过程】，编辑模板文件，如图 10-12 所示。

图 10-11 使用 SSMS 创建存储
过程界面 1

图 10-12 使用 SSMS 创建存储过程界面 2

【**步骤3**】 单击 ✓，执行语法检查，语法检查通过后，单击 ❗执行(X)，执行 T-SQL 命令。刷新【对象资源管理器】中的【存储过程】，查看新建的存储过程。

10.4.5 使用 SSMS 图形界面调用存储过程

1. 调用不带参数的存储过程

任务一：调用存储过程 Proc_SelectTeacher。

【**步骤1**】 右击 Proc_SelectTeacher，在弹出的快捷菜单中选择【执行存储过程】选项，如图 10-13 所示。打开【执行过程】窗口，如图 10-14 所示。

【**步骤2**】 单击【确定】按钮，调用存储过程的结果如图 10-15 所示。

2. 调用带参数的存储过程

任务二：调用存储过程 Proc_SelectByStusex。

【**步骤1**】 右击 Proc_SelectByStusex，选择【执行存储过程】。打开【执行过程】窗口，在输入参数处输入"女"，如图 10-16 所示。

【**步骤2**】 单击【确定】按钮，调用存储过程，返回班级女生有 1 人，如图 10-17 所示。

10.4.6 使用 SSMS 图形界面删除存储过程

使用 SSMS 图形界面删除存储过程非常简单，方法如下。

图 10-13　调用存储过程 Proc_SelectTeacher 界面 1

图 10-14　调用存储过程 Proc_SelectTeacher 界面 2

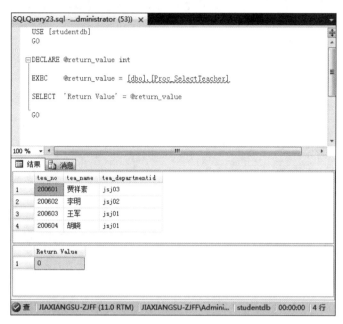

图 10-15　调用存储过程 Proc_SelectTeacher 界面 3

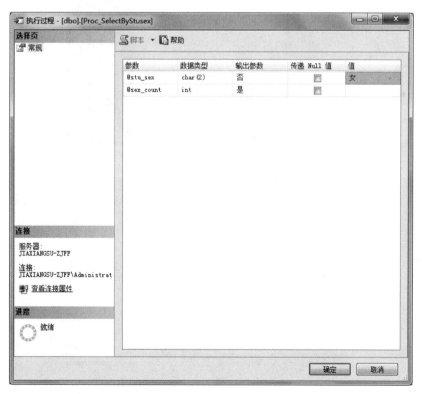

图 10-16　调用存储过程 Proc_SelectByStusex 界面 1

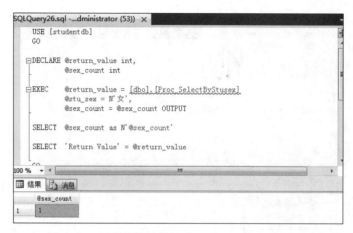

图 10-17　调用存储过程 Proc_SelectByStusex 界面 2

右击要删除的存储过程,选择【删除】即可将存储过程删除。

任务:删除存储过程 Proc_SelectTeacher。

【**步骤 1**】　右击存储过程 Proc_SelectTeacher,在弹出的快捷菜单中选择【删除】选项,如图 10-18 所示。打开【删除对象】窗口,如图 10-19 所示。

图 10-18　删除存储过程 Proc_SelectTeacher 界面 1

图 10-19 删除存储过程 Proc_SelectTeacher 界面 2

【步骤2】 单击【确定】按钮,即可删除该存储过程。

10.5 本章总结

1. 一个逻辑工作单元要成为事务,必须满足 ACID 属性。ACID 属性分别是原子性(Atomicity)、一致性(Consistency)、隔离性(Isolation)和持久性(Durability)。

2. SQL Server 中常用的事务管理语句如下。

(1) BEGIN TRANSACTION:开始事务。

(2) COMMIT TRANSACTION:提交事务。

(3) ROLLBACK TRANSACTION:回滚(撤销)事务。

3. 存储过程是为了实现特定任务,而将一些需要多次调用的固定操作语句编写成程序段,这些程序段存储在服务器上,由数据库服务器通过子程序来调用。

4. 存储过程可以加快查询的执行速度,提高访问数据的速度,帮助实现模块化编程,保持一致性和提高安全性。

5. 存储过程分为三类:系统存储过程、用户自定义存储过程和扩展存储过程。

6. CREATE PROCEDURE 语句用于创建用户定义存储过程。

7. EXEC 语句用于调用执行存储过程。

8. 存储过程的参数分为输入参数和输出参数,输入参数用来向存储过程中传入值,输出参数用于从存储过程中返回(输出)值,后面跟随 OUTPUT 关键字。

习题 10

一、选择题

1. ( )包含一组数据库操作命令,并且所有的命令作为一个整体一起向系统提交或撤销操作请求。

    (A) 视图   (B) 事务

    (C) 存储过程   (D) 索引

2. 对数据库的修改必须遵循的规则是:要么全都执行,要么全都不执行,这是事务的( )。

    (A) 原子性   (B) 一致性

    (C) 隔离性   (D) 持久性

3. 提交事务使用( )。

    (A) BEGIN TRANSACTION   (B) COMMIT TRANSACTION

    (C) ROLLBACK TRANSACTION   (D) SAVE TRANSACTION

4. 回滚事务使用( )。

    (A) BEGIN TRANSACTION   (B) COMMIT TRANSACTION

    (C) ROLLBACK TRANSACTION   (D) SAVE TRANSACTION

5. sp_help 属于( )。

    (A) 系统存储过程   (B) 用户自定义的存储过程

    (C) 扩展存储过程   (D) 其他

6. 下列有关存储过程的说法,错误的是( )。

    (A) 存储过程可以传入和返回(输出)参数值

    (B) 存储过程就是一条或者多条 SQL 语句的集合

    (C) 存储过程提高了执行效率

    (D) 存储过程必须带参数,要么是输入参数,要么是输出参数

7. 下列语句用于创建存储过程的是( )。

    (A) CREATE PROCEDURE   (B) ALTER PROCEDURE

    (C) DROP PROCEDURE   (D) CREATE TABLE

8. 下列语句用于删除存储过程的是( )。

    (A) CREATE PROCEDURE   (B) ALTER PROCEDURE

    (C) DROP PROCEDURE   (D) CREATE TABLE

9. EXEC sp_helpconstraint Teacher 的功能是( )。

    (A) 查看服务器上的所有数据库

    (B) 查看 Teacher 表的索引

    (C) 查看 Teacher 表的所有信息

    (D) 查看 Teacher 表的约束

10. 运行以下语句,输出结果是(　　　)。

```
CREATE PROCEDURE Proc_Teacher
@teaNo VARCHAR(10) = NULL
AS
  IF @teaNo IS NULL
    PRINT '您忘记了传递教工号'
  ELSE
    SELECT * FROM Teacher WHERE tea_no = @teaNo
GO
EXEC Proc_ Teacher
```

　　(A) 编译错误
　　(B) 调用存储过程 Proc_Teacher 出错
　　(C) 显示"您忘记了传递教工号"
　　(D) 显示空的教师信息记录集

二、操作题

说明:使用的数据库是图书出版管理系统数据库(Book)。

1. 使用 T-SQL 语句创建存储过程,查看 BookInfo 表中所有字段信息。

2. 使用 T-SQL 语句创建存储过程,查看 BookInfo 表中指定书籍编号的书籍名称。

3. 使用 T-SQL 语句调用第 1 题和第 2 题创建的两个存储过程。

4. 使用 SSMS 图形界面创建存储过程,查看 Author 表中的所有字段信息。

5. 使用 SSMS 图形界面创建存储过程,查看 Author 表中指定作者编号的作者姓名。

6. 使用 SSMS 图形界面调用第 4 题创建的存储过程。

7. 使用 SSMS 图形界面调用第 5 题创建的存储过程。

8. 使用 T-SQL 语句删除第 4 题创建的存储过程。

9. 使用 SSMS 图形界面删除第 5 题创建的存储过程。

上机 10

说明:使用的数据库是员工工资数据库(empSalary)。

本次上机任务:

(1) 创建存储过程。

(2) 调用存储过程。

(3) 删除存储过程。

任务 1:使用 T-SQL 语句创建存储过程,查看 EmpInfo 表中的所有字段信息。

任务 2:使用 T-SQL 语句创建存储过程,查看 EmpInfo 表中指定手机号码的员工的所有字段信息。

任务 3:使用 T-SQL 语句调用任务 1 和任务 2 创建的两个存储过程。

任务 4:使用 SSMS 图形界面创建存储过程,查看 Department 表中的所有字段信息。

任务 5:使用 SSMS 图形界面创建存储过程,查看 Department 表中指定部门编号的部门姓名。

任务 6：使用 SSMS 图形界面调用任务 4 创建的存储过程。

任务 7：使用 SSMS 图形界面调用任务 5 创建的存储过程。

任务 8：使用 T-SQL 语句删除任务 4 创建的存储过程。

任务 9：使用 SSMS 图形界面删除任务 5 创建的存储过程。

第11章

触发器和游标

本章要点：

(1) 触发器的概念

(2) 触发器分类

(3) 创建触发器

(4) 管理触发器

(5) 游标的概念

(6) 游标的分类

(7) 游标的使用

11.1 触发器

在大型数据库系统中，存储过程和触发器具有很重要的作用。无论是存储过程还是触发器，都是 SQL 语句和流程控制语句的集合。就本质而言，触发器也是一种存储过程。

11.1.1 触发器概述

触发器（Trigger）是一种特殊类型的存储过程，它主要通过事件进行触发而被执行，而存储过程通过存储过程名被直接调用。当对数据表进行 INSERT、UPDATE 或 DELETE 等操作时，触发器将自动执行。触发器用于维护数据库的完整性。在 SQL Server 中，可以用约束和触发器来保证数据的有效性和完整性，其中约束只能实现一些比较简单的功能操作，当要引用其他表中的列或执行一些比较复杂的功能时必须使用触发器。

当对表中数据进行增、改、删时，SQL Server 就会自动执行触发器定义的 SQL 语句，从而确保对数据的处理必须符合由触发器中 SQL 语句定义的规则。在触发器中，可以查询其他表或者复杂的 SQL 语句。触发器和引起触发器执行的 SQL 语句被当作一次事务处理，如果这次事务未获得成功，SQL Server 会自动返回该事务执行前的状态。

触发器与存储过程的区别如下。

(1) 触发器主要通过事件（如对数据表的增、删、改）进行触发而被执行；存储过程可以通过存储过程名称被直接调用。

(2) 触发器的执行不需要使用 EXEC 语句来调用，而是在用户执行 T-SQL 语句时自动触发执行的；存储过程要使用 EXEC 语句来调用。

11.1.2　触发器分类

触发器分为两类：数据操作语言(Data Manipulation Language,DML)触发器和数据定义语言(Data Definition Language,DDL)触发器。

1. 数据操作语言触发器

当数据库中发生 DML 事件时(如 INSERT、UPDATE 和 DELETE)将调用 DML 触发器。

DML 触发器根据事件的不同可以分为 AFTER 触发器和 INSTEAD OF 触发器。

(1) AFTER 触发器：该类触发器在 INSERT、UPDATE 和 DELETE 语句执行后才会被触发，并且这种触发器只能定义在数据表上。

(2) INSTEAD OF 触发器：该类触发器可以定义在表或视图上，在事件发生前就会触发。

2. 数据定义语言触发器

当服务器或数据库中发生 DDL 事件时(如 CREATE、ALTER 和 DROP)将调用这类触发器。该类触发器只能是 AFTER 类型的，只能在事件发生后才能触发。

11.1.3　创建触发器

1. 使用 T-SQL 语句创建触发器

使用 T-SQL 语句创建触发器的语法如下：

```
CREATE TRIGGER 触发器名称
ON {表名 | 视图名}
{FOR | AFTER | INSTEAD OF} {事件}
AS 触发条件和操作的 SQL 语句
```

FOR | AFTER | INSTEAD OF：用于指定触发器的类型，FOR 和 AFTER 等价，都是用于创建 AFTER 触发器。AFTER 是默认设置，不能在视图上定义 AFTER 触发器。INSTEAD OF 用于规定执行的是触发器而不是执行触发 SQL 语句，从而用触发器替代触发语句的操作。在表或视图上，每个 INSERT、UPDATE 或 DELETE 语句最多可以定义一个 INSTEAD OF 触发器。如果触发器存在约束，则在 INSTEAD OF 触发器执行之后和 AFTER 触发器执行之前检查这些约束。如果违反这些约束，则回滚 INSTEAD OF 触发器操作且不执行 AFTER 触发器。

任务一：使用 T-SQL 语句创建触发器，当向 Teacher 表中插入数据时触发该触发器，并插入测试数据。

【**步骤 1**】　单击工具栏中的 新建查询(N)，打开一个空白的 .sql 文件，在查询编辑器窗口中输入如下 T-SQL 语句：

```
USE studentdb
```

```
GO
CREATE TRIGGER Trigger_TeacherInsert
ON Teacher
FOR INSERT
AS
PRINT '插入新的教师'
```

【步骤2】　单击 ✓，执行语法检查，语法检查通过后，单击 ❗执行(X)，执行 T-SQL 命令，如图 11-1 所示。

【步骤3】　刷新【对象资源管理器】中 Teacher 表节点下的【触发器】，即可查看新建的触发器，如图 11-2 所示。

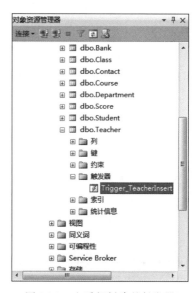

图 11-1　在 Teacher 表中创建触发器 Trigger_TeacherInsert

图 11-2　查看新创建的触发器 Trigger_TeacherInsert

【步骤4】　重新打开一个空白的 .sql 文件，在查询编辑器窗口中输入如下 T-SQL 语句：

```
INSERT INTO Teacher VALUES('200605','林林','jsj01')
```

【步骤5】　单击 ✓，执行语法检查，语法检查通过后，单击 ❗执行(X)，执行 T-SQL 命令，如图 11-3 所示。

任务二：使用 T-SQL 语句创建触发器，当向 Teacher 表中插入数据时触发该触发器，改写 TeacherNum 表中教师人数，并插入测试数据。

【步骤1】　首先新建 TeacherNum 表，其中只有一个字段 teacher_num，用来存放教师人数。单击工具栏中的 ⬛新建查询(N)，打开一个空白的 .sql 文件，在查询编辑器窗口中输入如下 T-SQL 语句：

```
USE studentdb
GO
```

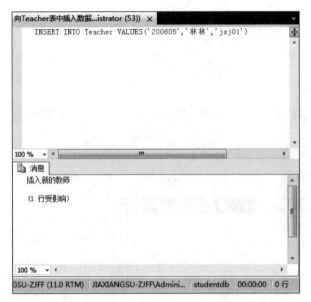

图 11-3 向 Teacher 表中插入测试数据

```
CREATE TABLE TeacherNum
(
teacher_num INT NOT NULL
)

GO
INSERT INTO TeacherNum VALUES(0)
```

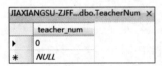

图 11-4 查看新建的 TeacherNum
表中的数据

【步骤 2】 单击 ✓ ,执行语法检查,语法检查通过后,单击 ❗ 执行(X) ,执行 T-SQL 命令。创建了一个 TeacherNum 表,表中数据如图 11-4 所示。

【步骤 3】 创建触发器。打开一个空白的 .sql 文件,在查询编辑器窗口中输入如下 T-SQL 语句:

```
USE studentdb
GO
CREATE TRIGGER Trigger_TeacherInsert2
ON Teacher
AFTER INSERT
AS
BEGIN
  DECLARE @teaNum INT
  SELECT @teaNum = COUNT( * ) FROM Teacher
  UPDATE TeacherNum SET teacher_num = @teaNum
END
```

【步骤 4】 单击 ✓ ,执行语法检查,语法检查通过后,单击 ❗ 执行(X) ,执行 T-SQL 命令,创建新的触发器 Trigger_TeacherInsert2。

【步骤5】 重新打开一个空白的.sql文件,在查询编辑器窗口中输入如下T-SQL语句:

```
INSERT INTO Teacher VALUES('200606','高兰','jsj01')
```

【步骤6】 单击 ✓,执行语法检查,语法检查通过后,单击 ! 执行(X),执行T-SQL命令,如图11-5所示。

图11-5 再次向Teacher表中插入测试数据

【步骤7】 此时,查看TeacherNum表中的数据(数据值与Teacher表中教师个数相等),如图11-6所示。

练习:

(1) 为Teacher表添加删除数据的触发器,当删除Teacher表中数据时,更新TeacherNum表中的数值,让TeacherNum表中数据值与Teacher表中教师人数相对应。

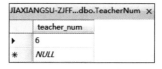

图11-6 向Teacher表中插入数据后 TeacherNum表中数据

(2) 使用T-SQL语句创建触发器,当向Student表中插入数据时触发该触发器,改写StudentNum表中学生人数,并插入测试数据。

2. 使用SSMS图形界面创建触发器

【步骤1】 打开SSMS,在【对象资源管理器】中,找到要创建触发器所在表的表节点,在子节点中右击【触发器】,选择【新建触发器】,便会打开查询分析器窗口。

【步骤2】 在查询分析器中编辑创建触发器的SQL代码。

【步骤3】 单击 ✓,执行语法检查,语法检查通过后,单击 ! 执行(X),执行T-SQL命令。刷新表节点下的【触发器】,即可查看新建的触发器。

11.1.4 管理触发器

1. 修改触发器

1) 使用 T-SQL 语句修改触发器

使用 T-SQL 语句修改触发器的语法如下:

```
ALTER TRIGGER 触发器名称
ON {表名 | 视图名}
{FOR | AFTER | INSTEAD OF} {事件}
AS 触发条件和操作的 SQL 语句
```

修改触发器与创建触发器的语法只有一个区别: 将 CREATE 修改为 ALTER。

2) 使用 SSMS 图形界面修改触发器

右击要修改的触发器,选择【修改】,即可在查询分析器窗口修改触发器,如图 11-7 所示。

2. 删除触发器

1) 使用 T-SQL 删除触发器

使用 T-SQL 语句删除触发器的语法如下:

```
DROP TRIGGER 触发器名称
```

2) 使用 SSMS 图形界面删除触发器

右击要删除的触发器,选择【删除】,即可删除该触发器,如图 11-8 所示。

图 11-7　使用 SSMS 图形界面修改触发器

图 11-8　使用 SSMS 图形界面删除触发器

注意：触发器是实现数据完整性较好的手段，但是并非越多越好，由于数据在插入、修改或删除时如果创建了相应的触发器，则会导致数据库表信息的连锁反应，从而给软件开发人员造成麻烦。另外，如果数据库设计人员和软件开发人员沟通不足，很容易因为触发器隐性触发错误导致软件项目莫名其妙的异常错误，而这种错误往往很难被发现。因此，触发器虽好，但是要适量使用，而且要与软件开发人员进行详细沟通说明，以免给后续系统运行造成问题。

11.2 游标

游标(Cursor)是系统为用户开设的一个数据缓冲区，存放 SQL 语句的执行结果。游标能从包括多条数据记录的结果集中每次提取一条记录。

11.2.1 游标概述

游标是一种处理数据的方法，可以看作一种特殊的指针，主要用在存储过程、触发器和 T-SQL 脚本中。通过游标，程序可以将一个查询结果集保存在其中，并可以通过循环将这个结果集里的数据一条一条取出来进行处理。当然，使用 T-SQL 的高级查询语句也可以对查询结果集中的某行进行处理，但是由于游标中的数据保存在内存中，从其中提取数据的速度要比从数据表中提取快很多。此外，使用游标还可以对由 SELECT 产生的结果集的每行执行相同或不同的操作；允许从结果集中检索指定的行；允许结果集中的当前行被修改；允许被其他用户修改的数据在结果集中是可见的。

游标使用之前必须先声明然后才能使用。同时，游标使用完之后必须关闭并释放。游标的典型操作过程包括声明游标、打开游标、提取游标、关闭游标和释放游标。

11.2.2 游标分类

根据游标的用途不同，SQL Server 将游标分为 3 种类型：T-SQL 游标、API 游标和客户端游标。

1．T-SQL 游标

由 DECLARE CURSOR 语法定义，主要用在 T-SQL 脚本、存储过程和触发器中。T-SQL 游标主要用在服务器上，由从客户端发送到服务器的 T-SQL 语句管理。它们还可能包含在批处理、存储过程或触发器中。

2．应用程序编程接口游标

应用程序编程接口(API)游标支持在 OLE DB、ODBC 以及 DB_library 中使用游标函数，主要用在服务器上。每次客户端应用程序调用 API 游标函数，MS SQL SERVER 的 OLE DB 提供者、ODBC 驱动器或 DB_library 的动态链接库(DLL)都会将这些客户请求传送给服务器以对 API 游标进行处理。

3. 客户端游标

客户端游标主要是当在客户机上缓存结果集时才使用。在客户端游标中,有一个默认的结果集被用来在客户机上缓存整个结果集。客户端游标仅支持静态游标。由于服务器游标并不支持所有的 T-SQL 语句或批处理,因此客户端游标常常仅被用作服务器游标的辅助。一般情况下,服务器游标能支持绝大多数的游标操作。

由于 API 游标和 T-SQL 游标使用在服务器端,因此被称为服务器游标,也被称为后台游标;而客户端游标被称为前台游标。

11.2.3 游标的使用

在 SQL Server 中使用游标,需要声明游标、打开游标、读取游标中的数据、关闭游标、释放游标。

1. 声明游标

游标必须先声明后才能使用。

使用 T-SQL 语句声明游标的语法如下:

```
DECLARE 游标名称 CURSOR
FOR 标准 SELECT 语句
```

2. 打开游标

在使用游标前,必须先打开游标。

使用 T-SQL 语句打开游标的语法如下:

```
OPEN 游标名称
```

其中的游标名称是已经声明过的并且没有打开的游标名称。

3. 读取游标中的数据

打开游标之后,便可以读取游标中的数据了。

使用 T-SQL 语句读取游标中数据的语法如下:

```
FETCH [NEXT | PRIOR | FIRST | LAST]
FROM 游标名称
[INTO 变量名称列表]
```

(1) NEXT:返回紧跟当前行之后的结果行,并且当前行递增为结果行。如果 FETCH NEXT 为对游标的第一次提取操作,则返回结果集中的第一行。NEXT 为默认的游标提取选项。

(2) PRIOR:返回紧邻当前行前面的结果行,并且当前行递减为结果行。如果 FETCH PRIOR 为对游标的第一次提取操作,则没有行返回并且游标置于第一行之前。

(3) FIRST:返回游标中的第一行并将其作为当前行。

（4）LAST：提取游标中的最后一行并将其作为当前行。

（5）INTO 变量名称列表：允许将提取操作的列数据放到局部变量中。列表中的各变量从左到右与游标结果集中的相应列相关联。各变量的数据类型必须与相应的结果列的数据类型匹配或是结果列数据类型所支持的隐性转换。变量的数目必须与游标选择列表中的列的数目一致。

说明：

（1）FETCH 语句每次只能提取一行数据，因为 T-SQL 游标不支持多行提取操作。

（2）FETCH 语句的执行状态保存在全局变量@@FETCH_STATUS 中，该变量有 3个取值：取值为 0，说明 FETCH 语句执行成功；取值为 −1，说明 FETCH 语句失败或此行不在结果集中；取值为 −2，说明被提取的行不存在。

4. 关闭游标

打开游标后，服务器专门为游标开辟一定的内存空间存放游标操作的数据结果集合。同时，游标的使用也会根据具体情况对某些数据进行封锁。所以，在不使用游标时，可以将其关闭，以释放游标所占用的服务器资源。

使用 T-SQL 语句关闭游标的语法如下：

```
CLOSE 游标名称
```

5. 释放游标

关闭游标并没有将其删除，其仍然占用系统资源。所以，如果一个游标不再使用，则应该及时将其删除以释放它所占用的系统资源。

使用 T-SQL 语句释放游标的语法如下：

```
DEALLOCATE 游标名称
```

任务：定义一个游标 Cursor_Student，并利用游标逐行输出 Student 表中的学生姓名、邮箱、手机号码，使用完游标后立即关闭并释放该资源。

【步骤 1】　单击工具栏中的 🔲 新建查询(N) ，打开一个空白的 .sql 文件，在查询编辑器窗口中输入如下 T-SQL 语句：

```
USE studentdb
GO
DECLARE Cursor_Student CURSOR              --定义游标
FOR SELECT stu_name,stu_email,stu_phone FROM Student
OPEN Cursor_Student                        --打开游标
DECLARE @stuname VARCHAR(10),@stuemail VARCHAR(10),@stuphone VARCHAR(10)
                                           --定义变量,存放从游标读取的信息
FETCH NEXT FROM Cursor_Student INTO @stuname,@stuemail,@stuphone   --从游标读取一行值
WHILE @@FETCH_STATUS = 0
BEGIN
SELECT '姓名' = @stuname,'邮箱' = @stuemail,'手机号码' = @stuphone
                                           --显示从游标中读取的信息
FETCH NEXT FROM Cursor_Student INTO @stuname,@stuemail,@stuphone   --从游标读取一行值
```

```
END
CLOSE Cursor_Student                          -- 关闭游标
DEALLOCATE Cursor_Student                      -- 释放游标
GO
```

【步骤 2】　单击 ✓，执行语法检查，语法检查通过后，单击 ▐ 执行(X)，执行 T-SQL 命令，如图 11-9 所示。

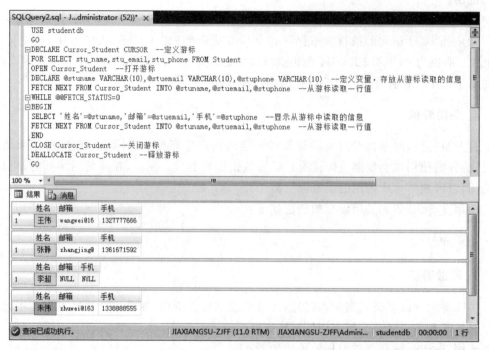

图 11-9　使用游标

11.3　本章总结

1. 触发器(Trigger)是一种特殊类型的存储过程，它主要通过事件进行触发而被执行。

2. 触发器分为两类：数据操作语言(DML)触发器和数据定义语言(DDL)触发器。

3. 使用 CREATE TRIGGER 语句创建触发器。

4. 使用 DROP TRIGGER 语句删除触发器。

5. 游标是系统为用户开设的一个数据缓冲区，存放 SQL 语句的执行结果。游标能从包括多条数据记录的结果集中每次提取一条记录。

6. 在 SQL Server 中使用游标，需要声明游标、打开游标、读取游标中的数据、关闭游标、释放游标。

7. 使用 DECLARE CURSOR 语句声明游标；使用 OPEN 语句打开游标；使用 FETCH 语句读取游标中的数据；使用 CLOSE 语句关闭游标；使用 DEALLOCATE 语句释放游标。

习题 11

一、选择题

1. 下列语句中,用于创建触发器的是( )。
   (A) CREATE PROCEDURE   (B) DROP PROCEDURE
   (C) CREATE TRIGGER   (D) DROP TRIGGER

2. 下列语句中用于删除触发器的是( )。
   (A) CREATE PROCEDURE   (B) DROP PROCEDURE
   (C) CREATE TRIGGER   (D) DROP TRIGGER

3. 下列说法错误的是( )。
   (A) 触发器是一种特殊类型的存储过程
   (B) 触发器自动执行
   (C) 存储过程执行使用 EXEC 语句
   (D) 触发器执行使用 EXEC 语句

4. 读取游标中的数据使用( )语句。
   (A) FETCH   (B) OPEN
   (C) DECLARE CURSOR   (D) CLOSE

5. 释放游标使用( )语句。
   (A) DECLARE   (B) DEALLOCATE
   (C) CLOSE   (D) FETCH

6. 以下说法错误的是( )。
   (A) 使用 DECLARE CURSOR 语句声明游标
   (B) 关闭游标之后,游标不再占用系统资源
   (C) 使用 OPEN 语句打开游标
   (D) 使用 CLOSE 语句关闭游标

二、简答题

1. 什么是触发器?触发器可以分为几类?
2. 什么是游标?游标可以分为几类?
3. 使用游标的基本操作步骤?

三、操作题

说明:以下两题使用的数据库是图书出版管理系统数据库(Book)。

1. 使用 T-SQL 语句创建触发器,当向 BookInfo 表中插入数据时触发该触发器,并插入测试数据。

2. 定义一个游标 Cursor_BookInfo,并利用游标逐行输出 BookInfo 表中书名、出版社,使用完游标后立即关闭并释放该资源。

上机 11

说明：使用的数据库是员工工资数据库(empSalary)。

本次上机任务：

(1) 创建触发器。

(2) 使用游标。

任务 1：使用 T-SQL 语句创建触发器，当向 EmpInfo 表中插入数据时触发该触发器，改写 EmpNum 表中员工人数，并插入测试数据。

任务 2：为 EmpInfo 表添加删除数据的触发器，当删除 EmpInfo 表中数据时，更新 EmpNum 表中的数值，让 EmpNum 中数据值与 EmpInfo 表中员工人数相对应。

任务 3：定义一个游标 Cursor_EmpInfo，并利用游标逐行输出 EmpInfo 表中的员工姓名、员工年龄、毕业学校，使用完游标后立即关闭并释放该资源。

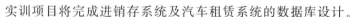

第12章

项目实训

项目实训是学生在指导老师的指导下完成的。通过项目实训,可以让学生加深对所学知识的理解和掌握,提高职业技能和职业素养。

实训项目将完成进销存系统及汽车租赁系统的数据库设计。

学生按照项目要求分阶段完成开发任务,项目完成后进行答辩,总结自己在项目开发过程中遇到的问题、解决方法等,以此及时总结自己,增加自身的项目开发经验,并学习别人的开发经验,提高项目的开发、调试等技能。

12.1 进销存系统数据库设计

12.1.1 项目背景

宁波某公司拟开发一套商品进销存管理系统,该系统的三大功能模块分别是采购管理模块、销售管理模块和库存管理模块。采购管理模块可以进行采购订单的录入、修改、删除以及查询等功能;销售管理模块可以进行销售订单的录入、修改、删除以及查询等功能;库存管理模块可以用来记录仓库中货物的实际情况。

12.1.2 进销存系统需求分析

进销存系统包括员工信息管理、商品信息管理、采购信息管理、销售信息管理、库存信息管理、供应商信息管理、客户信息管理、报表管理等。

员工信息管理可以添加员工、修改员工信息、删除员工以及查询员工信息。员工信息包括员工编号、员工姓名、系统登录密码等。

商品信息管理可以添加商品、修改商品、删除商品以及查询商品信息。商品信息包括商品编号、商品名称、商品种类、规格型号、计量单位、商品价格等。

采购信息管理可以添加采购单、修改采购单、删除采购单以及查询采购信息。采购单信息包括采购单号、制单人、商品编号、数量、单价、金额、供应商编号、备注等。

销售信息管理可以添加销售单、修改销售单、删除销售单以及查询销售信息。销售单信息包括销售单号、制单人、商品编号、数量、单价、金额、客户编号、备注等。

库存信息管理可以进行库存数量的初始化、修改、查询。库存信息包括商品编号、存放位置、库存数量等。

供应商信息管理可以添加供应商、修改供应商信息、删除供应商以及查询供应商信息。

供应商信息包括供应商编号、供应商名称、联系人、电话号码、地址等。

客户信息管理可以添加客户、修改客户信息、删除客户以及查询客户信息。客户信息包括客户编号、客户名称、联系人、电话、地址等。

报表管理可以进行进销存数量月报表的统计。进销存数量月报表包括起始日期、结束日期、商品编号、期初库存数量、采购数量、销售数量、期末库存数量等。

说明：进销存系统中还可以设计商品种类表、商品计量单位表等表格。

12.1.3　绘制进销存系统的 E-R 图

根据前面的需求,绘制进销存系统的 E-R 图。

要求：用 Visio 等软件进行绘图。

12.1.4　将进销存系统的 E-R 图转化为表

将 12.1.3 节绘制的进销存系统的 E-R 图转化为表。确定每个表的字段名称、主键以及表之间的主外键关系。

要求：用 Visio 等软件进行绘图。

12.1.5　在 SQL Server 中实现进销存系统数据库的设计

使用 SQL Server 建立设计的数据库,并在此基础上实现数据库查询、索引、视图、触发器、存储过程等对象设计。

必须要实现的基本操作如下。

(1) 创建数据库。

(2) 设计数据库表(添加约束)。

(3) 对数据的管理(增、删、改)。

(4) 对数据的查询。

要求：对设计进行详细的说明,并有一定的业务场景。

业务场景举例：

例 1：录入系统上线之前公司员工信息。

例 2：公司新来一位员工,需要在系统中添加该员工信息。

例 3：公司近期要销售两个新的商品,需要录入这两个商品的信息。

例 4：经销售人员张三的努力,新增加一条客户信息(公司名：*** 公司)。

例 5：张三在 **** 年 ** 月 ** 日与 *** 客户签下一笔订单,购买 ** 数量的 ** 商品。

12.2　汽车租赁系统数据库设计

12.2.1　汽车租赁系统需求分析

汽车租赁系统主要利用计算机对汽车租赁的整个流程进行管理,其中包括车辆信息管理、客户信息管理和租用信息管理。

车辆信息管理可以添加车辆、修改车辆信息、删除车辆以及查询车辆信息。车辆信息包括车辆的编号、车辆类型、汽车品牌、车牌号、日租金、车辆状态（是否可供出租）等。

客户信息管理可以添加客户、修改客户信息、删除客户以及查询客户信息。客户信息包括客户编号、客户姓名、身份证号、客户年龄、性别、手机号码、地址等。

租用信息管理可以添加租用信息、修改租用信息、删除租用信息以及查询租用信息。租用信息包括租用信息编号、车辆编号、客户编号、出车时间、还车时间、租用天数、租车费用等。

12.2.2　绘制汽车租赁系统的 E-R 图

根据 12.2.1 节的需求，绘制汽车租赁系统的 E-R 图。

要求：用 Visio 等软件进行绘图。

12.2.3　将汽车租赁系统的 E-R 图转化为表

将 12.2.2 节绘制的汽车租赁系统的 E-R 图转化为表，确定每个表的字段名称、主键以及表之间的主外键关系。

要求：用 Visio 等软件进行绘图。

12.2.4　在 SQL Server 中实现汽车租赁系统数据库的设计

使用 SQL Server 建立设计的数据库，并在此基础上实现数据库查询、索引、视图、触发器、存储过程等对象设计。

必须要实现的基本操作如下。

（1）创建数据库。

（2）设计数据库表（添加约束）。

（3）对数据的管理（增、删、改）。

（4）对数据的查询。

要求：对设计进行详细的说明。

参 考 文 献

[1] 王英英.SQL Server 2019 从入门到精通[M].北京：清华大学出版社,2021.

[2] 明日科技.SQL Server 从入门到精通[M].北京：清华大学出版社,2020.

[3] 姜林枫.数据库原理与应用技术[M].北京：北京师范大学出版社,2021.

[4] 何玉洁.数据库原理及应用[M].北京：人民邮电出版社,2021.

[5] 聚慕课教育研发中心.SQL Server 从入门到项目实践[M].北京：清华大学出版社,2019.

[6] 顾韵华.数据库基础教程[M].北京：电子工业出版社,2021.

[7] 李超燕,张启明,章雁宁.SQL Server 数据库技术及应用项目教程[M].北京：高等教育出版社,2021.

[8] 周频.SQL Server 2016 数据库边做边学[M].北京：清华大学出版社,2020.

[9] 云尚科技.SQL Server 入门很轻松[M].北京：清华大学出版社,2020.

[10] 屠建飞.SQL Server 2019 数据库管理[M].北京：清华大学出版社,2021.

[11] 马桂婷,梁宇琪,刘明伟.SQL Server 2016 数据库原理及应用[M].北京：人民邮电出版社,2021.

[12] 杨晓春,秦婧,刘存勇.SQL Server 2017 数据库从入门到实战[M].北京：清华大学出版社,2020.

[13] 钱雪忠,陈国俊,罗海驰.数据库原理及技术课程设计[M].北京：清华大学出版社,2021.

[14] 杨金民,荣辉桂.数据库技术与应用[M].北京：机械工业出版社,2021.

[15] 朱辉生,丁勇,李生,等.数据库原理及应用实验与实践教程[M].北京：清华大学出版社,2021.

[16] 范明.数据库原理教程[M].2 版.北京：科学出版社,2021.

[17] 何玉洁.数据库基础与实践技术(SQL Server 2017)[M].北京：机械工业出版社,2020.

[18] 李俊山,叶霞.数据库原理及应用(SQL Server)[M].4 版.北京：清华大学出版社,2020.

[19] 魏祖宽.数据库系统及应用[M].3 版.北京：电子工业出版社,2020.

[20] 马忠贵,王建萍.数据库技术及应用[M].北京：清华大学出版社,2020.

附录 A 习题部分参考答案

习题 1 答案

简答题

1. 数据管理技术的发展经历了哪几个阶段？

答案：数据管理技术的发展大致经历了以下 3 个阶段：人工管理阶段、文件管理阶段和数据库系统阶段。

2. 什么是数据模型？数据模型可以分为哪几类？

答案：数据模型(Data Model)是数据特征的抽象，用于描述一组数据的概念和定义。数据模型是数据库中数据的存储方式，是数据库系统的基础。

数据模型可以分为三类：层次模型、网状模型和关系模型。其中，层次模型以"树结构"表示数据之间的联系；网状模型以"图结构"表示数据之间的联系；关系模型以"二维表"(或者称为关系)表示数据之间的联系。

3. 列举常用的数据库产品。

答案：目前比较流行的数据库管理系统产品有 SQL Server、Oracle、DB2 以及 Access。

4. 数据库完整性约束分为哪几类？

答案：SQL Server 提供了四类完整性约束：实体完整性、域完整性、参照完整性和用户自定义完整性。

5. 什么是 E-R 模型？

答案：E-R(Entity-Relationship)模型的目标是捕获现实世界的数据需求，并以简单、易理解的方式表现出来。基本的 E-R 模型包含三类元素：实体、属性、关系。实体使用长方形表示，属性使用椭圆表示，关系使用菱形表示。

习题 2 答案

简答题

1. 什么是 SQL？

答案：SQL 是英文 Structured Query Language 的缩写，指的是结构化查询语言。

2. SSMS 是什么？如何启动 SSMS？

答案：SSMS 是指 SQL Server Management Studio，它是 SQL Server 提供的集成化开发环境。

启动 SSMS：单击【开始】，在弹出的菜单中依次选择【所有程序】→Microsoft SQL Server→SQL Server Management Studio，打开 SQL Server 的【连接到服务器】窗口，以【Windows 身份验证】登录。

3. 如何开启 SQL Server(MSSQLSERVER)服务？

答案：SQL Server 服务开启的方法有如下两种。

(1) 利用 Sql Server Configuration Manager。

依次选择【开始】→【所有程序】→Microsoft SQL Server→【配置工具】→【SQL Server 配置管理器】,打开 Sql Server Configuration Manager 界面,右击 SQL Server(MSSQLSERVER)可以对该服务进行启动。

(2) 利用系统服务。

依次打开【控制面板】→【系统和安全】→【管理工具】→【服务】,右击 SQL Server(MSSQLSERVER)可以对该服务进行启动。

习题 3 答案

一、选择题

1. C　2. A　3. B　4. D　5. A　6. C

二、简答题

如何实现数据库文件的复制?

答案:分离数据库或者将数据库状态设置为"脱机"。

三、操作题

1. 用 T-SQL 语句创建数据库 Car。

答案:创建数据库 Car 的 T-SQL 语句如下:

```
CREATE DATABASE Car ON PRIMARY
(
NAME = 'car_data1',
FILENAME = 'D:\db\homework\car_data1.mdf',
SIZE = 5MB,
MAXSIZE = 50MB,
FILEGROWTH = 3MB
),
(
NAME = 'car_data2',
FILENAME = 'D:\db\homework\car_data2.ndf',
SIZE = 5MB,
MAXSIZE = 40MB,
FILEGROWTH = 2MB
)
LOG ON
(
NAME = 'car_log1',
FILENAME = 'D:\db\homework\car_log1.ldf',
SIZE = 2MB,
MAXSIZE = 20MB,
FILEGROWTH = 10 %
),
(
NAME = 'car_log2',
FILENAME = 'D:\db\homework\car_log2.ldf',
SIZE = 2MB,
MAXSIZE = 20MB,
```

```
FILEGROWTH = 10 %
)
CO
```

2. 用 T-SQL 语句删除数据库 Car。

答案：删除数据库 Car 的 T-SQL 语句如下：

```
DROP DATABASE Car
GO
```

习题 4 答案

一、选择题

1. A　2. B　3. C　4. A　5. B　6. D　7. D　8. C

二、简答题

列举 SQL Server 中的约束类型。

答案：SQL Server 中有 5 种约束类型，分别是主键约束、默认约束、唯一约束、检查约束和外键约束。

三、操作题

1. 请用 T-SQL 语句创建图书出版管理系统数据库（Book），然后创建 Book 中的表。

答案：

（1）创建数据库。

```
CREATE DATABASE Book ON PRIMARY
(
NAME = 'Book',
FILENAME = 'D:\db\Book.mdf',
SIZE = 5MB,
MAXSIZE = 50MB,
FILEGROWTH = 2MB
)
LOG ON
(
NAME = 'Book_log',
FILENAME = 'D:\db\Book_log.ldf',
SIZE = 2MB,
MAXSIZE = 20MB,
FILEGROWTH = 10 %
)
GO
```

（2）创建数据表 BookInfo。

```
CREATE TABLE BookInfo
(
book_id VARCHAR(50) NOT NULL,
book_name VARCHAR(50) NOT NULL,
book_authorid VARCHAR(50) NOT NULL,
```

```
book_publishing VARCHAR(50) NOT NULL,
book_time DATETIME NOT NULL
)
GO
```

(3) 创建数据表 Author。

```
CREATE TABLE Author
(
author_id VARCHAR(50) NOT NULL,
author_name VARCHAR(50) NOT NULL,
author_age INT,
author_address VARCHAR(50)
)
GO
```

2. 为 Author 表添加字段 author_phone(varchar(50),非空)。
答案:

```
ALTER TABLE Author
ADD author_phone VARCHAR(50) NOT NULL
GO
```

3. 为 BookInfo 表设置主键,主键字段为书号(book_id)。
答案:

```
ALTER TABLE BookInfo
ADD CONSTRAINT PK_bookid PRIMARY KEY(book_id)
GO
```

4. 为 Author 表设置主键,主键字段为作者编号(author_id)。
答案:

```
ALTER TABLE Author
ADD CONSTRAINT PK_authorid PRIMARY KEY(author_id)
GO
```

5. 为 BookInfo 表添加默认约束,设置出版社(book_publishing)的默认值为“清华大学出版社”。
答案:

```
ALTER TABLE BookInfo
ADD CONSTRAINT DF_bookpublishing DEFAULT('清华大学出版社') FOR book_publishing
GO
```

6. 为 Author 表添加检查约束,设置作者年龄(author_age)为 0~100。
答案:

```
ALTER TABLE Author
ADD CONSTRAINT CK_authorage CHECK(author_age BETWEEN 0 AND 100)
GO
```

7. 建立 Book 数据库中表间关系。BookInfo 表中的 book_authorid 字段引用了 Author 表中的 author_id 字段。
答案:

```
ALTER TABLE BookInfo
```

```
ADD CONSTRAINT FK_BookInfoAuthor
FOREIGN KEY(book_authorid) REFERENCES Author(author_id)
GO
```

习题 5 答案

一、选择题

1. B　2. C　3. A　4. B　5. D　6. C　7. B　8. A　9. D

二、操作题

使用 T-SQL 语句管理图书出版管理系统数据库(Book)。

1. 使用 INSERT 插入单行数据。

答案:

1) 作者表

```
INSERT INTO Author(author_id, author_name, author_age, author_address, author_phone)
VALUES('a01', '张强', 40, '浙江金华', '13222223333')
```

2) 图书表

```
INSERT INTO BookInfo(book_id, book_name, book_authorid, book_publishing, book_time)
VALUES('b01', '网页设计', 'a01', '出版社 1', '2013 - 1 - 1')
```

2. 使用 INSERT…SELECT…UNION 语句向数据表中插入多行数据。

答案:

1) 作者表

```
INSERT INTO Author(author_id, author_name, author_age, author_address, author_phone)
SELECT 'a02', '张燕', 37, '浙江宁波', '15755556666' UNION
SELECT 'a03', '周静', 39, '浙江杭州', '13899990000' UNION
SELECT 'a04', '杨丽', 49, '北京', '13755557777' UNION
SELECT 'a05', '胡星', 52, '上海', '13688886666' UNION
SELECT 'a06', '李明', 31, '上海', '13233335555'
```

2) 图书表

```
INSERT INTO BookInfo(book_id, book_name, book_authorid, book_publishing, book_time)
SELECT 'b02', 'SQL Server 教程', 'a01', '出版社 1', '2014 - 1 - 1' UNION
SELECT 'b03', '大学语文', 'a02', '出版社 2', '2013 - 10 - 11' UNION
SELECT 'b04', '大学英语', 'a05', '出版社 3', '2013 - 9 - 21' UNION
SELECT 'b05', '计算机网络教程', 'a03', '出版社 1', '2013 - 8 - 15' UNION
SELECT 'b06', '高等数学', 'a04', '出版社 1', '2014 - 1 - 1'
```

3. 使用 UPDATE 语句更新数据。

答案:

1) 作者表-修改作者姓名

```
UPDATE Author SET author_name = '张小强'
WHERE author_id = 'a01'
```

2) 作者表-年龄加 1

UPDATE Author SET author_age = author_age + 1

3) 图书表

UPDATE BookInfo SET book_time = '2013 - 2 - 1'
WHERE book_id = 'b01'

4. 使用 DELETE 语句删除数据。
答案:
1) 作者表

DELETE FROM Author WHERE author_name = '李明'

2) 图书表

DELETE FROM BookInfo WHERE book_name = '大学语文'

习题 6 答案

一、选择题

1. C   2. D   3. C   4. B   5. C   6. A   7. D   8. A

二、操作题

使用 T-SQL 语句对图书出版管理系统数据库(Book)进行查询。
1. 查询 Author 表中所有作者信息。
答案:

SELECT * FROM Author

2. 查询 Author 表中姓"张"的作者的 author_id,author_name,author_address 字段信息。
答案:

SELECT author_id,author_name,author_address
FROM Author
WHERE author_name LIKE '张 % '

3. 查询 Author 表中年龄在 30 到 40 之间的作者信息。
答案:

SELECT *
FROM Author
WHERE author_age BETWEEN 30 AND 40

4. 查询 Author 表中名字字段包含"静"字的作者 author_name 和 author_age 字段信息,并且查询显示列名分别为"作者姓名"和"作者年龄"。
答案:

SELECT author_name AS '作者姓名',author_age AS '作者年龄'
FROM Author
WHERE author_name LIKE ' % 静 % '

5. 查询 Author 表中手机号码为 13222223333、13899990000 或 13688886666 的作者所有字段信息（用 IN 列表运算符）。

答案：

```
SELECT *
FROM Author
WHERE author_phone IN('13222223333','13899990000','13688886666')
```

6. 查询 Author 表中地址是"北京"或者"上海"的 author_name 和 author_address 字段信息，并且查询显示列名分别为"作者姓名"和"作者地址"（用逻辑运算符）。

答案：

```
SELECT author_name AS '作者姓名',author_address AS '作者地址'
FROM Author
WHERE author_address = '北京' OR author_address = '上海'
```

7. 查询 Author 表中信息，要求按照作者年龄升序排列。

答案：

```
SELECT *
FROM Author
ORDER BY author_age ASC
```

8. 查询 BookInfo 表书名中包含"教程"两字的 book_name 和 book_publishing 字段信息。

答案：

```
SELECT book_name,book_publishing
FROM BookInfo
WHERE book_name LIKE '%教程%'
```

9. 查询 BookInfo 表中出版社是"出版社 1"的 book_name 和 book_publishing 字段信息。

答案：

```
SELECT book_name,book_publishing
FROM BookInfo
WHERE book_publishing = '出版社 1'
```

10. 查询 BookInfo 表中出版时间为 2013-09-01—2014-09-01 的所有字段信息。

答案：

```
SELECT *
FROM BookInfo
WHERE book_time BETWEEN '2013-09-01' AND '2014-09-01'
```

11. 查询 BookInfo 表中信息，要求按照出版时间降序排列。

答案：

```
SELECT *
FROM BookInfo
ORDER BY book_time DESC
```

12. 查询 BookInfo 表中每个作者出版书籍的数目。

答案：

```
SELECT book_authorid,COUNT(*)
FROM BookInfo
```

```
GROUP BY book_authorid
```

13. 使用多表连接查询,查询书籍名称、作者姓名、出版社、作者手机号码信息。
答案:

```
SELECT b.book_name,a.author_name,b.book_publishing,a.author_phone
FROM BookInfo AS b INNER JOIN Author AS a
ON b.book_authorid = a.author_id
```

习题 7 答案

一、选择题

1. A   2. B   3. D   4. B   5. C   6. A   7. D   8. C   9. D   10. A

二、操作题

使用 T-SQL 语句对图书出版管理系统数据库(Book)进行查询。
1. 查询 Author 表中姓名为"张燕"的作者信息(将"张燕"存放到变量里)。
答案:

```
DECLARE @name VARCHAR(10)
SET @name = '张燕'
SELECT * FROM Author WHERE author_name = @name
```

2. 查询 Author 表中比"周静"年龄大的作者信息(将"周静"存放到变量里,然后使用 SELECT 求出周静的年龄,最后查询输出结果)。
答案:

```
DECLARE @name VARCHAR(10)
SET @name = '周静'
DECLARE @age INT
SELECT @age = author_age FROM Author WHERE author_name = @name
SELECT * FROM Author WHERE author_age >@age
```

3. 查询 Author 表。声明两个变量,一个存放作者姓名(通过 SET 赋值),一个存放作者地址(通过 SELECT 赋值),然后判断。如果地址是"北京",则使用 PRINT 输出"该作者地址是北京";否则输出"该作者地址不是北京"。
答案:

```
DECLARE @name VARCHAR(10)
SET @name = '周静'
DECLARE @address VARCHAR(50)
SELECT @address = author_address FROM Author WHERE author_name = @name
IF(@address = '北京')
    PRINT @name + '地址是北京'
ELSE
    PRINT @name + '地址不是北京'
```

4. 查询 Author 表中作者姓名、年龄,增加一列判断作者所属年龄阶段(青年、中年、壮年或老年)。
答案:

```
SELECT author_name AS '作者姓名',author_age AS '年龄',
```

```
CASE
   WHEN author_age BETWEEN 20 AND 29 THEN '青年'
   WHEN author_age BETWEEN 30 AND 39 THEN '中年'
   WHEN author_age BETWEEN 40 AND 49 THEN '壮年'
   ELSE '老年'
END
AS '年龄阶段'
FROM Author
```

5. 查询 BookInfo 表中书籍编号是 b02 的书籍信息(将 b02 存放到变量里)。

答案:

```
DECLARE @bookid VARCHAR(10)
SET @bookid = 'b02'
SELECT * FROM BookInfo WHERE book_id = @bookid
```

6. 查询 BookInfo 表中与书名"网页设计"属于同一个出版社的书籍名称(将"网页设计"存放到变量里,然后使用 SELECT 求出该书的出版社,最后查询输出结果)。

答案:

```
DECLARE @bookname VARCHAR(50)
SET @bookname = '网页设计'
DECLARE @publishing VARCHAR(50)
SELECT @publishing = book_publishing FROM BookInfo WHERE book_name = @bookname
SELECT book_name FROM BookInfo WHERE book_publishing = @publishing
```

7. 查询 BookInfo 表中所有字段信息,并且增加一列,是否与"网页设计"的作者是同一作者。要求:声明两个变量,一个存放书籍名称"网页设计"(通过 SET 赋值),一个存放作者编号(通过 SELECT 赋值),然后判断。如果作者编号与刚才求出的编号相同,则显示"与网页设计是同一作者";否则显示"与网页设计不是同一作者"。

答案:

```
DECLARE @bookname VARCHAR(50)
SET @bookname = '网页设计'
DECLARE @authorid VARCHAR(10)
SELECT @authorid = book_authorid FROM BookInfo WHERE book_name = @bookname
SELECT *,
CASE
   WHEN book_authorid = @authorid THEN '与网页设计是同一作者'
   ELSE '与网页设计不是同一作者'
END
FROM BookInfo
```

习题 8 答案

一、选择题

1. C 2. D 3. B

二、操作题

使用 T-SQL 语句对图书出版管理系统数据库(Book)进行查询。

1. 查询 Author 表中比"杨丽"年龄大的作者信息(使用嵌套查询)。

答案:

```
SELECT  *
FROM Author
WHERE author_age >(SELECT author_age FROM Author WHERE author_name = '杨丽')
```

2. 查询 BookInfo 表中与"网页设计"是同一出版社的书籍名称(使用嵌套查询)。

答案:

```
SELECT book_name
FROM BookInfo
WHERE book_publishing IN
(SELECT book_publishing FROM BookInfo WHERE book_name = '网页设计')
```

3. 查询在 BookInfo 表中出现过的作者姓名(使用嵌套查询)。

答案:

```
SELECT author_name
FROM Author
WHERE author_id IN
(SELECT book_authorid FROM BookInfo)
```

习题 9 答案

一、选择题

1. B 2. D 3. C 4. B

二、操作题

说明:使用的数据库是图书出版管理系统数据库(Book)。

1. 使用 SSMS 图形界面在 Author 表的 author_name 列创建非聚集索引。

答案:省略。请参照教材上相关操作介绍。

2. 使用 T-SQL 语句在 BookInfo 表的 book_name 列创建非聚集索引,填充因子为 20%。

答案:

```
CREATE NONCLUSTERED INDEXI X_BookInfo_bookname
ON BookInfo( book_name)
WITH
FILLFACTOR = 20
```

3. 使用 SSMS 图形界面在 Book 数据库中创建视图,要求显示作者姓名、作者年龄、作者手机号码。

答案:省略。请参照教材上相关操作介绍(视图名为 View_Author)。

4. 使用 SSMS 图形界面在 Book 数据库中创建视图,要求显示书名、作者姓名、出版社。

答案:省略。请参照教材上相关操作介绍。

5. 使用 T-SQL 语句在 Book 数据库中创建视图,要求显示书名、出版社、出版时间。

答案:

```
CREATE VIEW View_BookInfo
AS SELECT book_name AS '书名',book_publishing AS '出版社',book_time AS '出版时间'
FROM BookInfo
```

6. 使用 T-SQL 语句在 Book 数据库中创建视图,要求显示书名、作者姓名、作者地址、出版社、出版时间。

答案:

CREATE VIEW View_BookInfoAuthor2
AS SELECT BookInfo. book _ name, Author. author _ name, Author. author _ address, BookInfo. book _ publishing,BookInfo.book_time
FROM BookInfo LEFT JOIN Author ON BookInfo.book_authorid = Author.author_id

7. 使用 SSMS 图形界面删除在 Author 表中创建的索引。

答案:省略。请参照教材上相关操作介绍。

8. 使用 T-SQL 语句删除显示作者姓名、作者年龄、作者手机号码的视图。

答案:

DROP VIEW View_Author

习题 10 答案

一、选择题

1. B 2. A 3. B 4. C 5. A 6. D 7. A 8. C 9. D 10. C

二、操作题

说明:使用的数据库是图书出版管理系统数据库(Book)。

1. 使用 T-SQL 语句创建存储过程,查看 BookInfo 表中所有字段信息。

答案:

USE Book
GO
CREATE PROCEDURE Proc_BookInfo1
AS
SELECT * FROM BookInfo
GO

2. 使用 T-SQL 语句创建存储过程,查看 BookInfo 表中指定书籍编号的书籍名称。

答案:

USE Book
GO
CREATE PROCEDURE Proc_BookInfo2
@book_id VARCHAR(10)
AS
SELECT book_name FROM BookInfo WHERE book_id = @book_id
GO

3. 使用 T-SQL 语句调用第 1 题和第 2 题创建的两个存储过程。

答案:

EXEC Proc_BookInfo1
EXEC Proc_BookInfo2 'B02'

4. 使用 SSMS 图形界面创建存储过程,查看 Author 表中的所有字段信息。

答案:省略。请参照教材上相关操作介绍。

5. 使用 SSMS 图形界面创建存储过程,查看 Author 表中指定作者编号的作者姓名。

答案:省略。请参照教材上相关操作介绍。

6. 使用 SSMS 图形界面调用第 4 题创建的存储过程。

答案:省略。请参照教材上相关操作介绍。

7. 使用 SSMS 图形界面调用第 5 题创建的存储过程。

答案:省略。请参照教材上相关操作介绍。

8. 使用 T-SQL 语句删除第 4 题创建的存储过程。

答案:

DROP PROCEDURE Proc_Author1

9. 使用 SSMS 图形界面删除第 5 题创建的存储过程。

答案:省略。请参照教材上相关操作介绍。

习题 11 答案

一、选择题

1. C 2. D 3. D 4. A 5. B 6. B

二、简答题

1. 什么是触发器? 触发器可以分为几类?

答案:触发器(Trigger)是一种特殊类型的存储过程,它主要通过事件进行触发而被执行,而存储过程通过存储过程名被直接调用。比如,当对数据表进行 INSERT、UPDATE 或 DELETE 等操作时,触发器将自动执行。触发器用于维护数据库的完整性。

触发器分为两类:数据操作语言(DML)触发器和数据定义语言(DDL)触发器。

2. 什么是游标? 游标可以分为几类?

答案:游标(Cursor)是系统为用户开设的一个数据缓冲区,存放 SQL 语句的执行结果。游标能从包括多条数据记录的结果集中每次提取一条记录。游标是一种处理数据的方法,可以看作一种特殊的指针,主要用在存储过程、触发器和 T-SQL 脚本中。

根据游标的用途不同,SQL Server 将游标分成三种类型:T-SQL 游标、API 游标和客户端游标。

3. 使用游标的基本操作步骤?

答案:在 SQL Server 中使用游标,需要声明游标、打开游标、读取游标中的数据、关闭游标、释放游标。

三、操作题

说明:以下两题使用的数据库是图书出版管理系统数据库(Book)。

1. 使用 T-SQL 语句创建触发器,当向 BookInfo 表中插入数据时触发该触发器,并插入测试数据。

答案:

```
USE Book
GO
CREATE TRIGGER Trigger_BookInfoInsert
ON BookInfo
FOR INSERT
AS
PRINT '插入新的书籍'
```

```
INSERT INTO BookInfo VALUES('b07','心理学教程','a02','出版社1','2014-1-2')
```

2.定义一个游标 Cursor_BookInfo,并利用游标逐行输出 BookInfo 表中书名、出版社,使用完游标后立即关闭并释放该资源。

答案:

```
USE Book
GO
DECLARE Cursor_BookInfo CURSOR                          -- 定义游标
FOR SELECT book_name,book_publishing FROM BookInfo
OPEN Cursor_BookInfo                                    -- 打开游标
DECLARE @bookname VARCHAR(10),@bookpublishing VARCHAR(10)  -- 定义变量,存放从游标读取的
                                                       -- 信息
FETCH NEXT FROM Cursor_BookInfo INTO @bookname,@bookpublishing   -- 从游标读取一行值
WHILE @@FETCH_STATUS = 0
BEGIN
SELECT '书名'=@bookname,'出版社'=@bookpublishing       -- 显示从游标中读取的信息
FETCH NEXT FROM Cursor_BookInfo INTO @bookname,@bookpublishing   -- 从游标读取一行值
END
CLOSE Cursor_BookInfo                                   -- 关闭游标
DEALLOCATE Cursor_BookInfo                              -- 释放游标
GO
```

常见问题解疑

1. 无法用新创建的登录名登录？

问题：在用新创建的登录名登录时，出现如图 B-1 所示错误。

图 B-1　无法用新建的用户名登录界面

解决办法：将【服务器身份验证】设置为【SQL Server 和 Windows 身份验证模式(S)】。

（1）首先以【Windows 身份验证】方式登录 SSMS，右击站点，如图 B-2 所示。

图 B-2　解决无法登录界面 1

（2）选择【属性】，打开【服务器属性-JIAXIANGSU-ZJFF】窗口，选择【安全性】，将【服务器身份验证】设置为【SQL Server 和 Windows 身份验证模式(S)】，如图 B-3 所示。

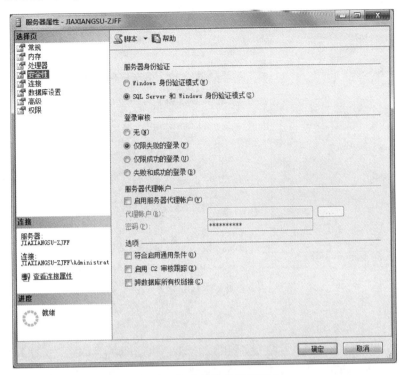

图 B-3　解决无法登录界面 2

（3）单击【确定】按钮，弹出提示窗口，要求重启 SQL Server，如图 B-4 所示。

图 B-4　解决无法登录界面 3

（4）关闭 SSMS，打开 Sql Server Configuration Manager，单击左侧的【SQL Server 服务】，右击右侧的 SQL Server(MSSQLSERVER)，如图 B-5 所示。

（5）选择【重新启动】，再次以【SQL Server 身份验证】登录 SSMS，输入登录名、密码，即可登录成功。

2．如何设置 SSMS 输出结果将表格数据和文本消息显示在同一窗口？

解决办法：单击 SSMS 菜单栏【工具】，依次选择【选项】→【查询结果】，将【查询结果的默认方式】由原先的"以网格显示结果"修改为"以文本格式显示结果"即可。

3．执行 T-SQL 语句时，提示对象名无效？

问题：查询 Student 表中记录，Student 表是实际存在的表，但是却提示对象名无效，如图 B-6 所示。

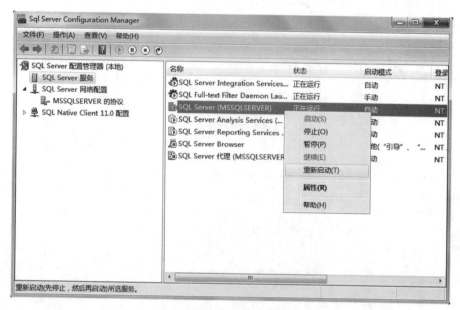

图 B-5　解决无法登录界面 4

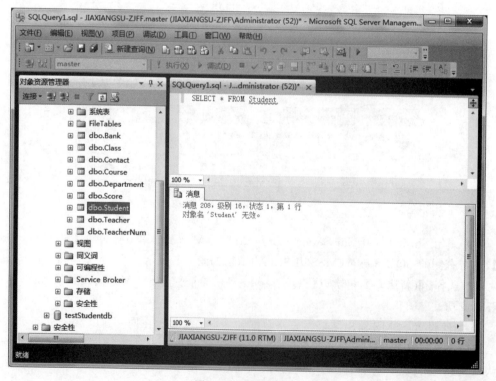

图 B-6　对象名无效

解决办法：出现这个问题，则需要在最前面指出使用的是哪个数据库的对象。加上

```
USE student↵
GO
```

重新运行，即可正常显示 Student 表中记录。

说明：USE 语句用来设置当前使用的数据库，主要用来说明对哪个数据库进行操作（如添加表，对数据的增、删、改、查）。

4. SQL 表中删除所有列后，怎样让标识列从 1 增长？

问题：新建的表中标识列的值是从 1 开始增长的，输了 3 行后发现有错，就把它们全部删除，再次输入数据，标识列从 4 开始增长。如何使标识列从 1 开始增长？

解决办法：全部删除表时用 truncate table 表名，这样会重置标识列种子。

5. 查询 user 表中数据时出错。

问题：使用 select * from user 查询 user 表中记录，提示关键字 'user' 附近有语法错误。

解决办法：user 在 SQL Server 中是一个关键字，有时会无意中将其作为表的名称，当在 sql 语句中使用该名词时便会出错，其实只要将 user 替换成[user]即可。

正确的写法如下：

```
select * from [user]
```

6. 修改表结构之后，无法保存？

问题：修改表结构之后，单击【保存】，出现如图 B-7 所示错误。

图 B-7　无法保存 Score 表结构

解决办法：打开 SQL SERVER，依次选择【工具】→【选项】→【设计器】→【表设计器和数据库设计器】，取消选中【阻止保存要求重新创建表的更改】的复选框，然后单击【确定】按钮即可，如图 B-8 所示。

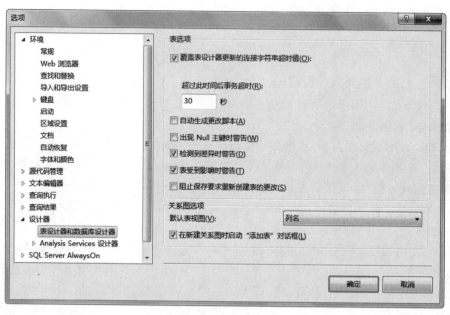

图 B-8　选项界面

图 书 资 源 支 持

感谢您一直以来对清华版图书的支持和爱护。为了配合本书的使用,本书提供配套的资源,有需求的读者请扫描下方的"书圈"微信公众号二维码,在图书专区下载,也可以拨打电话或发送电子邮件咨询。

如果您在使用本书的过程中遇到了什么问题,或者有相关图书出版计划,也请您发邮件告诉我们,以便我们更好地为您服务。

我们的联系方式:

地　　址:北京市海淀区双清路学研大厦 A 座 714

邮　　编:100084

电　　话:010-83470236　　010-83470237

客服邮箱:2301891038@qq.com

QQ:2301891038（请写明您的单位和姓名）

资源下载:关注公众号"书圈"下载配套资源。

资源下载、样书申请

书圈

获取最新书目

观看课程直播